水利部公益性行业科研专项资助项目(200801015)

滦河下游水库群联合调度研究

邱　林　马建琴　王文川　张振伟　韩晓军　著

U0343076

黄河水利出版社
·郑州·

内 容 提 要

本书以滦河流域下游水库群联合调度研究为背景,系统地阐述了水库群联合优化调度的理论、技术与方法,主要内容包括:设计洪水过程线推求、水库防洪调度模型及求解、河道洪水演进方案、实时防洪调度多目标决策方法、水库群防洪调度研究、区域水资源优化配置研究、水库群联合优化调度方案和水库综合管理信息系统及开发等。

本书可供水文学及水资源工程、水利工程、管理科学与工程等专业的研究生、相关科研人员及大中专院校师生参考使用,也可为各级防汛部门的领导决策提供依据,特别是为水库管理部门进行水库的调度工作提供参考、借鉴。

图书在版编目(CIP)数据

滦河下游水库群联合调度研究/邱林等著. —郑州:黄河水利出版社,2009.5
水利部公益性行业科研专项资助项目(200801015)
ISBN 978 - 7 - 80734 - 176 - 5

Ⅰ. 滦… Ⅱ. 邱… Ⅲ. 滦河 - 下游河段 - 水库调度 - 研究 Ⅳ. TV697.1

中国版本图书馆 CIP 数据核字(2009)第 069677 号

策划编辑:李洪良 电话:0371 - 66024331 E-mail:hongliang0013@163.com

出 版 社:黄河水利出版社
　　　　地址:河南省郑州市顺河路黄委会综合楼 14 层　　　邮政编码:450003
发行单位:黄河水利出版社
　　　　发行部电话:0371 - 66026940、66020550、66028024、66022620(传真)
　　　　E-mail:hhslcbs@126.com
承印单位:黄河水利委员会印刷厂
开本:787 mm × 1 092 mm　1/16
印张:12.5
字数:286 千字　　　　　　　　　　　　印数:1—1 000
版次:2009 年 5 月第 1 版　　　　　　　　印次:2009 年 5 月第 1 次印刷

定价:35.00 元

前　言

　　当今世界面临的人口、资源和环境三大课题中,水已成为最为关键的问题之一。水资源的可持续利用是实现社会、经济以及生态环境可持续发展的极为重要的保证。我国是水问题最多的发展中国家之一,是世界上水灾频发且影响范围较广泛的国家之一。我国约35%的耕地、40%的人口和70%的工农业生产经常受到江河洪水的威胁,并且因洪水灾害所造成的财产损失居各种灾害之首。因此,合理调度水资源是维持水资源系统的和谐、保证系统的良性循环和流域水管理的重大科学与实践问题。

　　水库调度是一个传统的研究课题,随着社会的进步和经济的发展,水库防洪问题成为学术界普遍关注的问题。库群的防洪问题尤为引人注目,因为随着水资源的不断开发利用,水库群已成为最常见的水利水电系统。水库群的防洪联合调度虽然以单库防洪调度的理论和方法为基础,但其复杂性远远高于单库防洪调度。水库群是结构复杂、规模庞大、功能综合的大系统,水库联合调度问题在应用传统优化技术求解时,遇到了维数灾、定性与定量问题的处理、决策人参与和偏好处理等困难,并且实践证明,处理上述问题的任何一点技术改进都会带来较大的社会与经济效益。因此,从技术和经济角度寻求水库群联合调度的理论与方法,并进行实践应用是十分必要的。

　　本书是作者在过去研究与实践的基础上,对研究方面的一次全面总结与体系的提升。全书分3部分共12章,重点论述了研究背景及意义,工程概况及流域地表水资源分析,设计洪水过程线推求,水库防洪调度模型,滦河下游河道洪水演进方案,防洪调度模型求解,实时防洪调度多目标决策方法,滦河中下游水库群防洪调度研究,区域水资源优化配置研究;引滦工程六水库联合优化调度方案,水库综合管理信息系统,引滦枢纽工程综合管理信息系统开发。

　　第一部分包括第1、2章,主要对国内外水库防洪调度的现状进行论述,以阐明水库群联合调度的必要性和意义,指出其存在的问题,并且对实际研究对象——滦河流域六水库的工程概况和地表水资源状况进行了介绍。

　　第二部分包括第3～10章,是水库群联合调度的理论研究和应用部分。重点是研究水库的防洪调度模型及其求解、河道洪水演进、调度决策多级模糊优选、水库群水资源优化配置研究、联合调度研究等内容。本部分比较详细地介绍了以上内容,并在滦河流域进行了应用,是本书的核心和基础。

　　第三部分包括第11、12章,是水库群联合调度的管理信息系统的集成和应用部分。结合实际工程需要,采用计算机编程语言,进行了水库综合管理信息系统和引滦枢纽工程综合管理信息系统的开发、调试与应用。

　　本书由邱林、马建琴、王文川、张振伟、韩晓军共同撰写,最后由邱林统稿。本书写作过程中,作者参阅和引用了大量相关文献和研究成果,在此谨向有关作者和专家表示衷心的感谢。本书的出版得到了水利部公益性行业科研专项资助项目(200801015)、华北水利水电学院省级重点学科——水文学及水资源学科以及华北水利水电学院高层次人才启动项目(200514,200821,200903)的支持,在此表示感谢。

本书能够得以问世,要特别感谢水利部海河水利委员会引滦工程管理局周广刚副处长及有关同志,他们为资料的收集和整理付出了许多辛苦的汗水,同时也要感谢陈晓楠博士、段青春博士、韩宇平博士、徐冬梅博士、肖琳、冯晓波等为本书的程序实现和相关研究所作出的贡献。在本书正式出版之际,特向有关领导、专家以及为本书付出劳动的各位同仁表示衷心的感谢!

由于作者水平有限,且部分成果有待进一步深入研究,书中谬误及不当之处在所难免,恳请读者批评指正。

作 者
2009 年 3 月

目　录

第1章 绪 论

　　水是自然生态的生命要素、万物赖以生存的环境因子,是人类生存和社会发展的重要物质资源。水库工程是水利工程的主要形式,在水资源开发利用、防洪、抗旱等方面起着十分重要的作用。随着社会经济的发展和科技水平的提高,如何充分利用防洪调度理论与方法并结合现代智能技术,实现防洪系统的最优调度与管理、减少洪灾损失、提高防洪效益和最大限度地实现洪水资源化,具有十分重要的经济意义和社会意义。建立水库综合管理信息系统能够高效地收集、储存、传输、处理和利用这些信息,在保证工程安全的条件下,最大程度地发挥水库工程的效益,对指导水库运行调度、更好地发挥水库工程的作用至关重要。

　　本章通过介绍水库群联合优化调度研究背景和意义,重点对国内外水库防洪调度的研究现状进行分析,详细分析了水库优化调度技术、模拟方法,指出水库防洪调度研究中存在的问题及发展趋势,最后列出本书的主要研究内容。

1.1 研究背景、目的及意义

1.1.1 研究背景

　　在社会经济的快速发展中,水资源作为基础性的自然资源和战略性的经济资源,已逐渐演变为现代社会的"瓶颈"资源。在当今世界面临的人口、资源和环境三大课题中,水已成为最关键的问题之一,从当前和21世纪的发展来看,洪涝灾害、干旱缺水、水环境恶化三大问题已经成为我国社会经济可持续发展的重要制约因素。联合国《世界水资源综合评估报告》指出:水问题将严重制约21世纪全球经济与社会发展,并可能导致国家间的冲突。洪水是江河、湖海、水库等水体内水量迅速增加及水位急剧超过常规水位的水流现象,常见的有暴雨洪水、融雪洪水、冰凌洪水以及水库失事引起的溃坝洪水等。洪水灾害是影响范围最广、发生次数最频繁、损失最严重的自然灾害,它对人类的影响由来已久,尼罗河的第一次洪水记录可追溯到公元前3500年~公元前3000年,黄河的第一次洪水记录大约是在公元前2297年。有关洪水的故事深深地沉淀在世界各国的历史文献中。《圣经》中描述了那场覆盖全球、毁灭生灵的史前大洪水;《淮南子·览冥训》记载:"往古之时,四极废,九州裂,天不兼复,地不周载;火爁炎而不灭,水浩洋而不息"。毋庸置疑,洪水灾害对人类社会进步和社会经济发展产生了深刻的影响。据有关部门统计,全球灾害损失中有40%是洪水造成的。

　　我国地域辽阔,处于季风气候区,由于受热带、太平洋低纬度上温暖而潮湿气团的影响以及西南的印度洋和东北的鄂霍茨克海的水蒸气的影响,东南地区、西南地区以及东北地区可获得充足的降雨量。同时,我国具有丰富的水资源,水资源总量为28 124亿 m^3,其中河川径流总量27 115亿 m^3,居世界第六位;但由于受地形和气候的影响,我国的降雨和水资源在时空分布上很不均匀,由此经常造成一些不利影响。我国降雨多集中在7~9

月,夏季暴雨集中,降雨量占全年的70%,由于河道宣泄不及,经常造成洪水泛滥,如果出现超过现有防洪能力的洪水时,全国近1/10的土地面积、1/2的人口和2/3的工农业总产值将受到不同程度的威胁。洪水历来是中华民族的心腹之患。我国960万km²的土地上分布着与世界文明息息相通的两大河流——黄河、长江,并伴有松花江、辽河、海河、淮河、珠江等五大水系。历史上我国常由于频繁的洪涝灾害而民不聊生。自公元前620年到1938年的约2600年中,黄河就决口了1590次,约为三年两决口,百年一次大改道。长江也常遇水患,在有历史记载的2000年中,平均每10年就有一次水灾,1931年、1935年、1954年的大洪水分别淹没农田5090万、2264万、4755万亩(1亩=1/15 hm²,下同),受灾人口分别为2855万、1003万、1885万人,死亡人数分别为14.5万、14.2万和3.3万人。其他大、中、小河流的洪涝灾害更是不胜枚举。特别是1998年6~8月,长江又发生了1954年以来的全流域性大洪水,湖北、江西、湖南等省分别遭受了洪水的袭击;嫩江流域、松花江干流也相继发生了超过历史记录的特大洪水,西江和闽江发生了超过100年一遇的特大洪水。据统计,20世纪我国主要江河100年间平均每年发生超过2次的频率为10%~20%以上的洪水,且每两年至少发生一次频率为5%~10%以上的洪水,每3年左右就有可能发生一次频率5%以上的较大洪水或大洪水,可见洪水的频繁程度如表1-1所示。

表1-1 我国20世纪主要江河洪水发生频率统计

流域	频率为5%以上的洪水	频率为5%~10%以上的洪水	频率为10%~20%以上的洪水	合计
长江	6	19	33	58
黄河	4	4	15	23
淮河	4	9	14	27
海河	3	5	10	18
松花江	3	4	16	23
辽河	3	6	17	26
珠江	5	5	16	26
浙闽地区	3	3	6	12
合计	31	55	127	213

中华人民共和国成立以来,党和政府十分重视水利建设和防灾工作。经过50多年的努力,兴建了不少防洪工程,提高了许多河流的防洪标准,主要江河的一般性洪涝灾害基本得到控制,取得了很大的防洪效益。特别是在1998年"三江"大水后,水利部按照中央确定的新时期水利工作方针,从中国的国情和水情出发,提出了实现从传统水利向现代化水利、可持续发展水利转变的治水新思路。防洪减灾作为水利事业的最重要组成部分,随着我国整体治水观念的变革,也要与时俱进地进行科学调整。总的来说,防洪减灾思路主要从三方面进行重大调整和转变:一是从单纯的抗拒洪水转变为在防洪、抗洪的同时,要

给洪水以出路,1998年的大洪水给了我们一个重要启示,就是人类不给水出路,水就不给人类出路;二是从单纯的防洪工程体系转变为工程与非工程防洪措施相结合、社会共同参与的防洪减灾体系;三是从单纯的防洪减灾转变为在考虑防洪减灾的同时,如何充分利用雨洪资源,实现洪水资源化。同时,随着社会经济的发展和科技水平的提高,如何充分利用防洪调度理论与方法并结合现代智能技术,实现防洪系统的最优调度与管理、减少洪灾损失、提高防洪效益和最大限度实现洪水资源化,具有十分重要的经济意义和社会意义。

1.1.2 实际工程背景

引滦工程是滦河流域大型水利工程群。自1980年工程投入运行以来,截至2007年底已累计实现向天津、唐山两市供水318亿 m^3,为天津、唐山两市提供了安全的水源,促进了地区社会经济的快速发展。

滦河是北方地区较丰沛的河流之一,多年平均径流量是46.94亿 m^3,年际水量分配不均,具有连丰连枯的水文特性。自1999年以来,滦河流域连续多年持续干旱少雨,潘家口水库平均年来水量仅为7.43亿 m^3,占多年平均年来水量的30%。由于潘家口水库来水锐减,导致天津市先后4次实施引黄济津应急调水、5次动用潘家口水库死库容应急供水的窘迫局面。为进一步改善滦河流域供需矛盾、合理开发利用水资源、优化水资源配置,项目组提出了"水库群联合优化调度研究"。

潘家口、大黑汀、桃林口、于桥、邱庄、陡河六座水库(以下简称"引滦工程六水库")是天津、唐山、秦皇岛三市的重要水源地,开展引滦工程六水库联合优化调度研究对实现滦河水资源优化配置,充分发挥各水库的综合效益,提高天津、唐山、秦皇岛三市用水保证率,改善该地区水生态环境,减轻洪水对滦河下游造成的损失具有重要意义。引滦工程六水库联合优化调度主要包括防洪调度和兴利调度。

滦河洪水具有暴涨陡落的特点,但滦河下游部分防洪工程标准偏低。大黑汀水库下游白龙山水电站的安全泄量仅为3 000 m^3/s;为保护滦河行洪滩地村庄而修筑的防洪小埝,设计行洪能力为5 000 m^3/s,防洪标准只达到3年一遇。潘家口、大黑汀及桃林口三水库的建成,对滦河洪水起到了一定的消峰滞洪作用,但由于大黑汀水库和桃林口水库以供水为主,没有防洪库容,设计上不承担下游防洪任务,当滦河流域突发中小型洪水时,如按照常规调度方案调度,极有可能发生滦河下游区间洪水和潘家口、大黑汀及桃林口三水库下泄洪水组合遭遇,给滦河下游防洪造成较大压力。为充分发挥潘家口、大黑汀及桃林口三水库蓄滞洪水的效益,在确保工程安全的前提下,改变以往各自独立的调度模式,实施潘家口、大黑汀及桃林口三水库联合优化调度,是实现洪水资源利用、减少滦河下游防洪损失的有效手段。

作为天津、唐山、秦皇岛三市重要的引水工程,引滦工程六水库为天津、唐山、秦皇岛三市的城市发展提供了有力的供水保障。近年来,随着环渤海地区社会、经济的快速发展,特别是滨海新区成为继深圳、浦东之后的中国经济"第三增长点",曹妃甸港区将建设成为华北地区最大的钢铁、石化产业基地。华北沿海地区地下水资源多年来一直超采严重,导致地下水位持续下降、大范围地面下沉,并形成多个地面沉降中心,海河流域、滦河流域水生态环境急剧恶化。按照天津、唐山两市中长期用水规划,天津、唐山两市将全面建设生态宜居城市,恢复扩大原有湿地。面对天津、唐山、秦皇岛三市快速增长的用水需求,经济社会发展与水生态环境的矛盾更加明显。南水北调2010年即将通水,天津市外调引水源地的增加将引起天津市供水形势的变化。传统的单一水库调度模式已不能适应引滦供水形势的变化,天津、唐山、秦皇岛三市的供水结构将发生改变,水资源供需矛盾日益突出。

为此,研究根据引滦工程六水库的工程现状和滦河流域水文特性,结合天津、唐山、秦皇岛三市用水需求,以实现引滦工程由注重工程管理向既注重工程管理又注重水资源管理转变,由注重经济效益向既注重经济效益又注重社会效益、生态效益转变,充分发挥引滦工程六水库河系相通的优势,在确保工程安全、不改变分水配置原则的前提下,合理配置滦河水资源,全面实现天津、唐山、秦皇岛三市经济的可持续发展,提出引滦工程六库联合优化调度研究。

研究针对滦河下游连通河系的特点,通过对滦河水资源的分析,利用现有水利工程,在不增加水利工程建设投入的基础上,实施潘家口、大黑汀、桃林口三水库水量置换;在流域发生中、小洪水时,充分发挥潘家口、大黑汀、桃林口三水库蓄洪、滞洪的作用,适时为滦河下游实施错峰调度,以改善天津、唐山两市用水环境,实现滦河水资源的优化配置。

1.1.3 研究目的及意义

实行水库优化调度可提高水库的经济管理水平,几乎在不增加任何额外投资的条件下,便可获得显著的经济效益,水库优化调度是挖掘水库潜力的有效手段。水库优化调度是在常规调度和系统工程的一些优化理论及其技术基础上发展起来的,它是指在保护水库安全可靠的情况下,解决各用水部门之间的矛盾,满足其基本要求,利用水库调度技术,经济合理地利用水资源及水能资源,以获得综合利用的最大经济效益。因此,开展水电站水库优化调度具有十分重要的经济意义。

水库防洪调度是一个传统的研究课题,其解决的方法主要有两种:其一是采用综合治理的方针,合理安排蓄、泄、滞、分的工程措施;其二是与之相应的非工程防洪措施,它已成为防洪规划与管理工作中受到重视的研究课题,这样才能充分发挥防洪系统的作用,达到流域防洪减灾的目的。我国历次洪水都暴露出防洪体系还不够完善、防洪调度手段还不够先进、实时防洪调度方法模型还有待改进等问题。

综观水库洪水调度研究历史,早期、中期主要是针对模型与算法,侧重于调度理论研究。近十多年来,随着理论研究的日趋成熟、完善和不断深入,研究的目标逐渐由单目标扩展到了多目标,研究对象由单库扩大到了多库乃至整个流域或跨流域系统的库群,其模型也由单一模型发展到了组合模型。尤其是与计算机及人工智能技术结合,引入新的理论,采用先进的计算机可视化编程语言和多媒体技术,开发直观易读、方便易行、交互能力强的水库调度应用软件,把专家知识、经验知识和决策知识融于一体的智能型决策支持系统是未来的水库优化调度研究的一个热点和发展趋势。

目前,我国对水电站水库群的发电优化调度研究较多,而对水库防洪调度的研究相对较少,尤其是水库群系统的联合防洪调度的研究有待于进一步加强与完善,以便在流域的联合防洪调度中发挥其巨大的作用。还应看到,在搞好水库防洪调度的同时,还应加强对水资源的合理利用,即在防洪的同时达到兴利目的。我国现有的水资源非常短缺,水资源已成为制约一些地区国民经济发展的瓶颈,因此我们要合理调度和利用水资源,达到既能防洪又能兴利,保证国民经济的快速稳定发展。本书围绕水库群防洪优化调度问题及水库综合管理信息系统的研制,以水利部海河水利委员会"引滦工程六水库联合调度"为课题,以潘家口、大黑汀和桃林口三水库作为研究对象,进行水库防洪调度的理论探讨和实际应用研究。

1.2 水库调度研究概况

1.2.1 水库调度的分类

水电站水库优化调度从时间上划分,一般可分为中长期(年、月、旬)调度、短期(周、日、时)调度;从径流描述上划分,一般可分为确定型调度和随机型调度。此外,也可以按水库目标、水库数目、调度周期等不同方式对水库进行分类,具体分类如下所述。

1.2.1.1 按水库目标划分

水库调度按水库目标划分为:

(1)防洪调度。防洪调度方式是根据河流上、下游防洪及水库的防洪要求、自然条件、洪水特性、工程情况而合理拟定的。

(2)兴利调度。兴利调度一般包括发电调度、灌溉调度以及工业、城市供水与航运对水库调度的要求等。

(3)综合利用调度。如果水库承担有发电、防洪、灌溉、给水、航运等多方面的任务,则应根据综合利用原则,使国民经济各部门的要求得到较好的协调,使水库获得较好的综合利用效益。

1.2.1.2 按水库数目划分

水库调度按水库数目划分为:

(1)单一水库调度。为了说明水库调度的原则、方法,多从基本的、最简单的单一水库入手,进而引申到水库群联合调度。

(2)水库群的联合调度又包括并联水库调度、梯级水库群(串联水库群)调度和混联水库群调度。并联水库指位于不同河流上或同一河流不同支流上的水库群,各水库水电站之间有电力联系没有水力联系,但在同一河流不同支流上的水库群还要共同保证下游某些水利部门的任务,例如防洪。梯级水库群(串联水库群)指位于同一河流的上、下游形成串联形式的水库群,各水库水电站之间有直接的径流联系。混联水库群是串联与并联的组合形式。

1.2.1.3 按调度周期划分

水库调度实际是确定水库运用时期的供、蓄水量和调节方式。根据水库运用的周期长短可分中长期调度和短期调度。

(1)中长期调度。对于具有年调节以上性能的水电站水库,首先要安排调节年度内的运行方式、供水、蓄水的情况。具体内容是以水电厂水库调度为中心,包括电力系统的长期电力电量平衡、设备检修计划的安排、备用方式的确定、水库入流预报及分析、洪水控制和水库群优化调度等。

(2)短期调度与厂内经济运行。短期调度主要研究的是电力系统的日(周)电力电量平衡,水电厂、火电厂有功负荷和无功负荷的合理分配,负荷预测,备用容量的确定和合理接入方式等。厂内经济运行主要研究电厂动力设备的动力特性和动力指标,机组间负荷的合理分配,最优的运转机组数和机组的启动、停用计划等。

1.2.2　水库优化调度技术

　　水库优化调度的研究最早从 20 世纪 40 年代开始,美国人 Mases 于 1946 年最先将优化概念引入水库调度,西方国家的专业文献一般认为 1955 年美国哈佛大学水资源大纲标志着系统分析及优化模型在水资源规划及管理中应用研究的开端。从水库调度方面来讲,李特尔 1955 年采用马尔科夫过程原理建立水库调度随机动态规划模型是水库优化调度开创性的研究成果。1966 年霍华特的《动态规划与马尔科夫过程》一书的发表为马尔科夫决策规划模型奠定了基础。国内的相关研究则从 20 世纪 60 年代起步,特别是在 80 年代,优化调度理论得到了充分重视,并运用到防洪调度研究中。随着数学规划理论的日渐完善和计算机技术的广泛应用,优化调度方法更加丰富。从采用的优化方法划分,一般可分为线性规划法、非线性规划、动态规划法、多目标优化技术、大系统分解协调法、模拟算法以及现代启发式智能方法等。从所包含的水电站分布状况划分,一般可分为单库、梯级、并联及混联形式的水库群优化调度。

1.2.2.1　线性规划(Linear Programming,LP)法

　　线性规划法于 1939 年提出,是在水资源领域中应用最早,且最广泛的规划技术之一,有成熟的算法和应用程序。目前,大型线性规划法可以求解成千上万个变量,对于一些特定的非线性规划则常常进行线性化处理,使之转为线性规划问题。

　　在水库(群)系统防洪调度方面,1973 年南非的 Windsor 最早把线性规划应用于水库群的联合调度,他将洪峰-损失费用函数之间的非线性关系进行线性化处理,以单纯形法或者混合整数规划法求解。1983 年,美国学者 S. A. Wasimi 应用离散线性二次最优控制方法寻求水库系统的运行策略,但该模型在洪水预报和水库调度等方面都进行了较多简化,应用效果不太理想;同年,Yazigil H. 等为绿河流域(Green River Basin)应用线性规划建立了一个水电系统汛期实时调度模型,采用该模型对不断更新的洪水预报信息进行决策。Needham 等于 2000 年将线性规划的混合整数规划法应用于美国的 Iowa Des Moins 河的防洪调度,然而该方法在作随机评价时,耗时很多。

　　在国内,王厥谋于 1985 年为丹江口水库建立了一个线性规划模型,可考虑河道洪水变形和区间补偿等,但实施调度时需要长达 7 d 的入库和区间洪水过程。许自达(1990)将水库群防洪联合调度的注意力转移到下游河道的洪水演进上,分别用马斯京根法和槽蓄曲线推导了优化调度计算式,还给出了一个以线性规划法求解四水库并联的水库群系统防洪优化联合调度的算例。都金康等(1994)分析了并联水库群下泄流量与河道防洪控制点洪峰流量之间的内在联系,提出了水库群洪水调度模型及其逐次优化解法,后又与李罕、王腊春等构造了一个线性规划模型,并提出了两种所谓替代解法,但所建模型只考虑了并联水库的情况。1998 年,王栋、曹升乐对水库群系统防洪联合调度建立了一类最大防洪安全保证的线性规划模型;同年,马勇、高似春、陈惠源针对由混联水库群和多分蓄洪区组成的复杂防洪系统,建立了一个防洪系统联合运行的大规模线性规划模型,提出了判断扒口分洪界点及相应的分阶段解算的处理方法。

1.2.2.2　非线性规划(Nonlinear Programming,NLP)法

　　与线性规划不同,非线性规划模型中的目标函数或约束条件是非线性的,严格地讲水

库调度中有很多关系都是非线性的,但由于其计算过程比较复杂、费时,且没有通用的解法和程序,所以直接利用非线性规划法解决水库调度问题的并不多见,实际应用时常常需要进行线性化,将非线性规划问题转化为线性规划问题求解,或者与其他优化方法和模拟方法结合。

1990 年,Oleay I. Unver 和 Lany W. Mays 结合非线性规划理论和洪水演算原理,提出了一种实时调度优化模型及其算法,较好地解决了调洪演算的精确性与水库群调度的维数灾问题。Simonovic 和 Savic 研制了水库管理调度智能决策支持系统,包含了 11 个分析模块,使用了非线性规划法、动态规划法、线性规划法和模拟算法。

1.2.2.3 动态规划(Dynamic Programming,DP)法

动态规划法是处理多阶段决策问题的有效方法,是水库群优化调度中应用最为广泛的数学规划法。

国外最早把动态规划应用于水库优化调度的是美国人 J. D. Little,1955 年他提出了基于随机径流的水库优化调度随机数学模型;R. A. Howard 于 1962 年提出了动态规划与马尔科夫过程理论。Rossman L. 于 1979 年将拉格朗日(Lagrange)乘子理论用于随机约束问题的动态规划求解。Turgeon A. 于 1981 年运用随机动态规划和逼近法解决了并联水库群的优化问题。Roefs T. G. 和 L. D. Bodin 分别用动态规划法进行水库群的优化调度。维数灾问题是动态规划法实用的最大障碍,针对动态规划求解的维数灾问题,到目前为止,比较常用的方法有以下几种:

(1)1957 年,Bellman 提出粗网格内插技术,主要通过采用扩大离散距离的方法来减轻由内存负担和储存所有离散点优化结果而产生的庞大计算量,从而达到减轻维数的目的。

(2)1962 年,Bellman 和 Dreyfus 提出动态规划逐次逼近(DPSA)法,将多维问题转化为一系列的一维问题。实践证明,这种方法虽然可以减少维数灾,但还是不能从根本上克服它。

(3)1968 年,Larson 提出状态增量动态规划(IDP)法,该方法的有效性取决于初始试验轨迹,求得的最优解往往只是局部最优解。

(4)1970 年,Johnson 和 Mayne 提出微分动态规划(DDP)法,这种方法利用解析解法代替原先的离散状态空间来解动态规划的维数灾。

(5)1971 年,Heidari 等提出离散微分动态规划(DDDP)法,对两库系统有效,但不适合更大的库群系统。

(6)1975 年,H. R. Howson 和 N. G. F. Sancho 提出逐步优化算法(即 POA 算法),采用两时段滑动求解,通过反复迭代修正,直到达到计算精度和收敛条件为止。A. Turgen 成功地应用 POA 算法求解了梯级水电站的短期优化调度问题。

目前,比较成熟和常用的方法是随机动态规划(SDP)法和二元动态规划(BSDP)法。

(1)随机动态规划法。随机动态规划由动态规划与马尔科夫随机决策过程理论发展而形成。由于河川径流在出现上具有随机特性,因此研究水库优化调度必须考虑径流的随机特性。可以将水库入库径流处理为相互独立的月随机过程,以皮尔逊 – Ⅲ 型分布函数描述径流的随机分布特性,应用马尔科夫值迭代法和随机动态规划法研究水库水电站

的优化调度,求各月的优化调度规律,并运用优化调度规律进行模拟调度计算,编制电站的优化发电调度图。国内有关单位把此方法用于清江隔河岩水电站和浙江凤树岭水电站,获取了较好的优化调度效益。

(2)二元动态规划法。传统的动态规划法是离散化状态空间,并且允许状态变量 S_i 和 S_{i+1} 可以取得状态空间的这些离散值,如果 n 维状态空间的每个坐标被划分为 M 个离散值,由这些离散值的每一种组合形成的格点总数 M^n 是随着维数 n 呈指数增长的。BSDP求解方法是在每次迭代中以 2^n 格子的子集代替 M^n 个格点的,在每次迭代中,当移动状态空间的子集时,使状态子集相互联系的各种定界有可能改善目标函数,以至达到最优轨迹。为水库系统运行问题而提出的二元动态规划法,使得中等规模系统的解可能在合理的计算时间范围内,其阶段目标函数不需要符合任何特性,甚至对于高维的问题,其收敛的速度也是很快的。

国内对动态规划的研究与应用十分广泛,20 世纪 70 ~ 80 年代取得的成果最丰富。1983 年,虞锦江等在最可能洪水概念的基础上提出了满足洪水设防要求的洪水调度动态规划模型;1987 年,胡振鹏、冯尚友在研究复杂防洪系统联合运行时,以分洪量和防洪库容最小为目标进行实时预报调度,建立了防洪系统联合运行的动态规划模型,并提出了"预报—决策—实施"的前向滚动决策方法。该方法是解决确定性优化模型应用于实时调度的一个较有效的方法,至今仍在多方面使用;1988 年,许自达以时空动态规划求解水电站水库群最优洪水调度问题,以一般动态规划求解整体防洪最优运用问题;1990 年,李文家、许自达根据经过水库群拦蓄后下游超过设防标准洪水最小的准则,建立了黄河三门峡、陆浑、故县三库联合调度防御下游洪水的动态规划模型;1991 年,吴保生、陈惠源建立了一个并联水库防洪优化调度的多阶段逐次优化算法模型,解决了河道水流状态的滞后影响问题;1998 年,付湘、纪昌明针对过去使用动态规划进行防洪调度时忽略了后效性影响的缺陷,建立了一个多维动态规划单目标模型,采用 POA 算法连续求解。

1.2.2.4　多目标优化技术(Multi-objective Optimization)法

考虑到水库要实现防洪、灌溉、发电等多方面的效益以及决策者的偏好,多目标优化分析方法的引入势在必行。1982 年,G. L. Beckor 用约束扰动法研究了水库群系统的多目标问题,在得到一组非劣解后,由决策者根据其主观原因确定一个满意结果。Mohan 和 Raipure 对印度包含 5 个水库的流域建立了一个线性多目标模型,以约束法求优化泄水方案。

在国内,林翔岳、许丹萍、潘敏贞于 1992 年采用多目标、多层次法对某水库群的多目标优化调度问题进行了研究。1995 年,贺北方、丁大发、马细霞以自动优化模拟技术求解了两水库多目标优化调度问题;同年,王本德、周惠成、蒋云钟等对淮河流域五水库建立了多阶段多目标水库群防洪调度模型。

多目标分析法与单目标分析法相比,可考虑不可公度目标的组合以及更多的实际影响因素,可明晰获得权衡系数,但就目前而言,理论与实际应用方法均需进一步完善。

1.2.2.5　大系统分解协调(Large Scale System Decomposition-Coordination)法

20 世纪 70 年代起,大系统理论得到迅猛发展。大系统具有高维性、不确定性、规模庞大、结构复杂、功能综合、因素众多等特征,分解协调法几乎贯穿于大系统理论的所有方面。目前,大系统分解协调法在水电站水库群系统优化调度领域渐受重视,在防洪水库群系统中的应用才刚刚起步。

1980 年,Jamshidi 应用分解协调技术解决了 Grande 流域开发问题,将流域分解为多个子系统,将每个子系统按时间分解,构成三级谱系结构。

在国内,董增川在 20 世纪 80 年代研究了大系统分解协调原理在水库群优化调度中的应用。1991 年,封玉恒以最小洪灾损失为准则确定了水库群优化调度目标函数,以分解协调法对模型进行了求解。1995 年,黄志中、周之豪等研究出并联和串联库群实时防洪调度的分解协调算法,并将此法推广到混联库群的实时调度,试验结果表明此法可克服一般动态规划的维数灾。2000 年,杨侃、张静仪和董增川针对长江防洪系统,将大系统分解协调原理与网络分析方法相结合,提出了长江防洪系统网络分析分解协调优化调度方法,并进行了仿真验证。2001 年,杨侃和刘云波将基于多目标的大系统分解协调法应用于串联水库群宏观优化调度的分析研究中,建立了基于多目标分析的库群系统分解协调宏观决策模型,通过实例证明了该法的可行性。2002 年,谢柳青和易淑珍提出一种离散微分动态规划与马斯京根洪水演进相结合的大系统分解协调算法,并以三库联合防洪优化调度为例,计算结果满意。

1.2.2.6　模拟算法

在水资源系统中,常存在变量过多以及多目标之间关系过于复杂的问题,从而使选用严格合适的数学模型有很大困难,甚至无法解决。这时,以功能模拟为基础的数学模拟技术就显得极为有力,成为水资源系统分析的一个重要技术手段。随着系统分析理论在水资源研究中的不断深入,水资源系统模拟作为水资源系统分析学科的分支,也得到了一定的发展。模拟模型(Simulation Model)是利用数学关系式描述系统参数和变量之间的数学关系,详细地描述系统的物理特征和经济特征,并能在模型中融入决策者的经验和判断,通过计算机模拟计算提出各种规划方案比较时所必要的评价指标,以帮助决策者对各方案的利弊得失进行权衡比较,同时还能对决策中临时提出的规划方案及时提供模拟成果。一旦提供必要的系统输入,程序就可生成系统对这些输入的响应,从而揭示系统的运行特性规律。在水库调度中,当问题的规模太大、影响因素太多、非线性程度太高时,解析方法的应用受到严重制约,过度简化与概化的模型往往使解析法获得的不但不是最优的方案,甚至连合理性都无法保证,在这种情况下,模拟模型显示出较大的优越性。

最早的水资源系统模拟是 1953 年美国陆军工程师团在计算机上以整个系统的发电量最大为目标,模拟了密西西比河支流密苏里河上的 6 座水库的联合调度策略。美国垦务局在 20 世纪 70 年代研制的科罗拉多模拟系统 CRSS(Colordo River Simulation System),模拟了该流域内大型水库的供水、防洪、发电调度。之后,该模型不断更新换代,美国垦务局曾在 1991 年专门论述了该局使用的 20 多个模拟模型。

我国从 20 世纪 80 年代开始,广泛开展模拟模型的研究,目前已形成许多能实现特定功能的模拟模型系统。如中国水利水电科学研究院研究开发的华北水资源规划模拟模型,水利部东北勘测设计研究院与清华大学联合开发研究的松辽流域水资源系统规划模拟模型等。1989 年,雷声隆等首先将自优化模拟技术应用到南水北调东线工程中。1996 年,崔远来等在分析了水库等调蓄工程状态域及自优化模拟技术特征的基础上,建立了以防洪及兴利为目标的水库优化调度自优化模拟模型。2001年,李会安等研究了自优化模拟技术在水量实时调度中的应用,建立了黄河干流上游梯级水量实时调度自优化模拟模型。

1.2.2.7　现代启发式智能方法

随着系统工程理论和现代计算机技术的发展,特别是现代智能启发优化算法的兴起,在常规优化算法求解遇到困难时,现代智能优化算法便开始体现出优势,在水库优化调度领域也得到广泛的应用,主要包括遗传算法、人工神经网络、模拟退火算法、混沌优化算法、蚁群优化算法、粒子群优化算法等。

1) 遗传算法(Genetic Algorithm, GA)

遗传算法是模仿自然界生物进化过程中自然选择机制而发展起来的一种全局优化方法,由 J. H. Holland 在20世纪70年代初期提出的,是演化算法的重要分支。它具有并行计算的特点与自适应搜索的能力,可以从多个初值点、多路径搜索实现全局或准全局最优,并且占用计算机内存少,尤其适用于求解大规模复杂的多维非线性优化问题。遗传算法作为一种全局优化搜索算法,因其简单通用、鲁棒性强、适于并行处理,已广泛用于不同领域。与传统优化方法如线性规划法、非线性规划法、动态规划法、单纯形法、梯度法、分支定界法等相比,遗传算法具有其独特的特点:①对优化问题没有太多的数学约束,可以处理任意形式的目标函数和约束;②能够进行概率意义下的全局搜索;③能够灵活构造领域内的启发算法。马光文等用基于二进制编码的遗传算法求解水电站优化调度问题,同动态规划相比,减少了计算机内存,实现了随机全局搜索。常用的有常规遗传算法、十进制遗传算法和二倍体遗传算法。

常规遗传算法把搜索空间(问题的解空间)映射为遗传空间,以每一个可能的解编码为一个向量(二进制),称为一个染色体(或个体),所有染色体组成群体(群体中染色体个数用POP表示)。水库优化调度的遗传算法可以理解为:随机选取POP组水库运行中水库水位值的序列,并作为母体,按预定的目标函数进行评价,计算每个染色体的适应度。根据适应度对诸染色体进行选择、交叉、变异等遗传操作,剔除适应度低的染色体,从而得到新的群体。遗传算法就这样反复迭代,向着更优解的方向进化,直至满足某种预定的优化收敛指标。由于水电站优化调度是多维优化问题,采用二进制编码,染色体串非常长,从而使算法的搜索效率很低,而且在每一次循环运算过程中要进行二进制与实数之间的转换,大大降低了运算速度。用基于十进制编码的遗传算法研究水电站优化调度问题,与通常采用的基于二进制编码的遗传算法相比,避免了采用二进制编码时存在的编码冗余问题,即由于二进制编码串很长而造成的算法搜索效率低的缺陷。基于十进制整数编码的改进遗传算法来进行水电站水库优化调度研究,多个初始点开始寻优,占用内存少,能以较快速度找到全局最优解。二倍体遗传算法是以两条等长度的二进制码组成一对表示个体,这种表示方式更接近于自然界中生物组织的基因染色体结构。

由于遗传算法在求解水库优化问题方面相对于传统方法的优越性,许多学者进行了大量的研究,主要有:伍永刚等应用二倍体遗传算法(DGA)对梯级水电站日优化调度问题求解,借助于基因显性机制,利用二倍体基因结构具有内在的保护群体基因多样性的能力来提高算法的全局寻优能力;王大刚等用基于十进制编码的遗传算法研究水电站优化调度问题,避免了由于二进制编码串很长而造成算法搜索效率低的缺陷;畅建霞等提出了一种基于十进制整数编码的改进遗传算法,并进行水电站水库优化调度研究;Wu 等为了在有限规模的群体中增加多样性,提出了双链态基因型染色体,采用一种间接的解码方法,交叉算子则通过分离和重组过程实现;Sharif 等提出直接利用遗传算法取代离散微分动态规划法来确定优化方法优化水库下泄时段记录;Chang 等提出应用遗传算法优化调度曲线;钟登华等的研究指出,对于大规模的水库优化调度问题,遗传算法不一定能在有限的时间内寻求到满意解,提出了改进的遗传算法,取得了较好的效果;Ahmed 等应用遗传算法寻求多目标水库的调度策略;王万良等应用浮点数编码的改进遗传算法解决小水电站单库和串联水电站群的调度问题;Jothiprakash 等应用遗传算法获取单一水库调度策略。

2) 人工神经网络(ANN)

人工神经网络以生物神经网络为模拟模型,具有自学习、自适应、自组织、高度非线性和并行处理等优点。它着眼于脑的微观网络结构,通过大量神经元的复杂连接,采用由底到顶的方法,通过自学习、自组织和非线性动力学所形成的并行分布方式来处理难于语言化的信息模式。人工神经网络实质上实现了一个从输入到输出的映射功能,而数学理论已证明其具有实现任何复杂非线性映射的功能,这使得它特别适合于求解内部机制复杂的问题;网络能通过学习带正确答案的实例集自动提取"合理的"求解规则,利用人工神经网络方法,通过计算机分析和综合,可在被研究的某一水库放水流量和影响水库放水流量的因素间建立起人工智能推理网络系统。胡铁松研究了 Hopfield 网络在水库优化调度中的应用,建立了一般意义下混联水库群优化调度的神经网络模型,应用于 3 个并联供水水库的调度问题。Prak 等用分段二次费用函数逼近非凸费用函数,用实例证明了Hopfield 神经网络用于非凸费用函数的经济负荷调度的可能性。Naresh 等设计了一个求解凸规划问题的两阶段人工神经网络模型,并分别应用于求解纯水电系统和水火电力系统的短期发电计划问题中。

3) 模拟退火算法(Simulated Annealing,SA)

模拟退火算法是局部搜索算法的扩张,它与局部搜索算法的不同之处在于它可以以一定的概率来选择邻域中目标函数较差的状态。从理论上来说,它是一个全局搜索算法。模拟退火算法的优点是可以处理任意的系统和成本函数,统计上可保证找到最优解且实现过程简单;缺点是收敛通常较慢,也无法标识是否已经找到最优解。Wong 等对退火系统的调度进行了较多的简化后分别用原始模拟退火算法和粗粒度并行模拟退火算法进行了计算,虽然并行算法的确加快了计算速度,但还是需要花费较多的时间。张双虎等将模拟退火算法和遗传算法相结合提出并行组合模拟退火算法,并将该算法用于水电站优化。

4) 混沌优化算法(Chaos Optimization Algorithm,COA)

混沌是非线性系统普遍具有的一种复杂的动力学行为。混沌变量看似杂乱的变化过程,其实却含有内在的规律性。利用混沌变量的随机性、遍历性和规律性可以进行优化搜索。袁晓辉等提出一种求解梯级水电系统短期发电计划问题的新方法——混沌杂交进化算法。该算法将混沌序列与进化算法有机结合在一起,同时采用浮点数编码,并构造一种新的自适应误差反向传播变异算子,从而有效抑制了进化算法的早熟现象和收敛速度慢等缺陷。邱林等基于水库优化调度常用优化方法存在的不足,根据水库优化调度的数学模型,将混沌优化算法运用到水库优化调度中,直接采用混沌变量在允许解空间进行搜索,搜索过程按混沌运动自身规律进行,更容易跳出局部最优解,且搜索效率高。

5) 蚁群优化算法(Ant Colony Optimization,ACO)

蚁群优化算法是意大利学者 Dorigo 等在 20 世纪 90 年代初,通过模拟自然界中蚂蚁集体寻径行为而提出的一种基于种群的启发式仿生进化算法,具有并行性、正反馈机制以及求解效率高等特性。它是从对自然中真正的蚂蚁群体的观察而得来的。蚂蚁是一种群居昆虫,它们生活在一个群落中,它们的行为更多的是由群体来决定的,而不像一般普通的生物那样由个体来决定。当蚂蚁在食物源和巢穴间爬行的时候,其在地面上释放一种称为信息素(pheromone)的物质,同时这样也就形成了一条信息轨迹。蚂蚁可以闻到路径上的信息素。当它们在选择路径的时候,会按照概率选择信息素浓度大的路径。通过遗留在地面上的信息素轨迹,蚂蚁就可以发现觅食时的归途;同时也可以引导它的同伴去发现食物。正是由于蚂蚁群体所表现出的高度结构化和自治性的特性,可以被用来发展成智能算法。最近其也被引入求解水电站优化调度问题,如 Huang 应用 ACS 求解台湾水电系统短期优化调度,将问题构造为与 DP 求解类似的多阶段决策结构,得到了近似最优解。为了加快算法的收敛性,采用了状态转移规则、局部信息素更新规则和全局信息素更新规则,搜索过程的停滞则由并行处理蚁群来避免。徐刚等将蚁群算法应用于求解水库优化调度问题及梯级水电厂日竞价优化调度问题。王德智等针对供水水库优化调度问题引入了一种改进的连续蚁群算法。胡国强等应用自适应蚁群算法求解水电站水库优化调度问题。

6) 粒子群优化算法(Particle Swarm Optimizer,PSO)

粒子群优化算法是 Kennedy 和 Eberhart 在 1995 年提出的一类模拟群体智能行为的适合于复杂系统优化计算的自适应概率优化技术。他们通过对鸟群飞行的研究发现,鸟仅仅是追踪它有限数量的邻居,但最终的整体结果是整个鸟群好像在一个中心的控制之下,即复杂的全局行为是由简单规则的相互作用引起的。粒子群优化算法即源于对鸟群捕食行为的研究,一群鸟在随机搜寻食物时,如果这个区域里只有一块食物,那么找到食物的最简单、有效的策略就是搜寻目前离食物最近的鸟的周围区域。粒子群优化算法就是从这种模型中得到启示,并用于解决组合优化问题的。粒子群优化算法最初多应用于多元函数的优化问题,包括带复杂的线性约束的优化问题。随着研究的深入,粒子群优化算法已经有更广泛的应用,目前已经应用于分类、模式识别、信号处理、机器人技术应用、决策制定、模拟等领域。近几年来,粒子群优化算法在水库调度领域中应用的研究逐渐显示出广阔的应用前景,已引起水利科学工作者的关注和研究兴趣,如武新宇等采用两阶段粒子群优化算法,对云南电网统调的 7 库 14 站主力水电站进行了优化计算,结果表明粒子群算法能得到高性能的优化调度结果。杨道辉等应用粒子群优化算法研究了水电站优化调度问题。张双虎等提出一种改进自适应粒子群优化算法,并将其应用于水库优化调度中,与经典方法相比,其能以较快的速度收敛于全局最优解。陈功贵等提出一种混合粒子算法,该算法利用离散微分动态规划对粒子群优化算法的 *gbest* 粒子进行二次寻优,加快了算法的收敛速度和精度,并对三峡梯级的发电和洪水优化调度问题进行了研究。

1.2.2.8 其他方法

近年来,系统科学中的排队论、存贮论和对策论、模糊数学、灰色理论等多种理论和方法被引入,极大地丰富了水库群系统防洪联合调度问题的研究手段和途径。

1965 年,L. A. Zadeh 创建了模糊数学;1970 年,Bellman 和 Zadeh 又共同提出模糊动态规划(FDP)法,为水电站水库优化调度又开辟了一条新途径。我国学者将经典的动态规划技术与模糊集合论融为一体,成为水库模糊优化调度的核心。80、90 年代的研究应用成果丰硕。模糊数学方法用于防洪调度的研究成果十分丰富。冯浚提出了多目标优化模糊解法,即隶属度最大对应最优解。汪骏等提出用相似优先比和贴近度最大求多目标最优解,促进了水库模糊优化调度的初期发展。1983 年,吴信益率先把模糊数学方法引入水库调度领域,制定了乌溪江水电站水库的模糊调度方案。1991 年,王本德、张力提出一种寻求满意决策的多目标洪水模糊优化调度模型及解法,并将该模型用于大伙房水库多目标防洪优化调度研究。1992 年,陈守煜、周惠成应用多目标多层次理论和模糊优选方法对黄河防洪调度方案进行研究,形成了决策支持系统。根据实际情况,将多种方法耦合也是一种研究水库群联合调度的途径。1993 年,陈守煜、邱林将随机动态规划与非线性规划和模糊优选理论等有机结合,提出了多目标模糊优选随机动态规划模型,并应用于黄河梯级水电站的优化调度中。黄强把模糊动态规划方法用于求解水电站水库长期优化调度问题,较随机动态规划法简便、快速。1994 年,王本德、周惠成、程春田结合丰满－白山梯级水库群的洪水联合调度,以调度方案为决策,以水库泄流为状态,应用模糊优选技术选择系统洪水调度方案。2003 年,邹进等提出一种利用模糊集理论来求解定性多目标决策问题的方法,并将其应用于水库实际洪水调度方案的多目标决策中。

网络流规划法是一种基于图论和网络分析的规划技术,网络分析法在水库优化调度中的应用研究和应用为解决日益庞大的水利系统优化调度问题注入了新的生命力。1983 年,Q. W. Martin 用网络规划法求解了 27 座水库的联合调度问题。1995 年,杨侃与谭培伦、仲志余运用该原理提出了基于传播时间的零维增益弧网络优化调度模型理论及相应的有效算法,并应用到以三峡为中心的长江防洪系统优化的调度研究中,该模型不仅考虑了水量在时间和空间上的合理调度,而且考虑了复杂非线性动态系统中弧流量的传播。罗强等建立了水库群系统的非线性网络流规划法,并提出了逐次线性化与逆境法相结合的求解方法。

1.3 存在问题及发展趋势

1.3.1 存在的主要问题

水库优化调度研究方面存在的主要问题是理论与实际脱节。虽然水库(群)优化调度研究在国外已有 50 多年的历史,在优化调度理论、方法、模型等方面有较大的进展,也取得了大量的研究成果;而我国从 20 世纪 70 年代就开始研究水库优化调度问题,不少研究成果也相继问世,但实际应用的却很少。目前,仍没有形成一种能够进入实用阶段、成熟的库群优化调度方法,未能真正起到理论指导实践的作用,可以说,库群优化调度问题仍处于研究阶段。究其原因主要有以下几方面:

（1）所建立的模型难以反映复杂系统的真实情况。这主要是因为模型过于简化或仅研究了部分问题。目前的防洪调度方法多数是基于典型洪水的调度方法。这实际上是将未来发生的洪水看成是完全已知的，忽略了未来洪水过程的不确定性。如何缩小理论与实际的差距，使系统分析方法真正能指导水库实际运行是值得深入细致研究的问题。

（2）模型可操作性较低。由于优化调度所用的方法和理论比较高深，一般由专家建立，操作比较复杂，使用者因缺少相应的知识而影响了模型的应用和推广。防洪调度方法求解的结果只产生一套不管决策者能否接受的策略，用一个模型的结果代替复杂的决策过程，较少考虑防洪调度过程的实时水情、工情等反馈信息和决策者的经验、知识、偏好等因素；较少考虑在动态决策过程中，不断地向决策者提供有用的信息，引导决策分析不断深入，协助决策者获得一套正确的防洪策略。

（3）计算量大，费用昂贵。在建立模型和求解过程中，需进行大量的运算才能对系统的各项指标进行分析、校核、优选，这就要求计算设备内存大、速度快，势必需要增加人力、财力的投入。

（4）一些方法片面追求最优解，忽视了水资源系统的复杂、多变、动态特性以及生产上许多因素的不确定性，没有考虑管理人员制定方案的主观偏好和维护局部利益的现实思想，使研究结果难以被管理人员所接受。

（5）另外，从应用方面来看，使用者的业务素质、理论水平、现行的管理体制也限制了优化调度研究成果的应用推广。

1.3.2　发展趋势

随着水库群优化调度理论研究的不断深入，尤其是一些新理论、新学科、新技术的不断发展，水库群优化调度研究也逐渐由以理论研究为主转向实际应用、由传统方法转向新技术利用、由单一方法转向多技术综合等，出现了许多新的研究趋势。

（1）考虑实际生产中水库调度的复杂性和水资源系统的非结构化特点，引进系统辨识思想，采用模拟与优化相结合的方法，研究模型简单、求解迅速、便于决策者参与、能根据实际快速给出满意解的模拟优化调度模型及求解方法。

（2）引进新理论和新技术研究水库群优化调度的新模型及新算法。如利用 Hopfield 网络的自优化功能，通过建立能量函数求解调度模型；水库调度模型求解的现代人工智能算法；在水库长序列模拟调度的基础上，利用人工神经网络技术建立水库调度规则等。

（3）多种优化方法的耦合研究。一方面，计算机技术及系统工程的进一步发展为新的调度方法产生提供了可能；另外，单库调度发展到库群联合调度，其复杂性和随机性大大增加，仅凭一种优化方法很难将其研究透彻，应将多种方法耦合，扬长避短，充分发挥各种优化方法的优势，以期获得更好的求解方法。因而两种或几种方法理论的耦合在今后有很大的发展空间。

（4）针对模型描述与系统间的差异以及模型输入误差对运行结果的影响，研究具有能利用实时信息自动修正、消除累计误差功能的优化调度模型，提高模型的实用性。

（5）基于规则提取的模型主要是利用模糊系统、数据挖掘等对大量确定性和非确定性数据进行聚类分析、非线性映射关系分析以及逻辑关联分析等，寻找有用的知识规则，更好地为决策服务。水库调度是实践性、实时性很强的决策过程，从大量的历史信息中提取专家的知识和经验,抽象概化成具有实际意义的指导规则,对实现水库调度决策的智能化具有重要意义。

(6)防洪风险率研究。由于水文、气象等因素的随机性,使得水库群联合调度具有不确定性,存在着一定的风险,因此对水库群调度进行风险分析是十分必要的。现行的风险分析方法分定性和定量两种,但由于水库群防洪调度问题的高度复杂性,目前的研究尚处于初始阶段。

(7)提高防洪调度基本信息采集的自动化水平。目前的水库群实时联合调度,对水文、气象等信息的及时性、准确性提出了更高要求,应充分利用现有高科技手段,如 3S 技术、网络技术等,达到数据采集与传输的自动化,提高数据测报的精度和准确率,以确保这些重要信息能及时、准确地传送到调度指挥中心,从而更好地实现库群的实时联机统一调度。

(8)建立基于空间数据的专家决策支持系统。利用现代成熟的计算机技术建立水库群调度专家决策支持系统,将调度中大量烦琐、复杂的计算工作交由计算机完成,不仅快速、准确、高效,而且减少了人为因素的干扰。今后的专家决策支持系统应构建适合串、并联混合的库群防洪调度模型,提高系统的通用性,结合各种优化技术、模拟技术以及专家经验,建立交互式的决策支持系统,从而更加及时、准确、自动和直观地为决策者的科学决策提供可靠依据。

(9)实现仿真调度模拟。利用计算机进行 3D 建模,运用地理信息系统进行库群调度模拟,为调度者形象地模拟出调度决策发布后的水库调度效果,从而帮助决策者科学地制定调度决策,最大限度地降低洪灾损失。

(10)水利学科是一门传统学科,技术手段相对落后,用高新技术改造水利行业势在必行。近几年,全国和各地的水资源实时监控系统、防汛抗旱指挥系统、政务管理系统建设有了重大进展。此外,全球定位系统、地理信息系统、遥感技术、计算机决策支持系统以及虚拟现实技术等高新技术在水利行业也具有广阔的应用前景。在水库调度方面大规模、高强度地应用高新技术,可以更好地实现调度决策的科学化、智能化、敏捷化,进一步提升调度决策的技术水平,使水库调度朝着可视、交互、智能、集成化的方向发展。

1.4　研究内容

水库调度是一个传统的研究课题,随着其他理论与方法的发展以及在水库调度中的应用,水库调度的管理决策水平不断提高,而水库群防洪联合调度就是指对流域内一组相互间具有水文、水力、水利联系的水库以及相关工程设施进行统一的协调调度,使整个流域的洪灾损失达到最小。本书作者围绕水库群防洪优化调度问题及水库综合管理信息系统研制,以水利部海委"引滦工程六水库联合调度"为课题,以潘家口、大黑汀和桃林口三水库作为研究对象,进行水库防洪调度的理论探讨和实际应用研究。研究内容主要包括防洪调度、兴利调度和引滦工程六水库联合优化调度系统软件。

1.4.1　防洪调度研究

关于防洪调度方面的研究如下所述:

(1)当滦河流域发生中小型洪水时,在确保工程安全运行的前提下,就如何充分发挥潘家口、大黑汀、桃林口三水库调蓄洪水的作用,适时实施联合错峰调度,减轻滦河下游小埝防洪抢险压力,为确保下游防洪安全创造条件进行研究。

(2)准确推求设计洪水过程线对于水库运行与管理具有重要作用,为克服传统手工调整方法存在的缺陷,将此问题转化为一个约束非线性优化问题。通过建立推求设计洪水过程线的优化模型,采用粒子群优化算法实现计算机的自动求解。实现了计算机自动推求设计洪水过程线,克服了手工调整方法存在的缺陷。

(3)在详细评价现有水库防洪调度原理、方法及防洪调度数学模型的基础上,建立了基于粒子群优化算法的水库群防洪优化调度模型和求解方法。粒子群优化算法具有概念简单、易于实现、参数少且无需梯度信息的优点。同时,针对标准粒子群算法存在搜索精度不高和易陷入局部最优解的缺点,介绍了带收敛因子的粒子群优化算法及混沌粒子群优化算法(CPSO)两种改进方法。在研究粒子群优化算法基本理论、运算过程、实现技术等的基础上,将此算法运用到水库防洪优化调度实例中。

(4)论述了水库防洪调度方案的生成技术,提出了确定目标权重的启发式方法。在水库实时防洪调度中,调度方案的决策具有重要意义。防洪调度决策的优劣属于模糊概念,以满意方案作为决策支持的基础,关键在于确定目标的权重。在实际防洪调度中,因决策者知识经验、偏好不同,权重的确定一直是实际工作中的难点,将熵权法引入模糊优选模型,采用改进的熵权计算式,使主客观权重线性组合,达到多方案优选的目的。

(5)针对滦河中下游水库群防洪的实际情况,以潘家口、大黑汀、桃林口三库作为研究对象,进行防洪调度的理论探讨和实际应用研究。单库调度方面,建立了潘家口水库的防洪调度模型,采用粒子群优化算法进行求解;多库联合调度方面,在潘家口、大黑汀、桃林口三库联合调度可行方案的基础上,进行多方案的模糊优选,从而得出满意解。

1.4.2　兴利调度研究

在潘家口、大黑汀、桃林口三水库遭遇来水丰枯不均的特殊年份时,就充分发挥河系相通的优势,利用六水库之间水量可调配的能力,对天津、唐山、秦皇岛三市引滦用水年度剩余水量进行置换,实现滦河水资源的优化配置。当南水北调通水以后,在潘家口、大黑汀、桃林口三水库来水较丰的情况下,利用引滦剩余指标水量实施生态环境供水,以促进水生态环境的和谐发展。

1.4.3　引滦工程六水库联合优化调度系统研究

在全面介绍国内外水库综合管理信息系统研究现状的基础上,提出了基于 GIS 和数据库技术水库综合管理信息系统的设计方案。

分析滦河水资源和天津、唐山、秦皇岛三市需水情况与引滦工程六水库及滦河下游水情,依据引滦工程六水库联合优化调度研究成果,结合地理信息系统技术,开发引滦工程六水库联合优化调度系统软件和引滦枢纽工程综合管理信息系统的设计方案。引滦工程六水库联合优化调度系统软件可实现自动生成错峰调度、水量置换、年度水量分配等防洪、兴利调度方案,并给出最佳优化调度方案,为决策人员提供必要的技术支持。

(1)综合运用水文水资源、水利管理、地理信息系统、数据库技术、系统工程和运筹学等多学科知识,提出和建立了水库综合管理信息系统的体系模型。

(2)结合国家信息化建设的总体目标,根据水库管理的实际需求,建立了一个通用的水库综合管理信息系统总体结构,并对其内容进行详细的论述。

(3)在分析系统的信息来源、数据类型、综合数据库的结构、信息流向等问题的基础上,提出面向对象的异构数据库管理,并着重从数据库层分析需求,确定基本的数据库逻辑结构,结合国家相关标准,给出了数据库较为详细的结构分析。

(4)结合地理信息系统技术,论述了 GIS 在水库综合管理信息系统中应用的必要性和优越性,提出了水库综合管理信息系统中应用 GIS 的设计方案。

(5)应用本书提出的基于 GIS 和数据库技术的水库综合管理信息系统设计方案进行了实际应用研究,建立了引滦枢纽工程综合管理信息系统。

第2章　工程概况及流域地表水资源分析

　　本章对研究的具体流域——滦河流域及相关工程进行了详细的介绍,包括流域水文气候及社会经济情况、引滦枢纽工程、引滦入津工程、引滦入唐工程、桃林口水库、引青济秦工程、滦河下游河道堤防等。介绍了引滦供水、分水的原则,并对地表水资源进行了分析。

2.1　工程概况

2.1.1　流域水文气候及社会经济情况

　　滦河是华北地区重要河流之一,主要流经内蒙古自治区、辽宁省和河北省三省区的27个县、旗、区。滦河起源于河北省丰宁县巴颜图古尔山麓的闪电河,北流至内蒙古自治区多伦县折而向南,至郭家屯始称滦河,穿燕山,至乐亭县南兜网铺注入渤海,全长877 km。流域面积44 750 km²,其中山区占98%,平原占2%,流域地势由西北向东南倾斜,绝大部分为山区。多伦县以上为内蒙古高原,地势平坦,植被较好;由此往南河流蜿蜒迂回于山区峡谷和小盆地之中,植被较差;罗家屯以下进入丘陵区,河谷渐开;滦县以下进入渤海平原,河道顺直平坦。

　　滦河流域面积大于1 000 km²的支流有闪电河、小滦河、兴洲河、伊逊河、武烈河、老牛河、柳河、瀑河、潵河和青龙河等10条,水系呈羽状分布,其中伊逊河为最大支流,青龙河为水量最为丰沛的支流。流域内北部为内蒙古高原南缘,海拔高,地势平坦,多草原和沼泽,河道宽浅;中部为燕山山地,森林覆盖度大,矿藏丰富,河流穿行于峡谷盆地间,坡陡流急;滦县以下为冲积平原,河道宽阔,水流冲淤改道变化较大。流域中部燕山山地迎风坡为暴雨中心,亦为滦河洪水主要源地。

2.1.1.1　流域气候特征

　　滦河流域地处副热带季风区,多年平均降水量为400~700 mm,夏季炎热多雨,冬季寒冷干燥。其主要特点为:

　　(1)季风显著,四季分明。冬季受强大的蒙古高压控制,盛行由大陆吹向海洋的干冷的偏北风。

　　(2)雨量集中,雨热同季。降雨量年内分布不均,冬季仅占全年的1%~2%,春季占9%,夏季占67%~76%,秋季占11%~19%。

　　(3)地形多样,气候复杂。流域内地形差异很大,高原、山地、丘陵、平原以及河谷、盆地等各自形成小气候区。

2.1.1.2　流域社会经济概况

　　滦河流域内矿藏资源丰富,交通事业发达,形成了以承德市、唐山市、秦皇岛市为中心的经济区。

　　承德市位于河北省东北部,全市总面积39 601 km²,现有人口349万人,是一个以农业为主的地区。承德市是我国北方著名的旅游城市,避暑山庄是我国现存最大的皇家园林,是世界历史文化遗产之一,每年都吸引大量中外游客参观游览。

唐山市北靠长城,南临渤海,全市总面积 13 385 km²,海岸线长 206 km。

秦皇岛市地处河北省东北部,是华北地区通往东北的咽喉。秦皇岛市辖三区四县,全市总面积 7 760 km²。

滦河流域的重点防洪保护区为滦河下游。其中,滦河大堤保护范围为 140 万亩土地,滦河小埝保护范围为 20 万亩土地。

引滦工程是以城市生活用水、工业供水、农业灌溉、发电、防洪、水环境保护与水生态修复为主的综合性大型水利工程群,主要包括引滦枢纽工程、引滦入津工程、引滦入唐工程、桃林口水库工程和引青济秦工程,工程示意如图 2-1 所示,引滦工程六水库主要工程特性指标如表 2-1 所示。

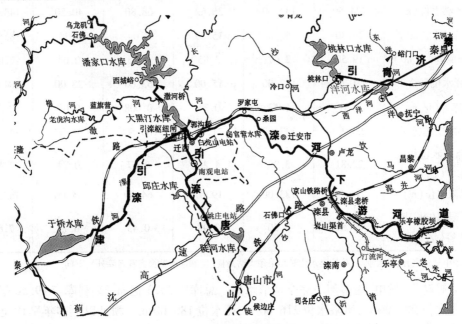

图 2-1　引滦工程示意图

2.1.2　引滦枢纽工程

引滦枢纽工程位于河北省迁西县境内的滦河干流上,由潘家口水利枢纽、大黑汀水利枢纽及引滦枢纽闸三部分组成,其主要任务是向天津、唐山两市城市生活、工业供水,向滦河下游农业灌溉供水,向华北电网调峰及事故备用发电供水,滦河下游防洪及向天津、唐山两市环境生态供水。

2.1.2.1　潘家口水利枢纽

1) 工程概况

潘家口水利枢纽位于滦河中游,潘家口水库位于河北省唐山市与承德地区的交界处,是整个引滦工程的源头,控制滦河流域面积 33 700 km²,为全流域面积的 75%,控制全流域水量的 1/2 以上。它是整个引滦工程的龙头,拦蓄滦河上游来水。其主要作用是供水,

表 2-1　引滦工程六水库主要工程特性指标

水库名称	潘家口水库	大黑汀水库	于桥水库	邱庄水库	陡河水库	桃林口水库
所在河流	滦河	滦河	州河	还乡河	陡河	青龙河
坝顶高程(m)	230.50	138.80(黄海高程)	27.38	77.00	44.00	146.50
最大坝高(m)	107.50	52.80	22.63	28.00	25.00	74.50
坝型	低宽缝混凝土重力坝	低宽缝混凝土重力坝	均质土坝	均质土坝	均质土坝	碾压混凝土重力坝
校核洪水位(m)	227.00	133.70	27.72	72.90	43.40	144.32
设计洪水位(m)	224.50	133.00	25.62	68.80	40.30	143.40
总库容(亿 m³)	29.30	4.73	15.59	2.04	5.15	8.59
兴利库容(亿 m³)	19.50	2.07	3.85	0.65	0.68	7.09
死水位(m)	180.00	122.00	15.00	53.00	28.00	104.00
死库容(亿 m³)	3.31	1.13	0.36	0.008	0.05	0.51
正常蓄水位(m)	222.00	133.00	21.16	66.50	34.00	143.00
正常蓄水位相应库容(亿 m³)	22.81	3.20	4.21	0.67	0.74	7.60
汛限水位(m)	216.00	133.00	19.87	64.00	34.00	143.00
汛限水位相应库容(亿 m³)	19.50	3.20	2.98	0.43	0.74	7.60

注:表中坝顶高程、最大坝高、校核洪水位等均采用大沽高程(特别注明黄海高程者除外),下同。

同时兼顾防洪、发电,为多年不完全调节水库。总库容 29.3 亿 m³,兴利库容 19.50 亿 m³,正常蓄水位 222.00 m,汛限水位 216.00 m,死水位 180.00 m。坝址以上多年平均径流量 24.5 亿 m³,占全流域多年平均径流量的 53%。

潘家口水利枢纽工程包括潘家口水库大坝、下池枢纽、2 座副坝和坝后式水电站。主坝坝顶高程 230.50 m,保坝洪水位 230.10 m,正常蓄水位 222.00 m,设计洪水位 224.50 m,校核洪水位 227.00 m,汛限水位 216.00 m,发电死水位 180.00 m。防洪库容 9.7 亿 m³,兴利库容 19.5 亿 m³,总库容 29.3 亿 m³。主坝为混凝土低宽缝重力坝,按 1 000 年一遇洪水设计,5 000 年一遇洪水校核,坝顶长 1 039 m,分为 56 个坝段,最大坝高 107.5 m,最大坝底宽 90 m,坝顶宽 7 m,大坝中间部分设有 18 孔溢洪道,用 15 m×15 m 弧形钢闸门控制,溢洪道最大泄洪能力为 53 100 m³/s。30# 坝段和 32# 坝段为底孔坝段,共 4 个底孔,用 4 m×6 m 弧形闸门控制,一方面可参与泄洪,另一方面可以在低水位(低于发电死水位 180 m)时为下游供水;或特殊情况下放空水库之用。底孔最大泄洪能力为 3 100 m³/s。

两座副坝均为土坝,西城域副坝坝顶长 345 m,最大坝高 22.5 m,最大挡水库容 10 亿

m^3;脖子梁副坝坝长 30 m,最大坝高 4.95 m,一般情况不挡水。

坝后式水电站总装机 42 万 kW,其中一台 15 万 kW 常规机组,三台单机容量为 9 万 kW 的抽水蓄能机组。220 kV 高压开关站位于主坝后滦河右岸,其中常规机组主变容量为 18 万 kVA,抽水蓄能机组主变每台容量为 10 万 kVA,以 220 kV 高压经开关站输入京、津、唐电网。

下池枢纽由闸坝和电站组成,有效库容 1 000 万 m^3,属日调节水库,与潘家口电站抽水蓄能机组配合使用。

2)调度方式

潘家口水库主汛期(7 月 1 日~8 月 15 日)汛限水位 216.00 m,相应库容 17.03 亿 m^3;后汛期(8 月 16~31 日)汛限水位 222.00 m,相应库容 20.62 亿 m^3;9 月 1 日以后视天气形势可逐步蓄到最高蓄水位 224.70 m,相应库容 22.45 亿 m^3。

潘家口水库遇 50 年一遇洪水限泄 10 000 m^3/s,保京山铁路大桥安全;50 年一遇到 500 年一遇洪水限泄 28 000 m^3/s,保潘家口水电厂安全;大于 500 年一遇洪水泄量不限,保潘家口水库大坝安全,但各级泄量均不得大于入库洪峰流量。

3)泄洪建筑物运用方式

潘家口水库水位达到汛限水位 216.00 m 时,首先电站 4 台机组运行。如水位继续上涨,电站不能满足泄量时,开启底孔闸门,3 个底孔全开后,隔孔开启 18 孔溢流坝闸门。当入库流量达到 500 年一遇时,电站 4 台机组停止运行,溢流坝闸门全开,以满足泄洪要求。

4)防洪保护范围

潘家口水库保护范围涉及 102 国道、京沈高速公路、京山铁路、津渝公路及迁西县城等重要交通干线、通信干线和城镇,保护着迁安首都矿业公司的防洪安全,保护人口 270 万人、耕地 467 万亩。

2.1.2.2　大黑汀水利枢纽

1)工程概况

大黑汀水利枢纽位于潘家口水利枢纽主坝下游 30 km 处的滦河干流上,主要建筑物有宽缝式混凝土拦河坝 1 座,坝后式水电站 2 座。其主要作用是承接潘家口水库调节水量,抬高水位,为跨流域引水创造条件,向天津、唐山两市及滦河下游供水,同时拦蓄潘家口—大黑汀区间来水并结合供水发电。

大黑汀水利枢纽控制流域面积 35 100 km^2,其中潘家口—大黑汀区间控制流域面积 1 400 km^2。大黑汀水库为年调节水库,主坝为二级水工建筑物,按 100 年一遇洪水设计,1 000 年一遇洪水校核。坝顶高程 138.80 m(黄海高程),保坝洪水位 138.50 m,正常蓄水位 133.00 m(与设计洪水位相同),死水位 122 m,总库容 4.73 亿 m^3,兴利库容 2.07 亿 m^3。主坝坝顶长 1 354.5 m,最大坝高 52.8 m,分为 82 个坝段,大坝中部设有 28 孔溢洪道,用 15 m×12.1 m 弧形门控制,最大泄洪能力为 60 750 m^3/s。在溢洪道右侧设有 8 个底孔,孔口尺寸 5 m×10 m,用 5.76 m×10.05 m 平板钢闸门控制,最大泄洪能力 6 750 m^3/s。

渠首闸位于渠首电站左侧,共 4 孔,孔口尺寸为 4 m×4 m,用 4.1 m×4.06 m 平板钢闸门控制,控制引水流量 160 m³/s。

渠首闸右侧设渠首电站一座,装机容量 1.28 万 kW(4×0.32 万 kW)。底孔坝段右侧设河床电站一座,装机容量为 0.88 万 kW,两座总装机 2.16 万 kW,其多年平均发电 0.468 亿 kWh。

2)调度方式

大黑汀水库主汛期(7 月 1 日~8 月 15 日)和后汛期(8 月 16~31 日)正常蓄水位与汛限水位均为 133.00 m,相应库容 3.20 亿 m³。

遇潘家口水库发生 50 年一遇以上洪水情况,大黑汀水库没有限泄要求,当库水位达到 133.00 m 时,本着来多少泄多少的原则泄洪。

3)泄洪建筑物运用方式

大黑汀水库达到汛限水位 133.00 m 时,首先电站 5 台机组运行,然后开启 8 个底孔闸门,分三级运用,即分为 3.55 m、7.55 m、全开。最后开启 24 孔溢流坝闸门,闸门运用分为 3.0 m、6.0 m、全开三级,如 24 孔全开后仍满足不了泄洪要求时,则逐孔开启其余 4 孔。

2.1.2.3　引滦枢纽闸

引滦枢纽闸工程位于大黑汀水库渠首电站下游 500 m 处,通过引滦总干渠与大黑汀水库相接,其作用是控制调节引滦入津和引滦入唐的流量。引滦枢纽闸右侧设有入津闸,设计流量 60 m³/s;引滦枢纽闸左侧设有入唐闸,设计流量 80 m³/s。引滦枢纽闸以下分别与引滦入津明渠和引滦入唐隧洞相接。

2.1.3　引滦入津工程

引滦入津工程由黎河段、于桥水库、州河段、引滦输水明渠以及一系列泵站、暗渠组成。

2.1.3.1　黎河段

黎河段是引滦入津工程主要组成部分,输水段由迁西县、遵化市交界处的低山丘陵区至沙河、黎河汇流口,全长 57.60 km,最大输水流量 60 m³/s。

2.1.3.2　于桥水库

于桥水库位于天津市蓟县城东,是治理蓟运河、防止下游洪涝灾害的重要枢纽工程,并承担着引滦调蓄向天津供水的任务。水库坝址建于蓟运河左支流州河出山口处,控制流域面积 2 060 km²,占整个州河流域面积的 96%。州河由沙河、淋河、黎河三大支流汇合而成,各支流上游沟涧甚多,支流分散,呈辐射状汇集于州河盆地,水库库区即位于该盆地,最大回水东西长约 30 km,南北宽 8 km,最大淹没面积 250 km²(正常蓄水位时淹没面积 86.8 km²),州河流域境内雨量充沛,多年平均降雨 750 mm,多年平均径流 5.06 亿 m³。

于桥水库流域属暖温带大陆性季风性半湿润气候区,四季分明,光热比较充裕。年日照时数平均 2 843 h,每年春季干旱,夏季炎热多雨,秋季昼暖夜寒温差大,冬季寒冷少雪。多年平均气温 11.2 ℃,最低气温 -25.7 ℃,最高气温 43.1 ℃。

流域内沟涧、河流众多,但主要入库河流为沙河、黎河、淋河,其中以沙河水量最大,多年平均径流量 2.7 亿 m³。流域内有三座中型水库,总库容 1.35 亿 m³,分别是上关水库、般若院水库、龙门口水库。

　　由于整个流域位于燕山山脉的迎水坡,故降水量较大,平均每年发生暴雨(日雨量大于 50 mm)3~5 d,大暴雨(日雨量大于 100 mm)2~3 d,其中点最大降雨量为 511 mm(水平口,1978 年 7 月 24 日)。整个流域多年平均降雨量 750 mm,暴雨中心为水平口、马兰峪、龙门口。其中,马兰峪为华北地区最著名的暴雨中心,每年的 7 月下旬至 8 月上旬为暴雨多发期。

　　整个流域年内降水分配很不均匀,主要集中在 6~9 月,占全年降水的 80%~90%,6~8 月降雨占全年降水的 77%,其中 7 月中旬至 8 月上旬的 30 天内降水量占全年降水的 30%~50%,冬季降水最少,约占全年的 1.3%。

　　于桥水库是一座以防洪、城市供水为主,兼顾灌溉、发电等综合利用的大型水利工程,为引滦入津工程大型调蓄水库。水库汛限水位 19.87 m,正常蓄水位 21.16 m,死水位 15.00 m,总库容 15.59 亿 m^3,其中调洪库容 12.62 亿 m^3,兴利库容 3.85 亿 m^3。

　　建库以来,于桥水库遭遇过两次较大的洪水年,分别为 1978 年和 1996 年,水库充分发挥了它的拦蓄错峰作用,使下游的损失减至最低。

　　1978 年汛期,流域平均降雨 1 204.8 mm,有 4 次较大的降雨过程,相应的有 4 次较大的洪水入库,于桥水库两次闭闸错峰。第一次在 7 月 27~28 日,库水位 18.25 m,入库洪峰流量 2 085 m^3/s,出库流量 185 m^3/s,经水库拦蓄削减洪峰 91%;第二次为 8 月 28 日,洪峰流量 1 950 m^3/s,库水位达 21.69 m,出库流量 237 m^3/s,削减洪峰 87.3%。

　　1996 年汛期,流域平均降雨 918 mm,降雨集中在 7 月底 8 月初,此间连降几场暴雨,库水位由 17.61 m 暴涨到 22.60 m,形成了较大的入库洪水过程,总径流量 5 亿 m^3。具体情况为:8 月 2~5 日,入库洪水 17 178 万 m^3,拦蓄洪量 14 927 万 m^3,入库洪峰流量达 1 727 m^3/s,出库流量 164 m^3/s,削减洪峰 90.5%;8 月 5~8 日,入库洪水 13 934 万 m^3,拦蓄洪量 7 806 万 m^3,入库洪峰流量 945 m^3/s,出库流量 227 m^3/s,削减洪峰 76.0%。

2.1.3.3　州河段

　　州河段连接于桥水库入蓟运河,全长 54 km,最大输水流量 150 m^3/s。

2.1.3.4　引滦输水明渠

　　引滦输水明渠起于九王庄进水闸,止于大张庄泵站前池,全长 64.2 km,最大输水流量为 50 m^3/s。

2.1.4　引滦入唐工程

　　引滦入唐工程由引滦入还输水工程、邱庄水库、引还入陡输水工程和陡河水库四部分组成。

2.1.4.1　引滦入还输水工程

　　引滦入还输水工程是引滦入唐输水工程的上段部分,由大黑汀枢纽闸到邱庄水库,全长 25.80 km,输水工程设计引水流量 80 m^3/s,校核流量 100 m^3/s。

2.1.4.2　邱庄水库

　　邱庄水库位于唐山市丰润区城区以北 20 km 还乡河出山口处,是蓟运河支流还乡河上的一座大型水库,也是引滦入唐沿线上的中间调节水库,控制流域面积 525 km^2,多年平均径流量 1.09 亿 m^3。水库为均质土坝,混凝土防渗墙,坝长 926 m,最大坝高 28.00 m,坝顶高程 77.00 m,正常蓄水位 66.50 m,死水位 53.00 m,设计总库容 2.04 亿 m^3,兴利库容 0.65 亿 m³,死库容 0.008 亿 m³。防洪保坝标准 5 000 年一遇,最高洪水位 75.35 m,建筑物泄洪能力 4 600 m³/s(其中,放水洞下泄能力 252 m³/s,溢洪道最大下泄能力 4 348 m³/s)。其主要任务是防洪供水,供丰润、遵化、玉田三县的农业用水,同时调节引滦入唐供水。

2.1.4.3　引还入陡输水工程

引还入陡输水工程是引滦入唐输水工程的下段部分,总长度 25.44 m。其中,人工渠道等工程 12.20 m,陡河西支输水总长度 13.24 m。设计正常输水流量 40 m³/s,渠首在邱庄水库大坝左侧 4.50 m 处的大岭陡壁下,穿山凿洞引水。渠线经由大岭隧洞(长 670 m)、新王庄隧洞(长 1 998 m)、王务庄渡槽(长 654 m)、南岭隧洞(长 1 143 m)、古人庄隧洞(长 1 618 m)、输水明渠(长 5 368 m)、姚庄电站、陡河开卡(600 m)在石匣村东入陡河西支。其主要任务是将引滦入还的水量经邱庄水库调节后,跨流域送到陡河水库。

2.1.4.4　陡河水库

陡河水库位于唐山市区东北 15 km 处的陡河上游,是一座以防洪为主,兼供唐山市区生活用水及工农业生产用水等综合利用的大型水利枢纽工程,引滦入唐工程修建后又是入唐终端调节水库。

陡河属季节性河流,介于滦河、蓟运河两水系之间,上游分为东、西两支。东支为管河,发源于迁安县东蛇探峪村,河长 30.4 km,集水面积 286 km²,有分支龙湾河在宋家峪村汇入管河;西支为泉水河,河长 45 km,集水面积 244 km²,发源于丰润县上水路村东北,由丰润县火石营镇马家庄户村的腰带河汇入其中。管河与泉水河在双桥村附近汇合,以下始称陡河。陡河穿过唐山市区,向南经侯边庄入丰南境内,于涧河注入渤海。全长 121.5 km,流域面积 1 340 km²。

陡河水库以上流域多山,北部有腰带山、达子山、华山、成山等,高程近 500 m,山坡陡峻,基岩裸露;中间和两翼为浅山区,有凤山、巍山、高山、长山等,高程为 200~250 m,构成三面高山屏障、一面平原的地貌特点。上游山区山坡陡立,坡度一般在 20°以上,山麓地带多开垦梯田,沟壑发育,冲刷较严重;中部平原地区,地势平坦,土地肥沃,为流域产粮区;下游地势平缓,河槽窄小弯曲,洪水泄流不畅,丰南区柳树圈以下为草泊及滨海洼地。流域平均宽度 19.7 km,平均长度 26.7 km。水库流域内森林面积很少,主要为野生针叶松,一般为 10~15 年的幼林;草本植物,阳坡主要为百草和黄背草,阴坡主要为牛毛草。流域内土壤主要为黄土类土壤,按其成因可分为风成黄土和河流沉积物两种,风成黄土主要分布于浅山区和丘陵地区,河流沉积物则分布于河谷平原,土壤质地主要为黏壤土和砂壤土。

陡河流域气候温和,四季分明,雨热同季,属暖温带季风性气候区,多年平均气温多为 10.6 ℃,最高气温 39.3 ℃(1972 年 7 月),最低气温 -22.4 ℃(1966 年 2 月),最冷一般在 1 月。冻期约 130 d,最大冻土深度 1 m,最大风速 21.7 m/s,7 月、8 月风速较春季小。

陡河流域下游地区靠近渤海,又受北部燕山山脉影响,每年夏秋季节常因台风形成暴雨,且具有华北地区的气候特性,雨量大部分集中于汛期,而汛期又多集中于几次暴雨,极易发生春旱夏涝,且年际变化较大。据 1953~2001 年降水资料统计分析,陡河水库以上多年流域平均降水量为 678 mm,其中 6~9 月汛期降雨量 560 mm,占年降水量的 83%,汛期最大降雨量 1 046.7 mm(1964),最小降雨量 253.6 mm(1992)。

陡河水库以上流域的径流变化也较大,年内分配亦不均匀,大部分集中在汛期,而汛期又集中在几次暴雨径流,一次暴雨径流历时一般为 1～3 d。由于流域内坡陡源短,雨后径流汇集很快,河水暴涨暴落。据 1953～2001 年径流资料统计分析,水库以上流域多年平均径流量 0.666 9 亿 m³,最大径流量 1.645 4 亿 m³(1959),最小径流量 0.011 亿 m³(1992),丰水年径流量是枯水年的 150 倍,相差幅度 1.634 4 亿 m³。建库后,最大一次洪水发生在 1959 年 7 月 23 日,3 日洪水总量 0.533 4 亿 m³,洪峰流量 1 320 m³/s。

为适应水库防洪调度的需要,陡河水库水情测报系统分为水文部门和水库防洪测报自动化两个系统,负责水情测报、预报与分析。水文部门的测报系统有 3 个雨量站,即杨柳庄站、榛子镇站和黄家楼站;2 个水文站,即杨家营站、陡河水库站。自动化测报系统设有 1 个中心站和 10 个遥测站,即陡河水库中心站、坝下水位站、坝上水位雨量站、杨家营水位雨量站、唐山雨量站、新华闸雨量站、黄各庄雨量站、榛子镇雨量站、东蛇探峪雨量站、杨柳庄雨量站、火石营雨量站。两个系统负责水库水位、洪峰流量、入库流量、出库流量的测报,并负责入库洪水的预报工作。两个系统以水文部门的水情测报为准,以水库防洪测报自动化测报系统作为补充,提高洪水预报的准确性和可靠性,为防洪决策提供依据。

陡河水库枢纽工程于 1955 年 11 月开工兴建,1956 年 11 月完工并投入运行。历经续建、移坝、震害处理及修复、提高保坝标准等工程建设,到 1990 年全部完工。累计完成工程量:土石方 680.4 万 m³,混凝土 2.1 万 m³,国家总投资 6 633 万元。水库工程最终规模:最大泄洪流量 1 340 m³/s,控制流域面积 530 km²,多年平均径流量 0.82 亿 m³,水库正常蓄水位 34.00 m,死水位 28.00 m,最低运行水位 30.00 m,总库容 5.15 亿 m³,兴利库容 0.68 亿 m³,主要作用是调节引滦水量,供唐山城市生活、工业用水,曹妃甸工业区用水,下游农业用水及防洪。地震设计烈度为Ⅷ度,达到 1 000 年一遇洪水设计、可能最大洪水保坝的标准,是一座保护下游唐山市区洪水安全的大(2)型水库。1986 年引滦工程完成后,水库又成为终端调节库,供唐山市工业及市区居民生活用水。

2.1.5 桃林口水库

2.1.5.1 工程概况

桃林口水库位于河北省秦皇岛市滦河支流的青龙河上,是一座以供水、灌溉为主,同时兼顾防洪、发电等综合利用的大(2)型水利枢纽工程。水库控制流域面积 5 060 km²。水库防洪标准为 100 年一遇洪水设计,1 000 年一遇洪水校核,总库容 8.59 亿 m³,其中兴利库容 7.09 亿 m³,死库容 0.51 亿 m³,死水位 104.00 m,正常蓄水位 143.00 m,汛限水位 143.00 m,设计洪水位 143.4 m,校核洪水位 144.32 m。多年平均水面蒸发量约 1 089 mm,多年平均输沙量 386 万 t。水库建成,每年可为秦皇岛市供水 1.75 亿 m³,为卢龙县工业供水 0.07 亿 m³,其余供滦河中下游灌区农业灌溉用水,可改善灌溉面积 120 万亩。水库电站装机容量 2×1 万 kW,年发电量 6 275 万 kWh。

2.1.5.2 调度运用方式

根据桃林口水库设计文件,桃林口水库不承担下游防洪任务,但在实际运用中,考虑到丰水年泄量较大,因而将正常蓄水位适当降低,以利于错峰。

对于 5 年一遇洪水,根据水情自动化测报系统,只靠底孔泄洪。

对于 10 年一遇、20 年一遇洪水,先按 5 年一遇标准调度,根据水情自动化测报系统,当洪峰流量达到 10 年一遇以上标准时,由底孔和部分溢洪道联合泄洪,保桃林口水电厂安全。

对于 50 年一遇及其以上洪水,根据天气预报和水情自动化测报系统,入库洪峰流量小于 14 340 m³/s(100 年一遇),由底孔和部分溢洪道联合泄洪,当入库流量达到 500 年一遇以上标准时,将表孔闸门全开泄洪,以保工程安全。

2.1.5.3　泄洪建筑物运用方式

溢流坝及底孔泄洪洞等泄水建筑物对应 1 000 年一遇防洪标准,最大泄量 23 691 m³/s,最高洪水位 144.32 m。

2.1.5.4　防洪保护范围

桃林口水库防洪保护范围涉及 102 国道、205 国道、三抚公路、京沈高速公路、京秦铁路、京哈铁路及京哈通信光缆、卢龙县城等重要交通干线、通信干线和城镇、村庄等。保护人口 30 余万人,耕地 30 余万亩。同时,北戴河疗养院是中央暑期办公地点,北京通往秦皇岛的主要交通线均在水库防护范围之列,因此搞好水库防洪调度具有重大的政治及经济意义。

2.1.6　引青济秦工程

引青济秦工程是秦皇岛市的主要水源工程,年供水量 1.75 亿 m³。工程通过长 29.35 km 的管线将桃林口水库水引入洋河水库,经过洋河水库调节后,通过输水管线输送至市区。该工程经洋河水库至秦皇岛市,全长 80 km,设计正常输水流量 8 m³/s。

2.1.7　滦河下游河道堤防

滦河大黑汀水库以下流经唐山市的迁西、迁安、滦县、滦南、乐亭等五个县(市),迁西县城关建有大堤 2 km,境内建有白龙山水电站;迁安市城区靠河道左侧建有防洪堤 13 km、丁坝 76 道;滦河京山铁路桥以下右岸自滦县老站至乐亭县袁庄筑有 45 km 防洪大堤,其中有 13.13 km 采取浆砌石护坡,3.7 km 建了防浪墙。左岸京山铁路桥至于庄子 14.2 km 护村小埝,于庄子至王家楼 11.2 km 为滦河大堤。滦河右岸铁路桥以下大堤保护范围内有 80 万人,140 多万亩耕地。为抵御洪水侵蚀河岸、调整流势、保堤护村,在滦河铁路桥以下的迁安市河段两岸修建了 76 条沙丁坝。滦河大桥以下河道右岸的 13 处险段共修建护岸丁坝 299 道,其中滦县 59 道,滦南 40 道,乐亭 200 道。滦河大桥以下左岸昌黎共修建丁坝 159 道。

为了在中小洪水情况下保护滦河大堤以内和以下至海口的村庄及工农业生产安全,滦南大李庄以下修建了 119.2 km 的防洪小埝,右岸王家楼以下为 39.6 km 防洪小埝。

滦河下游大堤与小埝之间有乐亭县的 5 个乡镇 238 个村、11 万多人、25.4 万亩耕地。滦河自迁安市小营至杨崖分流两股,中间形成夹心滩。滩地内有西李铺乡 5 个村,8 000 人,为保证村庄及人民生命财产安全,先后修建了大菜庄、菜摊子、西李铺、四体村、新菜庄等 5 座防洪台,总面积 7 141 m²。

滦河大堤的防洪标准是设计过水流量 25 000 m³/s,滦河小埝的设计标准为 5 000 m³/s,迁西白龙山水电站安全泄量是 3 000 m³/s。

2.2　工程管理机构

1983 年,成立了水利电力部海河水利委员会引滦工程管理局,负责管理分水枢纽以上潘家口水利枢纽、大黑汀水利枢纽及引滦枢纽闸工程。

1983 年,成立了天津市引滦工程管理局,负责管理引滦入津输水工程。

1983 年,成立了河北省引滦工程管理局,负责管理引滦入唐输水工程。

1997 年,成立了河北省桃林口水库管理局,负责管理桃林口水库。

1991 年,成立了引青管理局,负责管理引青济秦输水工程。

2004 年,河北省引滦工程管理局机构撤销,其职能由新成立的唐山市引滦工程管理局取代。

2.3　引滦工程向唐山市和天津市供水情况

引滦工程自通水以来,截至 2007 年底,累计供水 464.5 亿 m^3(见表 2-2)。具体为引滦入津工程向天津市供水 136.8 亿 m^3;引滦入唐工程累计向唐山市供水 46.3 亿 m^3。

表 2-2　历年引滦供水统计

年份	引滦水量 ($\times 10^6$ m^3)	入唐水量 ($\times 10^6$ m^3)	引滦水量与入唐水量合计 ($\times 10^6$ m^3)	向唐山供水比例(%)	入津水量 ($\times 10^6$ m^3)	向天津供水比例(%)	总计 ($\times 10^6$ m^3)
1980	97 674	0	97 674	100.0	0	0	97 674
1981	79 848	0	79 848	100.0	0	0	79 848
1982	67 757	0	67 757	100.0	0	0	67 757
1983	73 999	0	73 999	65.8	38 541	34.2	112 540
1984	70 269	916	71 185	60.3	46 822	39.7	118 007
1985	41 619	0	41 619	59.5	28 300	40.5	69 919
1986	168 415	0	168 415	78.5	46 179	21.5	214 594
1987	195 866	2 348	198 214	82.7	41 591	17.3	239 805
1988	81 836	2 649	84 485	60.1	56 019	39.9	140 504
1989	92 942	21 295	114 237	54.5	95 420	45.5	209 657
1990	90 730	29 428	120 158	68.8	54 549	31.2	174 707
1991	270 070	23 676	293 746	84.7	52 979	15.3	346 725
1992	83 822	21 284	105 106	52.2	96 368	47.8	201 474
1993	108 212	32 366	140 578	64.0	79 176	36.0	219 754
1994	300 158	58 059	358 217	89.2	43 360	10.8	401 577

续表 2-2

年份	引滦水量 (×10⁶ m³)	入唐水量 (×10⁶ m³)	引滦水量与 入唐水量合计 (×10⁶ m³)	向唐山供水 比例(%)	入津水量 (×10⁶ m³)	向天津供水 比例(%)	总计 (×10⁶ m³)
1995	261 406	22 376	283 782	89.4	33 555	10.6	317 337
1996	295 917	28 371	324 288	90.0	36 228	10.0	360 516
1997	109 222	35 398	144 620	63.0	84 990	37.0	229 610
1998	113 206	26 592	139 798	81.7	31 373	18.3	171 171
1999	67 472	26 459	93 931	47.8	102 409	52.2	196 340
2000	37 899	21 397	59 296	54.8	48 913	45.2	108 209
2001	0	11 953	11 953	19.6	49 008	80.4	60 961
2002	33 315	24 289	57 604	56.1	45 013	43.9	102 617
2003	8 155	14 815	22 970	34.3	44 032	65.7	67 002
2004	16 346	12 369	28 715	42.5	38 927	57.5	67 642
2005	5 711	17 004	22 715	34.5	43 071	65.5	65 786
2006	18 862	15 669	34 531	33.2	69 372	66.8	103 903
2007	23 110	14 703	37 813	38.1	61 356	61.9	99 169

2.4　引滦供水分水原则

2.4.1　潘家口水库

根据国办发[1983]44 号文《国务院办公厅转发水利电力部关于引滦工程管理问题的报告的通知》中规定:在潘家口水库可分配毛水量为 19.5 亿 m³ 的条件下(相当于设计保证率 75% 的年份),分配给天津市毛水量 10.0 亿 m³,分配给唐山市毛水量 9.5 亿 m³,其中唐山城市用水 3.0 亿 m³,滦河下游农业用水 6.5 亿 m³。

2.4.2　大黑汀水库

根据国办发[1983]44 号文《关于引滦工程管理问题的报告的通知》的规定,潘家口—大黑汀区间水量都归河北省。

2.4.3　桃林口水库

桃林口水库调度原则为:在正常年份(相当于设计保证率 75% 的年份),桃林口水库来水 7.02 亿 m³ 的情况下,为唐山市农业用水提供 3.92 亿 m³ 水量,为秦皇岛市提供农业用水 1.28 亿 m³,为秦皇岛市提供城市用水 1.82 亿 m³;在特枯年份,确保为秦皇岛市提供城市用水 1.82 亿 m³。

潘家口、大黑汀、桃林口三水库水量分配具体比例如表2-3所示。

表 2-3　引滦水量分配

水库	供水保证率（%）	可分配水量（亿 m³）	天津市		唐山市			秦皇岛市		
			分配水量（亿 m³）	分配比（%）	分配水量（亿 m³）		分配比（%）	分配水量（亿 m³）		分配比（%）
					合计	市区		合计	市区	
潘家口	75	19.5	10.0	51.3	9.50		48.7	—		—
	85	15.0	8.00	53.3	7.00	3.00	46.7	—		—
	95	11.0	6.60	60.0	4.40		40.0	—		—
大黑汀			—				100	—		—
桃林口	75	7.02	—	—	3.92		56	3.10	1.82	44
	95	1.82	—	—	—	—	—	1.82	1.82	100

2.5　防洪调度

2.5.1　潘家口水库

潘家口水库主汛期汛限水位 216.00 m，8 月 16～31 日汛限水位 222.00 m，9 月 1 日以后，视天气形势可逐步蓄高到 224.70 m。

潘家口水库上游来水达到 50 年一遇标准以下洪水时，控泄 10 000 m³/s，保京山铁路大桥安全；50 年一遇至 500 年一遇洪水限泄 28 000 m³/s，保潘家口水电站安全；大于 500 年一遇洪水不限泄，保潘家口大坝安全。各级泄量均不得大于入库洪峰流量。

2.5.2　大黑汀水库

大黑汀水库主汛期和后汛期汛限水位均为 133.00 m，为考虑多拦蓄区间洪水，临近汛期，尽可能结合供水降低水位，在不违反调度原则的前提下，最大程度地拦蓄洪水。大黑汀水库没有限泄要求，当库水位达到 133.00 m 时，本着来多少泄多少的原则泄洪。

2.5.3　桃林口水库

桃林口水库 7 月 31 日前，控制水位 140.00 m，汛后控制水位 143.40 m。当库水位达到各级控制标准时，执行来多少泄多少的调度原则泄洪。为考虑滦河下游滦南、乐亭小埝安全，主汛期泄洪时，在确保工程安全的前提下，应尽可能考虑与潘家口水库、大黑汀水库实施联合调度，适时为滦河下游错峰。

2.5.4　滦河下游河道

滦河下游遇中小洪水时，应力保小埝安全。大黑汀水库泄洪流量在 3 000 m³/s 以下时，保证白龙山水电站的安全；滦县水文站洪峰流量在 5 000 m³/s 时，保证小埝安全；洪峰流量达到 5 000～7 000 m³/s 时，力求小埝不决口；洪峰流量在 20 000 m³/s 以下时，保证右大堤安全；洪峰流量达到 20 000～25 000 m³/s 时，通过抢险，保证汀流河以上右堤安全。在入海口平均潮水位的情况下，潘家口、大黑汀、桃林口三水库及区间汇流组合流量应控制在 7 000 m³/s 以下，应尽可能避开造床流量 1 000～2 000 m³/s，组合泄流量控制在 3 000～3 500 m³/s 为宜。潘家口、大黑汀、桃林口三水库泄洪梯度不宜过大，应尽量采用逐渐加大泄量或逐渐减小泄量的运用方式，以减少下游河道的冲刷和塌岸损失。

2.6 兴利调度

2.6.1 潘家口水库

根据水电水管字[1983]第 87 号文《关于颁发引滦水量分配与供水管理的通知》的有关规定,在水利年度内编制汛期供水计划和枯水期供水计划。

汛期供水计划:根据天津、唐山两市用水情况制订汛期供水计划。

枯水期供水计划:每年 9 月下旬前,海河水利委员会引滦工程管理局根据潘家口水库蓄水和当年预报来水情况,按照有关水量分配的规定,提出天津、唐山两市水利年度供水量指标和枯水期供水量指标,并分别提出城市生活、工业和农业供水指标,且按照供水指标和实际供水需要分别编制枯水期逐月的城市生活、工业及农业用水计划。

2.6.2 大黑汀水库

潘家口—大黑汀区间年度来水归唐山市使用,与潘家口水库统一调度。

2.6.3 桃林口水库

以水利年度分界,编制汛期和枯水期(10 月~翌年 6 月)供水计划。

汛期供水计划:根据唐山、秦皇岛两市汛期用水情况制订汛期供水计划。

枯水期供水计划:每年 9 月下旬前,根据桃林口水库蓄水和当年预报来水情况,并按照有关水量分配的规定,提出唐山、秦皇岛两市预分年供水量指标和枯水期供水量指标(年供水量指标减去当年汛期实引水量为枯水期供水指标),编制枯水期逐月的用水计划。

2.7 水库调度方案编制依据

(1)国办发[1983]44 号文《国务院办公厅转发水利电力部关于引滦工程管理问题的报告的通知》。

(2)水电水管字[1983]第 87 号文《关于颁发引滦水量分配与供水调度管理办法的通知》。

(3)水管[1989]11 号文《关于潘家口水库一九八九年度汛意见的批复》。

(4)国家防汛抗旱总指挥部办库[2000]31 号文《关于潘家口水库 2000 年主汛期调度方案的批复》。

(5)《潘家口、大黑汀、桃林口水库联合供水调度管理办法》。

(6)《引滦工程六水库、滦河下游河道防洪预案》。

(7)《引滦工程六水库、滦河下游河道规划设计资料》。

(8)《引滦工程六水库、滦河下游河道洪水调度方案》。

(9)《天津、唐山、秦皇岛三市中长期供水规划》。

2.8 降水资源

根据滦河流域内水文站点的布设情况,选取了有代表性、观测资料长、分布均匀的 12 个水文站点进行统计分析。上游选取外沟门子、滦平、围场、下河南 4 个雨量站点,中游选取承德、三沟、李营、平泉、潘家口、半壁山 6 个雨量站点,下游选取滦县、桃林口 2 个雨量站点。

在 1956~2006 年统计系列中,滦河流域多年平均年降水量 579.1 mm,年最大降水量是 1959 年的 855.8 mm,年最小降水量是 2002 年的 390.8 mm。

从降水时间分布上看,滦河流域年内降水量分布不均,暴雨发生的季节较为集中,多发生在 7 月下旬~8 月上旬,全年降水量常取决于一场或几场较大暴雨。滦河流域降水量年际间变化大,差异悬殊,并有逐年减少的趋势。最丰年降水量是最枯年降水量的 2.2 倍。滦河流域分段年平均降水量如图 2-2 所示。

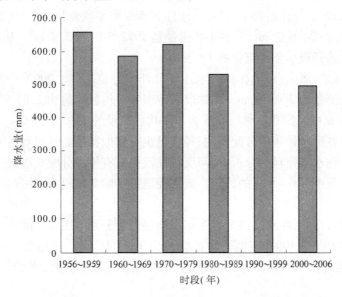

图 2-2　滦河流域分段年平均降水量　（单位:mm）

从降水空间分布上看,滦河流域降水受地形和大气环流的影响,呈现流域中游最大、南部下游沿海地区次之、北部上游地区最小的特点。根据滦河流域多年平均降水量统计,滦河上游承德以北坝上地区地势较高,降水量最小,年降水量在 500 mm 以下,承德、平泉一线以南,年降水量 500~800 mm。其中,滦河中游兴隆、青龙一线以南为低山、丘陵多雨带,年降水量 700~800 mm,流域降水中心在迁西和遵化一带澈河流域。迁西和遵化以南滦河下游地区年降水量 600~700 mm。

潘家口、桃林口、滦(县)区间唐秦地区多年平均降水量 700 mm,降水主要集中在汛期。其多年平均值为 580 mm,占年降水量的 83%,在空间分布上,降水多发生在北部山区长城沿线,多年平均值为 720 mm;南部丘陵区降水相对较少,多年平均值为 650 mm。降水年、季变化大,丰水年多达 1 040 mm,枯水年仅为 410 mm。

2.9　地表水资源及水灾害

2.9.1　地表水资源

从滦河流域水文站点分布情况来看,滦县水文站控制了滦河流域面积的 98%,在 1980 年潘家口水库、大黑汀水库建库以前,滦县水文站的年径流量可以代表滦河流域的年径流量。在潘家口、大黑汀、桃林口水库建成后,开始向天津、唐山、秦皇岛三市供水及向滦河下游农业取水,滦县水文站的年径流量已不能反映滦河流域年径流量。潘家口、桃林口两水库控制滦河流域面积 38 760 km²,占流域总面积的 87%,因此选取其作为天津、唐山、秦皇岛三市主要水源地的潘家口水库和桃林口水库的年径流量资料进行统计分析,代表滦河流域地表水资源的多年变化趋势。

在 1932 ~ 2006 年统计系列中,潘家口水库多年平均年径流量为 21.6 亿 m³。年最大径流量是 1959 年的 71.4 亿 m³,年最小径流量是 2000 年的 3.39 亿 m³。潘家口水库水文站最大年径流量约是最小年径流量的 21 倍。

在 1932 ~ 2006 年统计系列中,桃林口水库多年平均年径流量为 7.94 亿 m³。年最大径流量是 1949 年的 24.6 亿 m³,年最小径流量是 1992 年的 1.3 亿 m³。桃林口水库水文站最大年径流量约是最小年径流量的 19 倍。

自 1999 年以来,潘家口、桃林口两水库年径流量急剧减少。2000 ~ 2006 年,潘家口水库多年平均径流量为 7.43 亿 m³,桃林口水库多年平均径流量为 2.64 亿 m³,分别仅为 1932 ~ 2006 年潘家口水库和桃林口水库多年平均径流量的 34% 和 33%。

由于滦河流域降水量年内分配不均,径流量也有相似特征。通过对潘家口、桃林口两水库水文站长系列水文资料的分析,滦河流域径流量具有年内分配高度集中、流域多年平均年径流量主要集中在 6 ~ 9 月的特点。流域径流量年际变化较大,并带有连丰连枯的周期特征。

潘家口、桃林口两水库水文站分段多年平均径流量分别如图 2-3 和图 2-4 所示。

沙河冷口站 1959 ~ 1997 年年平均径流量为 1.11 亿 m³。流域出口站滦县 1930 ~ 1979 年年平均径流量为 47.46 亿 m³;1980 ~ 1997 年由于水库拦蓄,平均年径流量减少至 24.60 亿 m³。

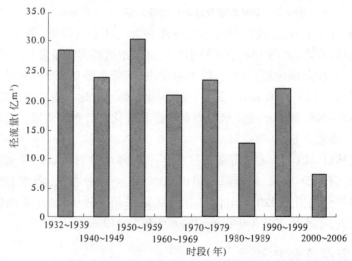

图 2-3　潘家口水库水文站分段多年平均径流量

2.9.2　滦河洪水

滦河为洪水多发河流,历史上曾多次发生范围较大、洪水量级较高并形成灾害的大洪水。滦河洪水具有突发性强、洪峰高、洪量集中的特点,给人民生命财产造成了严重损失。

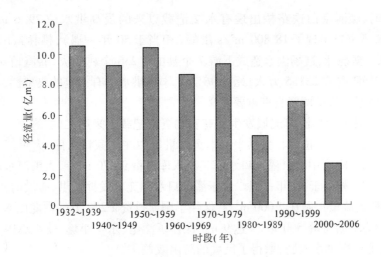

图 2-4　桃林口水库水文站分段多年平均径流量

潘家口建库前,滦县站曾发生 34 000 m³/s 的洪峰流量(1962);1959 年最大 30 d 洪量达 71.88 亿 m³;1980 年后虽有上游潘家口、大黑汀两座水库拦蓄,滦县站于 1994 年仍发生了 9 200 m³/s 的洪水,最大 30 d 洪量为 32.62 亿 m³。洪水年际变化大,枯水的 1992 年最大洪峰流量只有 159 m³/s,建库前的 1968 年也只有 407 m³/s。1962 年,滦河流域发生了自 1932 年有水文记录以来的最大洪水。滦县洪峰流量 34 000 m³/s,约 50 年一遇洪水使京山铁路以下滦河大堤左岸严重漫溢,右岸 10 余处溃决。在下游乐亭县汀流河附近扒堤向两岸分洪,致使滦河下游冀东沿海 7 县农田受灾,面积达 18.7 万 km²,为中华人民共和国成立以来水灾最重的一年。滦河及其下游地区共淹地 32.5 万 km²,受灾人口 231.5 万人,迁安、滦县、乐亭、滦南 4 座县城被水围困,青龙县交通、通信全部中断,京山铁路被冲毁。

据 1500 年以来各项文献记载,滦河滦县站接近或超过 10 000 m³/s 的洪水有 88 年;达到 15 000 m³/s 的洪水有 30 ~ 40 年。其中,与 1949 年洪水(滦县站流量约 28 000 m³/s)相当的年份有 11 年,即 1559 年、1587 年、1709 年、1790 年、1849 年、1872 年、1883 年、1886 年、1894 年、1949 年和 1962 年。

1949 年 7 月 24 日和 8 月 15 日,滦河全流域普降大雨,滦县水文站洪峰流量 25 200 m³/s,滦河下游王家法宝段决口,口宽 180 m。下游河唇被洪水吞没。迁西、迁安、滦县、滦南、乐亭大水围城,沿海各河相通,漫流入海。唐山地区被淹土地 635 万亩,村庄 3 492 个,受灾 239.26 万人,倒塌房屋 20.32 万间。

1959 年 7 月 20 日 ~ 8 月 26 日,滦河流域普降暴雨。7 月 21 ~ 23 日滦县水文站最大洪峰流量 24 000 m³/s。迁西、迁安被洪水围城 3 d。下游乐亭县境内大堤 9 处溃决,淹地 214 万亩。

1962 年 7 月 23 ~ 25 日,滦河发生了 1949 年以后的最大洪水。7 月 24 日中午,滦河中下游普降暴雨,京山铁路两侧分别形成两个特大暴雨中心。3 d 降雨量 534.8 mm,一次降雨 300 mm 的区域北至柳河、爆河,东至青龙河,南至迁安一带。7 月 26 日晨,迁西 48 h 持续降暴雨,县城西北坡埝漫决,城关洪水漫溢。迁西、迁安两县城被大水围困 12 h。

7月27日2时,滦河京山铁路桥出现有水文记载以来的最高洪水位29.6 m,洪峰流量34 000 m³/s,潘家口出现了18 800 m³/s洪峰(相当于50年一遇),桃林口出现了7 000 m³/s的洪峰。据统计,这场洪水造成下游7个县的1 236个村受灾,共淹地487万亩,倒塌房屋667万间,受灾231.5万人,死亡96人。本场洪水具有一定的典型性,对研究滦河流域的防洪规划和防洪调度具有重要意义。

1994年7月13日,滦河流域发生了有实测资料记载以来第二位、潘家口与大黑汀两水库投入运行以来第一位的特大洪水。本次雨量集中在潘家口水库、大黑汀水库和迁西一带,迁西一带是降雨中心。潘家口水库实测入库流量9 870 m³/s,大黑汀水库入库洪峰流量2 150 m³/s,相当于20年一遇。由于潘家口水库充分发挥调洪、滞洪的作用,将大黑汀水库下泄最大流量控制在2 000 m³/s,保住了国家投资2 200万的白龙山水电站和滦河大堤,并适时为下游错峰500 m³/s达9 h。保住了滦南、乐亭小埝,使小埝内12万人口、20多万亩土地免遭洪水威胁,取得了巨大的防洪效益。

引滦工程建成以后,1994年滦河发生新中国成立以来第二大洪水,滦河潘家口水库以上平均降雨量为150 mm,潘家口、大黑汀两水库组合洪峰流量为12 000 m³/s,经两水库调蓄后下泄流量2 000 m³/s。由于本次洪水降雨时间短、强度大,给承德和唐山市造成了严重的经济损失,交通设施和水利设施损失严重。

2.9.3　滦河干旱

滦河流域水资源年际变化悬殊,经常出现连丰、连枯现象。潘家口水库建库以前,最小径流量是1972年的9.64亿 m³。潘家口水库建库以后,1980~1986年是枯水期,1987~1998年滦河流域连续丰水,1999~2006年出现连续干旱。在丰水期,滦河流域常发生较大规模洪水;在枯水期,随着上游地区经济的发展,地表水开发程度提高,特枯年份潘家口水库来水明显减小,严重制约了地区社会经济的发展。

1999年以来,滦河流域出现了严重的旱情,潘家口、桃林口两水库上游来水明显偏少,连续干旱使天津、唐山两市供水形势异常严峻。1999~2006年,潘家口水库平均来水7.43亿 m³,仅为潘家口水库水文站多年平均来水的34%,特别是2000年来水仅为3.39亿 m³,是潘家口水库水文站有水文资料以来的最少年份;1999~2006年桃林口水库平均年径流量2.64亿 m³,仅为桃林口水库水文站多年平均来水的33%。

为缓解天津市供水紧缺的严峻局面,潘家口水库先后5次动用死库容4.28亿 m³向天津市供水。特别是在2001年,为确保天津、唐山两市城市生活用水,潘家口水库、大黑汀水库没有向滦河下游实施农业供水,使得滦河下游水稻灌区当年稻田种植面积锐减,给滦河下游农业生产造成了经济损失。

由于滦河流域连续多年严重干旱少雨,在潘家口水库动用死库容,调整入津、入唐供水方案以及天津市采取一系列节水措施的情况下,仍不能满足天津市的城市生活及工业的用水需求,因此天津市被迫于2000~2004年实施了4次引黄济津应急调水以补充引滦水量不足,总调水量达33亿 m³。

连续多年的干旱枯水、滦河水资源的锐减,给引滦工程的调度工作提出了新的问题。面对天津、唐山两市供水不足的局面,引滦工程开始探索联合优化调度研究。2005年实施洪水资源调度,合理开发利用潘家口—大黑汀区间洪水资源向天津、唐山两市供水;

2006年制定了《潘家口、大黑汀、桃林口水库联合供水调度管理办法》,针对天津、唐山、秦皇岛三市不同的用水需求,通过三水库之间实施水量置换调度优化配置滦河水资源。

2.9.4 近期地表水资源演变

通过对滦河流域降水量和径流量长系列资料的统计分析,得出以下规律:

(1)流域年降水量在空间分布上,呈现出流域中游最大、南部下游沿海地区次之、北部上游地区最小的特点;在时间分布上,年内各月差异明显,降水主要集中在7月下旬至8月上旬,年际间变化大、差异悬殊,连丰连枯交替出现,并有逐渐减少的趋势。

(2)流域径流量基本随着降水量的变化有起伏,具有年内分配集中、年际变化大、连丰连枯的周期特征。与降水量一样,流域径流量同样也有减少的趋势。

(3)由于径流量除受降水影响外,还受下垫面因素影响,所以径流量的年际变化较降水量的年际变化更大。特别是在1999年以后,滦河流域年平均降水量由600 mm左右降至500 mm左右,下降幅度为16.7%。但是,相应的潘家口、桃林口两水库年平均径流量却由34.1亿 m³下降到13.3亿 m³,下降幅度为61%,变化幅度远远大于降水变化幅度。降水量、径流量间的变化关系如图2-5所示。

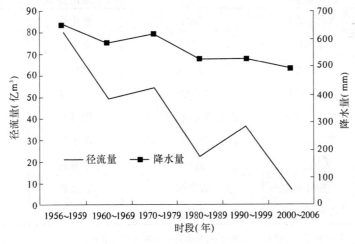

图2-5 降水量、径流量间的变化关系

2.9.5 地表水资源变化成因分析

2.9.5.1 气候变化

滦河流域位于东经115°30′~119°45′,北纬39°10′~42°40′,北起内蒙古高原,南临渤海,西界潮白河、蓟运河,东与辽河相邻,流域总面积为44 750 km²。滦河流域地处副热带季风区,具有大陆性季风型气候特点,降雨中心多集中在潵河、柳河及潘家口一带,即以雾灵山主峰为代表的燕山山脉迎风坡。夏季受大陆低气压和副热带高压控制,气温偏高,蒸发剧烈,东南风携带大量暖湿水汽北上,遇燕山山脉受阻抬升,是形成滦河流域夏季降雨的主要原因。但近几年,在滦河流域产生大范围降水的气候条件配合较差,台风影响滦河流域的次数偏少,造成滦河流域连续多年干旱。

2.9.5.2 流域上游取水

近年来,潘家口水库上游承德地区滦河沿岸稻田种植面积达到30万亩,地区城市生活及工业、农业用水明显提高,2003年潘家口水库以上地区总用水量达到7.3亿 m³。随着滦河上游承德地区社会经济的快速发展,对滦河水资源的需求将进一步增多。

2.9.5.3　水利工程

滦河地表水资源开发利用程度较高,先后修建了一系列挡水工程、蓄水工程。其中,潘家口水库以上滦河流域兴建了9座大、中型水库,桃林口水库以上青龙河流域兴建了2座中型水库,总库容5.43亿 m³,沿河两岸修建了大量小型农业灌溉水利工程,同时流域内各市县城区均修建了大量的橡胶坝。众多水利工程的建成,拦蓄了滦河上游河道径流,导致潘家口水库、桃林口水库入库径流明显减小。潘家口、桃林口两水库以上滦河流域大中型水库统计如表2-4所示。

表2-4　潘家口、桃林口两水库以上滦河流域大中型水库统计

水库类型	水库名称	所在河流	建设地点	库容 (亿 m³)
大型水库	庙宫水库	伊逊河	围场县	1.83
	西山湾水库	滦河	多伦县	1.00
中型水库	大河口水库	滦河	多伦县	0.26
	丰宁水电站	滦河	丰宁县	0.72
	闪电河水库	闪电河	沽源县	0.43
	黄土梁水库	兴洲河	丰宁县	0.28
	钓鱼台水库	伊逊河支流不澄河	围场县	0.13
	窟窿山水库	兴洲河支流牤牛河	滦平县	0.14
	大庆水库	瀑河	平泉县	0.14
	三旗杆水库	青龙河	宽城县	0.10
	水胡同水库	青龙河	青龙县	0.40

注:三旗杆水库、水胡同水库位于桃林口水库上游,其余均位于潘家口水库上游。

2.9.5.4　农业灌溉节水措施落后

水资源利用效率低、浪费严重是造成滦河水资源减少的重要原因。目前,滦河水资源利用系数很低,潘家口、大黑汀、桃林口三水库上游农业灌溉用水均采用传统漫灌模式,滦河下游引水渠道渗漏严重。由于滦河上游农业灌溉技术落后,灌溉用水没有取水限制,且不收取农业灌溉水费;下游农业灌溉定额偏大、用水价格偏低,造成滦河水资源的大量浪费。

2.9.5.5　枯水年水量自然损失严重

滦河流域枯水年水量自然损失较大。近年来,由于气温偏高,干旱少雨,上游农业取水量增大;各水库处于空库待蓄状态,造成上游截水偏多、下游河道径流量偏少;土壤干旱、流域蒸发、渗漏加大、水量损失严重。

第 3 章　设计洪水过程线推求

水库设计洪水就是在给定工程安全标准情况下的某个典型洪水过程。随着社会经济的快速发展,水库防洪和兴利综合利用的矛盾日益突出。准确合理地估算设计洪水,对于水利工程的规划设计和运行管理而言至关重要。同时,在现阶段我国设计洪水过程体现了一种风险水平,设计洪水的频率特征表现的就是其水文风险。在日益重视的水库风险管理中,以设计洪水为基础进行动态管理也显得十分必要。因此,继续深入开展设计洪水的分析研究是十分重要的。

3.1　设计洪水过程线的选择

设计洪水过程线是指具有某一设计标准的洪水过程线。但是,洪水过程线的形状千变万化,且洪水每年发生的时间也不相同,是一种随机过程,目前尚无完善的方法直接从洪水过程线的统计规律中求出一定频率的过程线。尽管已有人从随机过程的角度对过程线做了模拟研究,但尚未达到实用的目的。为了适应工程设计的要求,目前仍采用放大典型洪水过程线的方法使其洪峰流量和时段洪量的数值等于设计标准的数值,即认为所得的过程线是待求的设计洪水过程线。

放大典型洪水过程线时,通常根据工程和流域洪水特性选用同频率放大法或同倍比放大法。

选择典型洪水过程线,即从实测洪水中选出和设计要求相近的洪水过程线作为典型。在选择典型洪水过程线之前,应根据所掌握的水文气象资料对本流域大洪水的成因和规律进行分析,了解产生大洪水的天气形势和天气系统、暴雨时空分布、暴雨中心位置和移动路径,以及这些因素与洪水过程特征之间的关系。洪水过程的特征一般指峰型特征和主峰特征,前者包括一定时段内的洪峰个数(单峰、双峰、多峰)、主峰位置及两峰间距等,后者包括洪量的集中程度(以短时段洪量占长时段洪量的百分比表示)和涨水历时、退水历时等。洪水过程的特征与洪水出现季节及洪水地区来源有一定的关系,应在选择典型洪水过程线之前作出分析。

选择典型洪水的原则主要有以下几点:

(1)在实测的洪水资料中,选取资料完整、精度较高、峰高量大的实测大洪水过程线。

(2)选择具有较好的代表性(即在成因、发生季节、地区组成、峰型特征、主峰位置、洪水历时及峰量关系等方面能代表设计流域大洪水的特性)的实测洪水过程线。

(3)选择对工程防洪不利的典型过程线,如选择峰型比较集中、主峰靠后的典型洪水过程线。

(4)若水库下游有防洪要求,则应考虑与下游洪水遭遇的不利典型。

一般按上述原则初步选取几个典型,分别放大,并经调洪计算,取其中偏于安全的作为设计洪水过程线的典型。

3.2 设计洪水过程线的放大方法

目前常采用的典型洪水放大方法有峰量同频率控制方法(简称同频率放大法)和按峰或按量同倍比控制方法(简称同倍比放大法)。以上两种方法的目的是相同的,都是要使放大得出的设计洪水过程线的一项或几项要素达到符合设计标准的设计值。

3.2.1 同倍比放大法

同倍比放大法是以设计洪峰或设计洪量作控制,用同一个倍比放大典型洪水过程线的各纵坐标值,从而得到设计洪水过程线。

(1)当规划设计的过程洪峰起决定性作用时,则将典型过程线按洪峰的放大倍比进行放大,使放大后的洪峰等于设计洪峰(见图3-1),称为按峰放大。

以洪峰控制,其放大倍比为

$$K_{Qm} = Q_{mP}/Q_{mD} \tag{3-1}$$

式中　K_{Qm}——以峰控制的放大系数;

　　　Q_{mP}——设计洪峰流量;

　　　Q_{mD}——典型洪水过程线的洪峰流量。

(2)当规划设计的过程洪量起决定性作用时,则将典型过程线按洪量的放大倍比进行放大,使放大后的洪量等于设计洪量(见图3-2),称为按量放大。

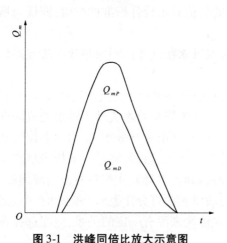

图 3-1　洪峰同倍比放大示意图

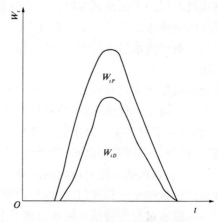

图 3-2　洪量同倍比放大示意图

以洪量控制,其放大倍比为

$$K_{Wt} = W_{tP}/W_{tD} \tag{3-2}$$

式中　K_{Wt}——以量控制的放大系数;

　　　W_{tP}——控制时段 t 的设计洪量;

　　　W_{tD}——典型过程线在控制时段 t 的最大洪量。

采用同倍比放大法最明显的优点是简便易行,计算工作量小,保证典型洪水过程线形状。但是,由于峰、量控制的倍比一般不相同,所以放大出的洪水过程线不能峰、量同时满足设计频率,此法常使设计洪峰或设计洪量的放大结果偏大或偏小。对于同一典型,按量放大和按峰放大所得到的过程线也是不一样的。换句话说,按量放大的过程线,其洪峰不等于设计频率的洪峰;按峰放大的过程线,其时段洪量也不等于设计频率的洪量。若放大后的洪峰或某时段洪量超过或低于设计值很多,且对调洪结果影响较大时,应另选典型。为克服以上矛盾,目前水库设计洪水多采用下述同频率放大法。

3.2.2　同频率放大法

在放大典型洪水过程线时,按洪峰和不同历时的洪量分别采取不同的倍比,使放大后的设计洪水过程线的洪峰及各时段的洪量分别等于设计洪峰和设计洪量,也就是说,放大后的过程线,其洪峰流量和各种时段流量都符合同一设计频率,称为峰、量同频率放大(简称同频率放大法)。此法较能适应多种防洪工程的特性,目前在大、中型水库规划设计中主要采用此法。

在图 3-3 中,已知典型洪水过程线的洪峰和各时段洪量为 Q_{mD}、W_{1D}、W_{3D}、W_{7D}、W_{15D},则洪峰和各时段洪量的放大倍比如下。

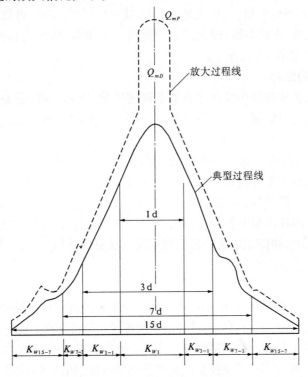

图 3-3　各段放大倍比及示意图

洪峰的放大倍比为

$$K_{Qm} = Q_{mP}/Q_{mD} \tag{3-3}$$

式中　Q_{mP}——设计洪峰流量;

$\quad\quad Q_{mD}$——典型洪水过程线的洪峰流量。

1 d 洪量的放大倍比为

$$K_{W1} = W_{1P}/W_{1D} \tag{3-4}$$

式中　W_{1P}——设计 1 d 洪量;

$\quad\quad W_{1D}$——典型洪水过程线的最大 1 d 洪量。

对于 1 d 以外各时段的放大问题,由于 3 d 之中包括了 1 d,即 3 d 的设计洪量 W_{3P} 包括了 1 d 的设计洪量 W_{1P},3 d 的典型洪量 W_{3D} 也包括了 1 d 的典型洪量 W_{1D},而典型过程线中的最大 1 d 洪量已经按 K_{W1} 放大,因此要放大 3 d 的洪量时,只需把最大 1 d 洪量以外的其余两天洪量放大就可以了,其放大倍比为

$$K_{W3-1}=(W_{3P}-W_{1P})/(W_{3D}-W_{1D})\qquad(3-5)$$

同理,对于 7 d 洪量只需放大 3 d 以外的其余 4 d,其余的依此类推。7 d 和 15 d 时段洪量的放大倍比为

$$K_{W7-3}=(W_{7P}-W_{3P})/(W_{7D}-W_{3D})\qquad(3-6)$$

$$K_{W15-7}=(W_{15P}-W_{7P})/(W_{15D}-W_{7D})\qquad(3-7)$$

式中　　W_{3P}、W_{7P}、W_{15P}——设计 3 d、7 d、15 d 洪量;

　　　　W_{3D}、W_{7D}、W_{15D}——典型洪水过程线的最大 3 d、7 d、15 d 洪量。

放大时,先放大洪峰流量,后放大最大 1 d 洪量时段内的流量,再放大最大 3 d 洪量时段内其余 2 d 的流量,依此类推,即先放大短时段内的流量,后放大长时段内的流量。各段放大倍比及示意如图 3-3 所示。

3.2.3　两种方法的比较

同频率放大法的成果较少受所选典型不同的影响,常用于峰、量关系不够好,洪峰形状差别大的河流,以及峰、量均对水工建筑物的防洪安全起控制作用的工程。目前,大中型水库的规划设计主要采用此法,该方法的最大优点是:峰、量都满足设计频率,是名副其实的设计洪水过程线,由于这种洪水过程线出现的频率为 $P=P^n$,因此此是偏安全的。但是,其工作量较大,放大不保持典型洪水的形状,且修匀带主观任意性。

同倍比放大法计算简便,常用于峰量关系比较好的河流,以及水工建筑物防洪安全主要由洪峰流量或某时段洪量起控制作用的工程。对于长历时、多峰形的洪水过程,或要求分析洪水地区组成时,同倍比放大法比同频率放大法更为适用。

3.3　存在的问题

在我国,根据流量资料推求天然情况下的设计洪水,主要内容包括推求设计洪水三要素,即设计洪峰流量、设计时段洪量和设计洪水过程线的分析计算。现行拟定设计洪水过程线的方法,是以洪峰流量和时段洪量的频率计算成果为基础,根据工程具体的防洪要求和设计标准,确定设计洪水过程线需要控制的某些洪水特征的,例如洪峰流量、控制时段的洪量等,使设计洪水过程线这些特征值的出现频率恰好等于工程防洪标准所要求的洪水频率。然后,从实测大洪水资料中选择有代表性、对防洪偏于不利的洪水过程线作为典型,以相应频率的洪峰流量和控制时段洪量为控制,采用同倍比放大法或分时段同频率控制放大法放大典型洪水过程。这样求得的洪水过程线即为指定频率的设计洪水过程线。

同频率放大法通过对实测洪水过程中挑选的典型洪水过程进行放大,将设计频率的各特征量组合在一场洪水过程中。如果峰、量关系很好,典型过程的峰、量接近同频率,那么同频率放大法具有较好的理论基础,此时同倍比放大法无论是采取按峰放大还是按量放大,其结果都接近同频率放大法。但是,当峰、量关系不好时,采用同频率放大法放大,由于各时段的放大倍比不同,会因各时段放大倍比相差较大而在两个时段衔接处的洪水

过程线上出现突变现象,使过程线呈锯齿形,如图 3-3 和图 3-4 所示。此时需要修匀过程线,使其成光滑曲线,但要保持设计洪峰和各时段设计洪量不变。传统的徒手修匀方法往往要进行反复多次的试算,工作量很大,且会改变典型洪水过程的形状,结果带有主观任意性。同倍比放大法是按同一个倍比放大整个典型洪水过程,虽然不会改变典型洪水过程的形状,但可能会造成某些特征量的超频或达不到设计标准。

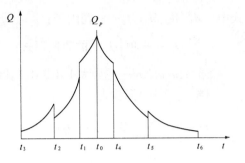

图 3-4　同频率放大法推求设计洪水
过程线示意图

3.4　洪水过程线放大优化模型

设计洪水过程既要保持设计洪峰值、特定时段的设计洪量值,又要尽量保持原典型洪水的分配模式。由于同倍比放大法与同频率放大法均存在一定的适用局限性,为更好地进行设计洪水过程线的放大,既使设计值满足设计要求又使过程线能够反映研究地区的典型洪水过程,可将优化目标表示为使两个过程在相同时段的流量斜率尽量接近。

为此,建立模型如下:

目标函数　$\min f = \sum_{i=2}^{n} \left| \dfrac{Q_P(i) - Q_P(i-1)}{\Delta t} - \dfrac{Q_D(i) - Q_D(i-1)}{\Delta t} \right|$ 　　　(3-8)

约束条件　$\begin{cases} Q_P^{\max} = Q_{mP} \\[2mm] W_1 = \displaystyle\int_{t_{1s}}^{t_{1e}} Q_P \mathrm{d}t = W_{1P} \\[2mm] W_3 = \displaystyle\int_{t_{3s}}^{t_{3e}} Q_P \mathrm{d}t = W_{3P} \\[2mm] W_7 = \displaystyle\int_{t_{7s}}^{t_{7e}} Q_P \mathrm{d}t = W_{7P} \end{cases}$ 　　　(3-9)

式中　$Q_P(i)$、$Q_D(i)$——设计洪水和典型洪水 i 时刻的流量;

　　　　n——洪水过程离散点个数;

　　　　Q_{mP}、W_{1P}、W_{3P}、W_{7P}——设计标准对应的洪峰流量和 1 d、3 d、7 d 洪量(时段可根据需要选定);

　　　　$Q_P^{\max}$、W_1、W_3、W_7——所推求的设计洪水过程的洪峰流量和 1 d、3 d、7 d 洪量;

　　　　t_s、t_e——最大 1 d、3 d、7 d 洪量的开始时刻和结束时刻。

式(3-8)和式(3-9)共同构成了有约束的优化问题。当离散时段相等时,可转换成罚函数形式来求解,即

$$\min f = \sum_{i=2}^{n} \left| Q_P(i) - Q_P(i-1) - (Q_D(i) - Q_D(i-1)) \right| + M_1 \left| Q_P^{\max} - Q_{mP} \right| +$$

$$M_2 \left| \sum_{j=p}^{q} Q_P(j) \times \Delta t - W_{1P} \right| + M_3 \left| \sum_{k=u}^{v} Q_P(k) \times \Delta t - W_{3P} \right| + M_4 \left| \sum_{t=l}^{m} Q_P(t) \times \Delta t - W_{7P} \right|$$

(3-10)

式中　　M_1、M_2、M_3、M_4——罚因子；

　　　　$\sum Q_P$——项 $\int Q_P \mathrm{d}t$ 的离散形式；

　　　　p、q、u、v、l、m——最大 1 d、3 d、7 d 洪量的开始和结束的时段代号。

可将式(3-10)简化为

$$\min f = \sum_{i=2}^{n} \left| Q_P(i) - Q_P(i-1) - (Q_D(i) - Q_D(i-1)) \right| + \sum_{j=1}^{k} M_j \left| g_{st,j} \right|$$

$$(3\text{-}11)$$

式中　　M_j——罚因子，$M_j \gg 0$；

　　　　$g_{st,j}$——越限量；

　　　　k——约束条件的个数。

3.5　模型求解方法

　　针对前述设计洪水过程线同频率放大法中徒手修匀这一不足，一些学者提出基于现代优化技术自动放大洪水过程的方法，如采用遗传算法、模拟退火算法推求设计洪水过程线。然而，遗传算法与选取的交叉、变异概率关系很大，极易早熟，而且对于求解等式约束的优化问题效率不高，结果不甚理想。模拟退火算法对整个搜索空间的状况了解不多，不便于使搜索过程进入最有希望的搜索区域，从而使得模拟退火算法的运算效率不高。

　　因此，本书通过建立推求设计洪水过程线的优化模型，采用第 6 章中介绍的粒子群优化算法进行智能求解。从而在满足洪峰洪量约束的条件下推求出满意的设计洪水过程线，避免了修匀时的多次试算，实现计算机的自动求解。在第 8 章中，将此模型及算法用于推求潘家口水库主汛期 100 年一遇的设计洪水过程线。结果表明，该法不但可以较好地满足洪峰洪量的约束，而且能够较好地保持典型洪水过程的模式，使用简单，易于推广应用。

第 4 章　水库防洪调度模型

在论述水库防洪调度任务、防洪调度分类的基础上,本章详细介绍了水库调洪计算的原理和方法。在论述水库防洪优化准则和洪水频率判断条件分析的基础上,本章根据对入库洪水频率的判断及水库状态,给出了 4 种水库防洪优化调度模型。

4.1　水库防洪调度综述

洪水灾害是极常见、破坏力极强、对人类危害极大的自然灾害。据不完全统计,世界上每年自然灾害的 40% ~ 60% 是由洪水引起的。随着社会的进步和经济的发展,水库防洪问题成为学术界普遍关注的问题。而水库群的防洪问题尤为引人注目,因为随着水资源的不断开发利用,水库群已成为最常见的水利水电系统。水库群防洪联合调度就是指对流域内一组相互间具有水文联系、水力联系、水利联系的水库以及相关工程设施进行统一的协调调度,使整个流域的洪灾损失达到最小。水库群的防洪联合调度虽然以单库防洪调度的理论和方法为基础,但其复杂性远远高于单库防洪调度。水库群防洪联合调度的优劣将直接关系到水库群下游地区人民生命财产安全。

4.1.1　水库防洪调度的任务

对于已建成的水库系统来说,水库防洪调度属于非工程防洪措施的范畴。从系统分析的角度看,防洪调度的根本任务就是要按照既定的水利任务,在确保系统安全的前提下,尽可能利用水文气象预报,充分利用库容和各种设备的能力,正确地安排蓄水、泄水,争取在防洪除害方面发挥最大效益。

4.1.2　水库防洪调度分类

4.1.2.1　水库防洪调度按照水库所承担的防洪任务分类

1)无下游防洪任务的水库防洪调度

未承担下游防洪任务的水库防洪调度的主要目的是保证大坝的防洪安全。对于这类水库,一般是利用正常蓄水位以上的库容对洪水进行调蓄,也有少数为了减小泄洪建筑物的规模而汛期在正常蓄水位以下留出一定的调洪库容。从保证大坝安全出发,水库泄洪自然以早泄、快泄较为有利。故在保坝防洪调度中,一般采取库水位超过一定数值后即敞开闸门泄洪的方式。

2)有下游防洪任务的水库防洪调度

承担有下游防洪任务的水库应重点研究下游防洪调度方式及判别条件,尽可能做到防洪与兴利的结合。在目前科技水平条件下,长期预报难以事先判断一次洪水的量级。因此,在水库运用中遇到洪水时,开始并不能肯定它是一般洪水还是特大洪水,为了下游的安全,首先应按照下游防洪要求进行调度。只有在按照判别条件确定这次洪水的重现期已超过下游防洪标准后,才能改为按保证大坝安全的要求来调度,这增加了防洪调度的复杂性。下游防洪调度方式可以进一步分为固定泄量(一级或多级)、补偿调节和错峰调节等。各种防洪调度方式具有不同的适用条件,应根据水库本身及下游的特点适当选用。

4.1.2.2　水库防洪调度按照是否考虑预报分类

1)常规防洪调度

常规防洪调度是以历史水文资料为依据,利用经典水文学、水力学和径流调节的基本理论,研究调度方式、调度规则,绘制调度图,编制调度规程等指导水库运行的方法。常规防洪调度不考虑预报,一般采用库水位、实际入库流量作为遭遇洪水量级及相应泄量的判别指标。

2)防洪预报调度

防洪预报调度是为了充分发挥水库的防洪效益与兴利效益,利用预报的洪水过程进行防洪调度。防洪预报调度一般采用产流预报的累积净雨量、汇流预报的入库流量作为遭遇洪水量级及相应泄量的判别指标。从水库规划设计角度,考虑预报进行预泄或者提前判别洪水是否超过标准,可减少防洪库容、调洪库容以降低设计洪水位、校核洪水位或者抬高水库的汛限水位。对于已建水库的防洪控制运用来说,考虑预报进行预泄,可以腾空部分防洪库容、增加水库的抗洪能力,或更大限度地削减洪峰、提高下游防洪标准。洪水预报精度越高、预报预见期越长,调度决策耗时越少,就越能减小下游洪灾损失,避免水库失事的严重后果。

4.2　调洪演算

调洪演算是防洪调度决策支持系统的重要组成部分。水库调洪计算是研究洪水通过水库拦蓄所引起的流量过程线变形(包括削减洪峰、加长洪水历时等)的调节计算。在建立防洪调度模型之前,有必要分析水库调洪计算的一般原理和计算方法。

4.2.1　水库调洪计算原理

水库的调洪作用是采用滞洪和蓄洪的方法,利用水库的防洪库容来存蓄洪水、削减洪峰、改变天然洪水过程,使其适应下游河道允许泄量的要求,以保证水库本身及上、下游的防洪安全。调洪计算是将水库库容曲线、入库洪水过程线、调度规则以及泄洪建筑物类型、尺寸作为已知的基本资料和条件,对水库进行逐时段的水量平衡和动量平衡运算,从而推求水库水位过程和下泄流量过程。

洪水进入水库后形成洪水波运动,其水力学性质属于明渠渐变非恒定流,其运动规律可用圣维南方程组来描述,即

$$\frac{\partial A}{\partial t}+\frac{\partial Q}{\partial x}=0 \qquad (连续方程) \qquad (4-1)$$

$$-\frac{\partial Z}{\partial x}=\frac{1}{g}\frac{\partial u}{\partial t}+\frac{u}{g}\frac{\partial u}{\partial x}+\frac{\partial h_f}{\partial x} \quad (运动方程) \qquad (4-2)$$

式中　　x、t——距离和时间;

A、Q、Z、u——过水断面的面积、流量、水位和平均流速;

g——重力加速度;

h_f——克服摩擦阻力所损耗的能量水头。

4.2.2　水库调洪计算方法

式(4-1)和式(4-2)组成偏微分方程组,通常难以得出精确的解析解。因此,在一般的水库调洪计算中,都采用简化的近似解法,忽略动力平衡对调洪的影响,近似地作为稳定流来处理,只考虑连续方程式,即水库调洪演算就是求解下列方程组

$$\left. \begin{array}{ll} V_t = V_{t-1} + \left(\dfrac{Q_t - Q_{t-1}}{2} - \dfrac{q_t - q_{t-1}}{2} \right) \times \Delta t & (a) \\[2mm] q_t = f(V_t) & (b) \end{array} \right\} \tag{4-3}$$

式中　V_{t-1}、V_t——第 t 时段始、末水库的蓄水量;

　　　Q_{t-1}、Q_t——第 t 时段始、末入库流量;

　　　q_{t-1}、q_t——第 t 时段始、末出库流量;

　　　$f(V_t)$——相应蓄水量 V_t 的泄流设备的溢流能力。

4.2.2.1　传统解法

计算机普及之前,半图解法成为最适合人工操作的方法。它首先根据式(4-3)制作调洪演算工作曲线,通过查工作曲线代替试算,但半图解法不便于程序化。随着计算机的普及,实用中已很少有人使用半图解法进行调洪演算了,试错法因有计算机作为计算工具,所以操作快捷而准确。

试错变量可以选择 q_t 或 V_t,以 q_t 作为试错变量的步骤如下:

(1)假定一个 q_t;

(2)由方程组(4-3)中式(a)求得 V_t(V_{t-1}、Q_{t-1}、Q_t、q_{t-1} 为已知);

(3)将 V_t 代入方程组(4-3)中式(b)中求出 q_t';

(4)若 $|q_t - q_t'| < \varepsilon$($\varepsilon$ 是一个计算允许的小值),转下一时段;否则,重新假定 q_t,转步骤(2)。

4.2.2.2　数值解法

陈守煜于 1980 年提出了水库调洪演算 4 阶龙格 – 库塔解法与改进尤拉算法。

当假定水库水位水平起落时,水库调洪计算的实质乃是求解微分方程

$$F(Z)\,\mathrm{d}Z/\mathrm{d}t = Q(t) - S(Z) \tag{4-4}$$

式中　Z——水库水位;

　　　$F(Z)$——水库水面面积关系;

　　　$Q(t)$——t 时刻入库洪水流量;

　　　$S(Z)$——通过泄水建筑物的流量。

函数的表达式,视泄水建筑物的类型而不同。

调洪数值解法的 4 阶龙格 – 库塔公式

$$Z_n = Z_{n-1} + \left[k_1 + 2(k_2 + k_3) + k_4 \right]/6 \tag{4-5}$$

其中
$$\begin{cases} k_1 = h_n \left[Q(t_{n-1}) - S(Z_{n-1}) \right]/F(Z_{n-1}) \\ k_2 = h_n \left[Q(t_{n-1} + h_n/2) - S(Z_{n-1} + k_1/2) \right]/F(Z_{n-1} + k_1/2) \\ k_3 = h_n \left[Q(t_{n-1} + h_n/2) - S(Z_{n-1} + k_2/2) \right]/F(Z_{n-1} + k_2/2) \\ k_4 = h_n \left[Q(t_{n-1} + h_n) - S(Z_{n-1} + k_3) \right]/F(Z_{n-1} + k_3) \end{cases} \tag{4-6}$$

式中　Z_n、Z_{n-1}——时刻 t_n、t_{n-1} 的水库水位;

h_n——$h_n = t_n - t_{n-1}$;

$Q(t_{n-1} + h_n/2)$——时刻 $t_{n-1} + h_n/2$ 的入库流量;

$S(Z_{n-1} + k_1/2)$、$S(Z_{n-1} + k_2/2)$、$S(Z_{n-1} + k_3)$——水库水位 $Z_{n-1} + k_1/2$、$Z_{n-1} + k_2/2$、$Z_{n-1} + k_3$ 的泄洪流量;

$F(Z_{n-1} + k_1/2)$、$F(Z_{n-1} + k_2/2)$、$F(Z_{n-1} + k_3)$——水位 $Z_{n-1} + k_1/2$、$Z_{n-1} + k_2/2$、$Z_{n-1} + k_3$ 的水库水面面积。

4.2.2.3　其他解法

此外,1997 年,清华大学王喜喜、翁文斌等提出采用牛顿迭代法求解调洪演算;金菊良等提出用人工神经网络求解水库调洪演算;1995 年,刘韩生和尹进步提出双斜率法。在此不作详述。

4.2.3　方法比较

图解法无需试算,但其求解精度与绘图精度有关,采用人工操作时一般误差较大。

试算法概念清楚,计算精度高,很适合编制电算程序。用计算机求解时计算快捷、准确,但因其迭代收敛速度取决于给定的精度指标,有时会出现迭代时间长、无法满足精度的情况。

龙格－库塔数值解法无需作图与试算,适用于多泄流设备、变泄流方式、变时段计算等复杂情况下的调洪计算,定步长 4 阶龙格－库塔数值解法计算速度快、精度较高,但它存在一定的截断误差,所求得的计算结果有时不能严格满足水量平衡方程和水库蓄泄方程的要求。

由于人工神经网络方法需要训练样本、模型的输出精度控制困难以及数百万次耗时数小时的模型训练的缺点,使其在水库调洪演算中不具有实际应用价值。

牛顿迭代法和双斜率法是可用方法,但使用不是十分方便。因为在计算过程中,都要用到库容曲线和泄流能力曲线的一阶导数,但无论采用解析法还是差分值计算法,都会增加许多额外的工作量。

因此,在实际应用中,一般不提倡采用靠人工操作的图解法进行调洪计算,建议采用龙格－库塔数值解析法与试算法相结合的方法,即以龙格－库塔数值解析法的计算结果作为试算的初值,然后以试算法的计算结果作为本时段的终值,并在试算法中设置最大迭代次数以控制试算法迭代的进程。

4.3　水库防洪优化准则

在研究已建成水库的防洪操作时,为了达到最优的防洪效益,首先需要考虑最优准则问题。防洪的最优准则指按照什么样的指标来衡量水库防洪优化调度方案的优劣程度。一般而言,水库防洪优化准则有以下几种类型:

(1)发电效益最大准则,即在大坝、库区、下游防洪要求均得到满足的条件下使水电站发电量最大,这种情况水库实际上以兴利为主调度;

(2)最大防洪安全保证准则,即在满足下游防洪控制断面安全泄量的条件下,尽可能多下泄,使留出的防洪库容最大,以备调蓄后续可能发生的大洪水,这种情况属于大坝(或库区)、下游防洪要求都能满足的情形;

（3）最大削峰准则，即在满足大坝（或库区）防洪安全条件下，尽量满足下游防洪要求，使洪峰流量得到尽可能大程度的削减，这种情况下下游防洪安全可能得到保证，也可能受灾；

（4）最小成灾历时准则，即在满足大坝（或库区）防洪安全条件而下游防洪安全不能得到保证时，使防洪控制断面流量超过其安全泄量历时越短越好，即尽量减轻下游洪水灾害损失；

（5）敞泄，即在发生大洪水时，为保证大坝安全，不考虑下游防洪要求而敞泄，这时并不存在优化问题。

4.4　洪水频率判断条件分析

拟定合理的防洪调度方式是实现水库对洪水进行合理调节与适时蓄洪、确保水库安全、提高水库综合效益的重要环节；而合理防洪调度方式的实现取决于对入库洪水判别的正确与否。在洪水起涨初期，不能预知将继续出现的洪水全过程，因而不能直接知道这次洪水是否超过某种标准，何时改变按下一级洪水来调度。通常必须利用某一水情信息为判别条件，借助其指标值来判断当前洪水的量级。

常用的判别条件有库水位、入库流量、峰前量等指标，应根据各水库的具体情况酌情选用。

库水位法是由入库洪水引起的水位变化来判断发生洪水的频率。如某水库通过频率计算和调洪演算，已确定出不同频率洪水的相应库水位，以这些库水位作为判断当前洪水是否超过该库水位相应频率的指标。用库水位作为判别条件，简便、易掌握，一般不会产生洪水未达到标准而加大泄量的情况，但是这一判别方法判明洪水量级的时间较迟，且连续性降水对其调度不利，因此适用于库容较大的水库。

入库流量法是根据入库洪峰流量对洪水频率标准进行判别的一种方法，一般根据水文预报和库区径流站实测预报的洪峰流量来判别入库洪水的标准；或者按照水量平衡原理，根据库水位的涨率反推出入库洪水流量。相对于用库水位的判别条件而言，可以较早作出加大泄量的决策，从而可相对减小所需的防洪库容。因此，这种判别方法要求预报精度高，或者上游库区径流站网点布设均衡、代表性强，否则将会对控制泄流量掌握不准，对保证下游安全没有把握，所以此法适用于洪峰洪量对库水位变化起主要作用，且下游防洪要求不高的水库。

由以上两种方法可知，采用库水位作为判别条件较稳妥，但加大泄水相对较迟，所需防洪库容较大，以入库流量作为判别条件，可以早一些判别洪水频率，但可靠性差。故河北岳城水库提出了峰前量法作为判别条件，其原理是入库洪水发生过程的基本反映形式属于正态分布，因此它有一个峰值。根据这一特点，当一次洪水达到某一频率的峰值相应的入库流量时，必然有一个峰前蓄水量值，按着洪水连续性的特点，也必然有一个退水过程，因此在洪水达到峰前部分蓄水量的情况下，就可以判断该次洪水发生的标准。峰前量法比库水位判断洪水时间早，可提前加大泄量，因此适用于防洪库容较小、选择的洪水典型可靠性较高的水库。

如图 4-1 所示，当泄量为 q 时，需防洪库容为 $V(V = V_1 + V_2)$，其中峰前蓄水量为 V_1，若在该次洪水使水库蓄水量达到 V 后,才认为该次洪水已超过标准,虽然判别可靠,但时间较迟。考虑到洪水的持续性,当入库流量出现洪峰 Q_m,前段按 q 泄水,水库已蓄满 V_1 后,必然还会有退水部分的一部分水量入库,并需要水库继续蓄水 V_2,若选择的洪水典型有足够的可靠性,则在峰前部分已蓄水 V_1 的情况下就可以判别这次洪水总的蓄水量将达到 V,于是在实际运用时,若某次洪水峰前蓄水量超过了 V_1,即可认为洪水已

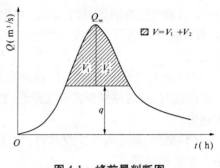

图 4-1　峰前量判断图

超过标准,可以改按下一级标准调度。这样,较单纯以全部防洪库容相应的库水位作为判别条件更为有利。

4.5　水库防洪优化调度模型

水库防洪和兴利是一对固有的矛盾,汛期如何在确保防洪安全的前提下,充分利用洪水资源,尤其对缓解北方地区水资源短缺具有十分重要的现实意义。若将单一模型用于整个汛期的洪水调度往往带有一定的局限性。因此,应根据前述入库洪水频率的判断及水库目前的状态选择适宜的调度模型。

4.5.1　发电量最大模型

当入库洪水较小时,防洪不是主要问题,应争取多发弃水电量,可用一次洪水发电量最大为最优准则建立洪水调度模型。

目标函数　　　　　　　　　$$\max N = \sum_{t=1}^{n} N_t \qquad (4\text{-}7)$$

约束条件　　　　　$V_初 \geqslant V_t \geqslant V_末$　　　（库容约束）　　　(4-8)

　　　　　　　　　$N_{t初} \geqslant N_t \geqslant N_{t末}$　　（出力约束）　　　(4-9)

　　　　　　　　　$q_{t初} \geqslant q_t \geqslant q_{t末}$　　　（泄量约束）　　　(4-10)

　　　　$V_t = V_{t-1} + (Q_t - q_t)\Delta t$　　（水量平衡约束）　　(4-11)

式中　　t——时段序号,$t = 0,1,\cdots,n$;

　　　　N——一次洪水所发的总出力;

　　　　N_t——第 t 时段所发的出力;

　　　　V_{t-1}、V_t——第 t 时段水库的初、末库容;

　　　　$V_初$、$V_末$——t 时段水库允许的最大、最小库容;

　　　　$q_{t初}$、$q_{t末}$——t 时段水库允许的最大、最小泄流量;

　　　　$N_{t初}$——t 时段的预想出力或装机容量;

　　　　$N_{t末}$——t 时段系统要求的最小出力;

　　　　Q_t——时段 Δt 内的平均入库流量;

　　　　q_t——时段 Δt 内的平均下泄流量。

4.5.2　最大削峰准则模型

4.5.2.1　目标函数

无区间洪水时,有

$$\min \int_{t_0}^{t_d} q_t^2 \mathrm{d}t \tag{4-12}$$

有区间洪水时,有

$$\min \int_{t_0}^{t_d} (q_t + Q_{区t})^2 \mathrm{d}t \tag{4-13}$$

4.5.2.2　约束条件

对于防洪水库,约束条件主要有三类:①与水量平衡有关的约束;②建筑物设备能力或允许使用范围的约束;③综合利用各部门对放水决策的限制要求和防洪决策本身的限制要求,包括变量的非负要求等。具体有以下四种。

(1)防洪库容约束为

$$\sum_{t_0}^{t_d} (Q_t - q_t)\Delta t \leqslant V_{防} \tag{4-14}$$

(2)防洪策略约束(无预泄情况)为

$$q_t \leqslant Q_t \tag{4-15}$$

(3)溢洪道能力约束为

$$q_t \leqslant q(Z_t, B_t) \tag{4-16}$$

式中　Z_t——各时刻的库蓄水位,是决策 q_t 和时段初水位的已知函数;

　　　　B_t——溢洪道的操作方式。

(4)水库水量平衡约束为

$$V_t = V_{t-1} + (Q_t - q_t)\Delta t \tag{4-17}$$

其中,防洪库容约束在调度时期始末水位已定的情况下,其实质基本上也是水量平衡约束的一种表现形式,已经包含在水库水量平衡约束条件之中。

4.5.3　最短成灾历时模型

无区间洪水时,有

$$\max \int_{t_0}^{t_d} (q_t - q_{安})^2 \mathrm{d}t \tag{4-18}$$

有区间洪水时,有

$$\max \int_{t_0}^{t_d} (q_t + Q_{区,t} - q_{安})^2 \mathrm{d}t \tag{4-19}$$

式中　$Q_{区,t}$——t 时段的区间洪水;

　　　　$q_{安}$——水库下游允许的安全泄量。

约束条件同 4.5.2 部分。

4.5.4　最小洪灾损失模型

$$\min K = \int_{t_0}^{t_d} cq_t \mathrm{d}t \tag{4-20}$$

式中　K——总的洪灾损失,可以货币或实物表示;

c——洪灾损失系数,应由分析洪灾调查统计资料得出。当洪灾损失为成灾流量的线性函数时则 c 为常数,上述模型为一线性模型,否则为非线性模型。

约束条件同 4.5.2 部分。

以上目标函数均为积分式,通常情况下,首先要先将其化为离散时间的有限差之和来表示,即 $\min \sum_{t_0}^{t_d} f(\overline{q_t}) \Delta t$ 或者 $\max \sum_{t_0}^{t_d} f(\overline{q_t}) \Delta t$,然后再进行模型的求解计算。

确定合适的目标函数是用数学规划方法进行水库防洪优化调度的关键之一。理想的方法是能够确知水库水位与上游淹没损失的关系及最大泄量与下游防护区淹没损失的关系,将问题转化为防洪系统(包括上游、水库大坝、下游)总洪灾经济损失最小的单目标优化调度问题。但从现状来看,准确获取洪灾损失信息有很大困难,以致该法难以在实际中应用。

有些水库虽具有一定的防洪能力,但是防洪能力有限。在洪水季节,洪水较小,能满足防洪安全要求时,水库防洪不是问题,则可以考虑以发电效益最大为目标,利用洪水多发季节性电能。

目前,在进行水库防洪优化调度时,最大削峰准则和最小成灾历时准则应用较为广泛,二者物理意义明确,易于被人们接受。从应用上看,最大削峰准则具有更广泛的实用性。当洪水为常遇洪水时,最大削峰准则得出的均匀放水策略对减轻下游防洪压力显然是有利的,而最小成灾历时准则虽然可以得到零成灾历时,但采用的目标函数使得放水策略不均匀(若干时段维持安全泄量),这对防洪显然不利。

第 5 章　滦河下游河道洪水演进方案

本章对滦河流域的基本防洪情况作了介绍,指出滦河下游防洪调度的关键是进行河道洪水演算,推求下游河段的流量过程。本章介绍了河道洪水演算理论,重点是马斯京根模型、方法与应用,对马斯京根参数率定的方法及模型参数率定与成果检验分析作了比较深入的研究与论述。

5.1　概述

本书中滦河下游河道是指大黑汀水库、桃林口水库以下滦河河道。滦河下游地处唐山、秦皇岛两市境内,是河北省经济发达地区之一,同时也是洪水灾害频发的地区之一。潘家口、大黑汀、桃林口水库群是滦河下游主要水利工程,控制滦河流域总面积的 90%,担负着下游迁西、迁安、卢龙、滦县、滦南、昌黎、乐亭等 7 个市县和京沈高速、唐秦公路大桥、京山铁路等重要交通设施的防洪安全。因此,做好潘家口、大黑汀、桃林口水库群洪水调度,对于减少滦河下游防洪损失、确保滦河下游人民生命财产安全至关重要。

滦河流域具有降雨分布不均、洪水陡涨陡落、峰高流急的显著特性。在滦河流域发生中、小洪水时,按照潘家口、大黑汀、桃林口三水库常规洪水调度原则实施调度,大黑汀、桃林口两水库下泄洪水演进到下游,并与下游区间洪水汇合,组合成的洪峰流量可能会对下游河道防洪安全造成不利影响。滦河下游滦南、乐亭小埝设计过水标准偏低,只有 5 000 m³/s,仅相当于滦河 2 ~ 3 年一遇洪水,且滦河下游河道在不同泄洪流量标准下,对河道堤防造成的损失不同。考虑到大黑汀、桃林口两水库到滦河下游洪水传播时间不同,为充分挖掘潘家口、大黑汀、桃林口三水库调蓄作用,减轻滦河下游防洪压力,应开展潘家口、大黑汀、桃林口三水库联合错峰调度研究,关键问题是如何进行河道洪水演算。

河道洪水演算在洪水预报、水库调洪计算和防洪规划中有着重要的作用。马斯京根模型是河道洪水演算的一种常用方法,它是由上游断面的流量过程来推求下游段的流量过程,多年来一直在国内外得到广泛的应用。根据河道上游及支流的洪水过程,采用马斯京根法进行洪水演算,区间洪水通过典型放大获取,从而推得河道下游控制断面的洪水流量过程线。

根据唐山市滦河防洪预案,滦河下游各级洪水(以滦县站水文测算值为准)造成的水毁程度相关情况如下:

(1)当流量为 1 000 ~ 2 500 m³/s、水位为 23.80 ~ 24.75 m 时,流速在 2 m/s 左右,洪水冲刷丁坝坝头及滩地,造成水毁丁坝和滩地坍塌。

(2)当流量为 2 500 ~ 3 500 m³/s、水位为 24.75 ~ 25.10 m 时,洪水平槽或出槽,淘刷丁坝坝身,淹没滦南、乐亭两县部分河滩地。

(3)当流量为 3 500 ~ 5 500 m³/s、水位为 25.10 ~ 25.60 m 时,洪水摧毁丁坝,冲刷小埝,小埝内耕地大部分被淹、部分绝收,机井淤废,损失加重。

（4）当流量为 5 500 ~ 10 000 m³/s、水位在 25. 60 ~ 26. 40 m 时，小埝多处告急，在沿河各县的奋力抢护下可勉强通过，但埝内农作物全部绝收，水利工程设施全面被毁，损失巨大。

（5）当流量超过 10 000 m³/s 以上时，小埝漫溢，损失无法估计。

滦河大堤的防洪标准是设计过水流量 25 000 m³/s，滦河小埝的设计标准为 5 000 m³/s，迁西白龙山水电站安全泄量是 3 000 m³/s。

5. 2　河道洪水演算理论

河道洪水演算是以水量平衡原理与蓄泄关系为理论基础的，研究河道内洪水演进规律从而实现河道上游断面入流已知的前提下对下游断面出流的预报工作。河道洪水演算方法可分为水力学和水文学两类，1871 年圣维南（St. Vennant）在研究水流质量守恒和能量守恒规律的基础上提出了著名的非线性双曲型偏微分方程组——圣维南方程组，基于求解圣维南方程组的水力学洪水演算方法理论上非常严格，但其求解需要详尽的河道地形资料及河床观测数据，至今无法找到解析解而只能通过数值解代替。水文学法主要有相应水位法、合成流量法、马斯京根法、特征河长法和汇流系数法等，最为典型的方法是马斯京根法，它利用河段水量槽蓄方程代替复杂的水动力方程，从而使计算过程极大简化，同时又能取得满足实用的演算精度，目前被国内外广泛应用，在洪水预报、水库调洪计算和防洪规划中具有重要意义。

除水力学方法与水文学方法外，还有电模拟法与经验法等。电模拟法是采用解微分方程的积分器或电模拟器，根据水流的条件求解微分方程，计算结果的精度通常取决于基本数据的精度与电模拟仪器的精度；经验法是建立在以过去的洪水为基础的关系式上，并认为河系中相邻地区不同的波特征可用图表或方程式表征，经验法往往作为一条河流上进行演算工作的第一步，当积累了足够的资料，经验法就会被更精确、更可靠的方法所代替。

本次洪水演算拟采用马斯京根法进行研究，马斯京根法在实际应用中的一个重要问题是模型的参数估计，其实质是一个非线性的参数优化问题。传统的确定模型参数的方法有试错法、最小二乘法、最小面积法等。我国已广泛采用的分段连续演算法，在演算参数率定方面，遗传算法、非线性规划算法等都得到了应用。近年来，针对河道蓄泄关系的非线性现象，不少学者提出采用非线性的演算参数以及自适应的演算参数等方法来改进马斯京根法。翟国静以演算出流过程与实测出流过程的离差平方和最小化为优化准则函数，采用传统的非线性规划方法，求得结果优于最小二乘法和试错法。杨晓华等采用加速遗传算法、陆桂华等采用遗传算法、詹士昌等采用蚁群算法的优化方法来估计马斯京根模型的参数，并以演算出流过程与实测出流过程的拟合程度为优化准则，对马斯京根模型参数进行估计取得了较好效果。但对于马斯京根模型参数估计问题的求解，由于马斯京根模型本身的近似性及各种方法的局限性，如遗传算法在进化过程中存在过早收敛、群体中最好染色体丢失等问题，蚁群算法也存在信息素更新机制、参数选取等问题，无法保证收敛到全局最优解。如何根据历史资料更有效地估计马斯京根模型的参数，是马斯京根模型应用中一个关键性问题，它直接关系到计算结果的精度和抗洪救灾的效果，具有重要的理论和实际意义。

由 Duan 等提出的 SCE-UA 算法是一种有效地解决非线性约束最优化问题的进化算法,算法结合了单纯形法、随机搜索法和生物竞争进化法等的优点,可以一致、有效、快速地搜索到水文模型参数全局最优解。

5.3　马斯京根模型与应用

5.3.1　马斯京根模型

马斯京根法是利用河段水量槽蓄方程代替复杂的水动力方程从而使计算过程极大简化,同时又能取得满足实用的演算精度,其采用的基本方程为

$$\left. \begin{array}{l} I(t) - Q(t) = \dfrac{\mathrm{d}W(t)}{\mathrm{d}t} \\[2mm] W(t) = K[\,xI(t) + (1-x)Q(t)\,] = KQ'(t) \end{array} \right\} \tag{5-1}$$

式中　$I(t)$——河段上断面入流量;

　　　$Q(t)$——河段下断面出流量;

　　　$W(t)$——河段的槽蓄量;

　　　K——槽蓄系数,具有时间因次,相当于洪水波在河段中的传播时间;

　　　x——流量比重因子,无因次,主要与洪水波的坦化变形程度有关;

　　　$Q'(t)$——示储流量。

式(5-1)的差分解为

$$\left. \begin{array}{l} \tilde{Q}(1) = Q(1) \\[2mm] \tilde{Q}(i) = c_0 I(i) + c_1 I(i-1) + c_2(i-1) \quad (i = 2 \sim n) \end{array} \right\} \tag{5-2}$$

$$c_0 = \dfrac{\dfrac{1}{2}\Delta t - Kx}{K - Kx + \dfrac{1}{2}\Delta t}, c_1 = \dfrac{\dfrac{1}{2}\Delta t + Kx}{K - Kx + \dfrac{1}{2}\Delta t}, c_2 = \dfrac{K - Kx - \dfrac{1}{2}\Delta t}{K - Kx + \dfrac{1}{2}\Delta t} \tag{5-3}$$

$$c_0 + c_1 + c_2 = 1.0 \tag{5-4}$$

式中　$\tilde{Q}(i)$、$Q(i)$——第 i 个时段的演算出流量、实测流量;

　　　$I(i)$——第 i 个演算时段的入流量;

　　　n——演算时段个数;

　　　Δt——计算时段;

　　　c_0、c_1、c_2——流量演算系数。

式(5-2)~式(5-4)组成了马斯京根模型流量演算公式。

马斯京根模型在实际应用中的一个重要问题是模型参数 x、K 或 c_0、c_1、c_2 的估计。

根据式(5-2)和式(5-4),马斯京根模型参数最优估计可以建立如下优化模型:

目标函数　$\min f = \displaystyle\sum_{i=2}^{n} \left| c_0 I(i) + c_1 I(i-1) + (1 - c_0 - c_1)\tilde{Q}(i-1) - Q(i) \right|^q$

$$\tag{5-5}$$

约束于　　$g_1 : c_0 \in [0,1]; g_1 : c_1 \in [0,1]; g_1 : 1 - c_0 - c_1 \in [0,1] \tag{5-6}$

当常数 $q = 1$ 时,为最小一乘准则,即绝对残差绝对值和最小准则;当 $q = 2$ 时,为最小二乘准则。

本次洪水演进研究范围自大黑汀水库开始,滦县干流滦县站以下河段没有大的支流和区间来水,故滦县下游以滦县水文站作为控制站,研究河段内有主要支流青龙河。

根据通用洪水演进模型的建模思想,主要的入流控制断面为滦河干流上潘家口水库、大黑汀水库,青龙河上桃林口水库;出流控制面为滦县水文站。出、入口均具有较完整的水文资料,为洪水演进模型的建立提供了可靠依据。由此,洪水演进控制断面分别为大黑汀水库、桃林口水库及滦县水文站,洪水演进过程存在洪水叠加问题。

5.3.2 马斯京根参数率定的传统方法

5.3.2.1 试错法

常用来确定马斯京根演算参数的传统方法是试错法。根据实测资料,人工试错求得 K 值、x 值,即对某一次洪水,假定不同的 x 值,计算示储流量 $Q' = K[xI - (1-x)Q]$,作出 $W \sim Q'$ 关系曲线,其中能使二者关系成为单一直线的 x 值即为所求,该直线的斜率即为 K 值。用多次洪水资料进行试错求 K 值、x 值,用多组参数的平均值作为最终的 K 值、x 值。然后,通过求得的 K 值、x 值根据式(5-3)确定系数 c_0、c_1、c_2。

试错法率定马斯京根参数,有几个主要的缺点:

(1)盲目性。求解过程不太可能一次就可以得到满意的解,往往要反复试错多次,才能得到较满意的结果。

(2)精确度低。试错法的求解是通过人工试错 K、x 两个参数,然后再求 c_0、c_1、c_2,其中不可避免地会引入人为误差。

(3)不能保证 c_0、c_1、c_2 使全局最优。传统的试错法无法从理论上证明所得结果是马斯京根参数的最优解。

(4)不易实现程序化。从求解过程来看,作图、试错、求斜率无法用计算机辅助求解,一方面加重了人工工作量,另一方面也使求解精度下降。

5.3.2.2 遗传算法

遗传算法由美国密歇根大学的 Holland J. H. 于 1975 年首次提出,是一种基于进化论优胜劣汰、自然选择、适者生存和物种遗传思想的优化搜索算法,现已成为当前学术界和工程界交叉学科的热门研究课题之一。Holland J. H. 在从事机器学习的研究时注意到,学习不仅可以通过模拟单个生物体的进化实现,而且可通过模拟一个种群的进化来实现,为获得一个好的学习算法,仅靠单个策略的建立和改进是不够的,还必须依赖于一个包含许多候选策略的群体的演化。Holland J. H. 将这一研究领域取名为遗传算法,并提出了以二进制位串为基础的基因模式理论(Schemata Theory)以及基本定理。遗传算法的核心问题是寻找求解优化问题的效率与稳定性之间的有机协调性,即所谓的鲁棒性(Robustness)。人工系统一般很难达到如生物系统那样的鲁棒性。遗传算法在吸取了自然生物系统适者生存的进化理论之后,从而使它能够提供一个在复杂空间中进行鲁棒搜索的方法。由于遗传算法具有计算简单和功能强大的特点,它对于参数搜索空间基本上不要求苛刻的条件(如连续、导数存在及单峰等),所以遗传算法在许多工程优化问题的求解上得以广泛的应用。

5.3.2.3　模拟退火算法

模拟退火算法,也称为 Metropolis 方法,其思想最早是由 Metropolis 等于 1953 年提出来的。

模拟退火的核心思想是它以一定概率(接受函数)来接受新的解,当温度按规定慢慢下降时,它接受较差解的概率也在减小。这说明它可以于一定程度上接受差的解,同时接受解的概率受温度控制,温度下降的过程亦即是算法收敛的过程。因此,模拟退火具有很强的全局搜索能力。研究表明,只要温度 T 下降得足够慢,模拟退火算法能以概率 1 收敛于全局最优。模拟退火法的缺陷在于对当前搜索区域了解不多,不便于快速缩小搜索区域,所以运算效率不高。

5.3.2.4　SCE – UA 算法

SCE – UA 算法的基本思路是将基于确定性的复合形搜索技术和自然界中的生物竞争进化原理相结合。算法的关键部分为竞争的复合形进化算法(CCE)。在 CCE 中,每个复合形的顶点都是潜在的父辈,都有可能参与产生下一代群体的计算。每个子复合形的作用如同一对父辈,随机方式在构建子复合形中的应用,使得在可行域中的搜索更加彻底。

用 SCE-UA 算法求解最小化问题的具体步骤为:

(1)初始化。假定是 n 维问题,选取参与进化的复合形的个数 $p(p \geqslant 1)$ 和每个复合形所包含的顶点数目 $m(m \geqslant n + 1)$。计算样本点数目 $s = pm$。

(2)产生样本点。在可行域内随机产生 s 个样本点 $x_1, x_2, \cdots, x_s$,分别计算每一点 x_i 的函数值 $f_i = f(x_i), i = 1, 2, \cdots, s$。

(3)样本点排序。把 s 个样本点 (x_i, f_i) 按照函数值的升序排列,排序后不妨仍记为 $(x_i, f_i)(i = 1, 2, \cdots, s)$,其中 $f_1 \leqslant f_2 \leqslant \cdots \leqslant f_s$,记 $D = \{(x_i, f_i), i = 1, 2, \cdots, s\}$。

(4)划分为复合形群体。将 D 划分为 p 个复合形 $A^1, A^2, \cdots, A^p$,每个复合形含有 m 点,其中,$A^k = \{(x_j^k, f_j^k) \mid x_j^k = x_{j+(k-1)m}, f_j^k = f_{j+(k-1)m}, j = 1, 2, \cdots, m\}$ 　$(k = 1, 2, \cdots, p)$。

(5)复合形进化。按照竞争的复合形进化算法(CCE)分别进化每个复合形。

(6)复合形掺混。把进化后的每个复合形的所有顶点组合成新的点集,再次按照函数值的升序排列,排序后不妨仍记为 D。

(7)收敛性判断。如果满足收敛条件则停止,否则回到步骤(4)。

其中,竞争的复合形进化算法(CCE) 的具体步骤为:

(1)初始化。选取 q, α, β,这里 $2 \leqslant q \leqslant m, \alpha \geqslant 1, \beta \geqslant 1$。

$$p_i = \frac{2(m + 1 - i)}{m(m + 1)} \quad (i = 1, 2, \cdots, m)$$

(2)分配权重。给第 A^k 个复合形中的每个点分配其概率质量,这样较好的点就要比稍差的点有较多的机会形成子复合形。

(3)选取父辈群体。从 A^k 中按照概率质量分布随机地选取 q 个不同的点 $u_1, u_2, \cdots, u_j$,并记录 q 个点在 A^k 中的位置 L。计算每个点的函数值 v_j,把 q 个点及其相应的函数值放于变量 B 中。

(4)进化产生下一代群体。① 对 q 个点以函数值的升序排列,计算 $q - 1$ 个点的形心

$g = \dfrac{1}{q-1}\displaystyle\sum_{j=1}^{q-1} u_j$；②计算最差点的反射点 $r = 2g - u_q$；③如果 r 在可行域内,计算其函数值 f_r,转到步骤④,否则计算包含 A^k 的可行域中的最小超平面 H,从 H 中随机抽取一可行点 z,计算 f_z,以 z 代替 r、f_z 代替 f_r;④若 $f_r < f_q$,以 r 代替最差点 u_q,转到步骤⑥,否则计算 $c = (g + u_q)/2$ 和 f_c;⑤若 $f_c < f_q$,以 c 代替最差点 u_q,转到步骤⑥,否则计算包含 A^k 的可行域中的最小超平面 H,从 H 中随机抽取一可行点 z,计算 f_z,以 z 代替 u_q、f_z 代替 f_q;⑥重复步骤①到步骤⑤ α 次。

(5)取代。把 B 中进化产生的下一代群体即 q 个点放回到 A^k 中原位置 L,并重新排序。

(6)迭代。重复步骤(1)到步骤(5) β 次,它表示进化了 β 代,亦即每个复合形进化了多远。

SCE – UA 算法建议取 $m = 2n + 1, q = n + 1, \alpha = 1, \beta = 2n + 1$。

实例分析结果表明,在马斯京根模型参数最优估计问题上,SCE – UA 算法鲁棒性更强、收敛效果更佳、优化性能最为优异,为准确估计马斯京根模型参数提供了一种更为有效的方法。

5.4　模型参数率定与成果检验分析

本书将 SCE – UA 算法应用于马斯京根模型参数最优估计,为准确估计马斯京根模型参数提供了一种更为有效的方法。

5.4.1　评定指标

利用模型预报之前首先要确定模型的参数,率定结果的优劣以合格率作为评价指标。单次洪水预报精度检验分为洪量检验、峰现时间检验、峰值检验,其中洪量检验指标和洪峰检验指标为描述满足一定精度范围的预报值相对误差的情况,相对误差的计算公式为

$$相对误差 = \left| \frac{预测值 - 实际值}{实际值} \right| \times 100\%$$

利用参数率定模块,以率定参数和检验参数的上述指标作为评价标准,对典型洪水进行了参数率定。

5.4.2　历史洪水资料

河道洪水演进主要控制断面洪水资料整理汇总如表 5-1 所示。

根据对滦河下游行洪分析以及参数率定、检验的需要,结合本流域雨洪特性,从洪水系列资料中,本书主要针对流达滦县流量小于 5 000 m³/s 的中小型洪水进行研究。

5.4.3　区间入流的处理

大黑汀水库—滦县水文站区间除有青龙河较大支流外,其余区间面积为 3 940 km²,约占总面积的 8.8%。区间洪水的计算通过选取典型年,将洪峰时间对应一致,各点流量对应相减的方法,求得典型区间洪水过程线,区间典型洪水本着既能够反映地区洪水组成又偏于不利的原则最终选定潘家口水库、大黑汀水库建库前 750812 号洪水作为典型,洪水预报中区间洪水利用潘家口水库实测洪峰与典型洪峰比值作为相应的放大倍比,对典型区间洪水进行放大获得。典型区间洪水过程线如表 5-2 所示。

表 5-1 河道洪水资料汇总 （流量单位：m³/s）

序号	洪水编号	滦县 洪峰流量	桃林口 洪峰流量	大黑汀 洪峰流量
1	820805	159	84.8	125
2	890716	183	131	0
3	900811	453	139	277
4	970802	453	334	0
5	860808	605	290	109
6	860729	719	302	290
7	910628	895	129	820
8	850823	952	797	0
9	940813	1 810	339	1 309
10	910728	2 040	838	796
11	960804	2 980	1 110	830
12	940804	5 150	3 290	659
13	950730	6 400	2 410	2 010
14	840808	8 850	6 290	0.73
15	970414	9 200	4 200	2 071

表 5-2 典型区间洪水过程线 （流量单位：m³/s）

时段 (Δt = 12 h)	大黑汀洪峰流量	桃林口洪峰流量	滦县洪峰流量	区间洪水洪峰流量
1			140	140
2			367	367
3			982	982
4	222	57	1 780	1 501
5	1 000	359	2 690	1 331
6	2 510	737	3 930	683
7	1 730	755	2 640	155
8	922	573	1 840	345
9	600	412	1 250	238
10	520	321	1 090	249
11	443	251	900	206
12	400	214	725	111
13	320	198	600	82
14	265	157	520	98
15	270	140	470	60
16	240	124	440	76
17	219	110	390	61
18	180	104	338	54

5.4.4 参数率定

本书主要考虑青龙河支流,研究河段为分汊河段,首先选取大黑汀水库未放水的

850823 号、970802 号、890716 号洪水资料率定桃林口—滦县的马斯京根演算参数,为了与径流预报一致,演算时段取 12 h;然后利用其他场次洪水在已知桃林口—滦县参数的前提下,率定大黑汀—滦县参数。

　　利用已有资料根据上述理论进行参数率定,由计算可知,洪水率定参数桃林口—滦县为 $K = 9.53$, $x = 0.309$,大黑汀—滦县为 $K = 13.930$, $x = 0.411$。

5.4.5　成果检验

　　单次洪水预报精度检验分为洪量检验、峰现时间检验、峰值检验,按照水文预报规范要求,其中洪量检验和洪峰检验不超过计算值的 20% 记为合格,峰现时间不超过一时段记为合格。为检验参数的合理性,以率定的参数为基础对若干场次洪水进行洪水演算,演算结果与实测洪水相比较,洪水拟合情况详见表 5-3 ～ 表 5-5。

表 5-3　中小型洪水拟合情况　　　　　　　　　　　（流量单位:m^3/s）

时段 ($\Delta t = 12$ h)	洪水编号为 850823		洪水编号为 940813		洪水编号为 910628	
	滦县流量	演算出流流量	滦县流量	演算出流流量	滦县流量	演算出流流量
1	74.9	74.9	547	547	622	622
2	83.4	68.4	547	599	724	731
3	92.9	68.8	1 257	685	701	739
4	120	75.8	1 030	905	758	838
5	126	87.4	1 470	1 271	784	860
6	128	98.0	1 810	1 996	821	893
7	304	323.0	1 635	1 841	867	908
8	952	914.3	1 573	1 686	895	928
9	668	715.5	1 510	1 670	868	900
10	543	559.6	1 340	1 256	829	879
11	505	477.0	1 150	1 216	800	869
12	418	447.0	962	981	790	839
13	147	395.4	738	804	772	837
14	194	336.1	871	948	755	829
15	304	297.6	924	948	737	852
16	297	265.3	862	874	719	577
17	266	234.9	835	870	522	578
18	245	209.1	709	591	406	364
19	227	193.7	543	569	238	363
20	208	177.3	518	538	152	213
21	190	157.3			136	201
22	178	147.5				
23	168	137.0				
24	157	129.0				
25	147	122.3				
洪量	6 743.2	6 712.2	20 831	20 795	13 896	14 820
洪峰	952	914.3	1 810	1 996	895	928

表 5-4　较大洪水拟合情况　　　　　　　（流量单位:m³/s）

时段 （$\Delta t = 12$ h）	洪水编号为 970414		洪水编号为 940804		洪水编号为 840808	
	滦县流量	演算出流流量	滦县流量	演算出流流量	滦县流量	模拟流量
1	238	238	130	130	7.46	7
2	2 994	1 488	148	357	7.27	31
3	9 200	8 062	275	394	7.05	36
4	5 060	6 655	594	627	24.1	41
5	3 450	4 002	811	797	41.8	73
6	3 088	3 141	3 610	2 223	83.5	134
7	2 390	1 981	5 150	5 381	207	171
8	2 695	2 610	2 840	2 964	338	508
9	2 380	2 360	1 983	1 945	2 480	2 770
10	2 205	2 036	1 480	1 460	8 340	8 067
11	2 040	1 903	1 227	1 227	8 620	9 954
12	2 125	1 935	1 040	1 083	6 980	7 344
13	1 930	1 931	878	889	4 265	4 202
14	1 515	1 867	769	787	2 320	2 209
15	1 335	1 772	681	713	1 648	1 438
16	1 231	1 427	620	689	1 300	1 095
17	1 134	1 355	587	639	1 083	866
18	1 042	1 157	547	614	923	725
19	1 001	1 058			842	627
20	937	993			762	570
21	565	599			690	555
22	511	442			636	570
23	462	435			616	575
24	447	443			596	533
25	453	426			560	491
26	423	376			524	450
27					489	409
28					453	369
29					428	333
30					405	309
洪量	50 851	50 692	23 370	22 919	45 676.18	45 462
洪峰	9 200	8 062	5 150	5 381	8 620	9 954

表 5-5　成果合理性检验

洪水编号	洪量检验(%)	峰现时间检验	峰值检验(%)	检验结果
820805	4.46	合格 1	12.58	合格
890716	3.57	合格 1	22.3	不合格
900811	4.98	合格 1	0.43	合格
860808	3.41	合格 0	12.08	合格
860729	3.13	合格 0	8.84	合格
910628	6.66	合格 0	3.67	合格
850823	4.63	合格 0	3.96	合格
940813	0.176	合格 0	10.28	合格
910728	9.03	合格 0	24.93	不合格
960804	5.95	合格 1	13.66	合格
940804	1.93	合格 0	4.49	合格
840808	0.48	合格 0	15.48	合格
940714	3.11	合格 0	14.11	合格

《水文情报预报规范》(SD 138—85)中,根据合格率按许可误差标准进行评定或检验预报方案,可划分为 3 个等级:甲等合格率≥85%,85% > 乙等合格率≥70%,70% > 丙等合格率≥60%,本次参数率定合格率达到 84.62%,比较理想。

通过成果合理性检验可知,马斯京根是河段流量演算方程经简化后的线性有限解法,它要求参数 K、x 为常量,同时还要满足流量在计算时段内和沿程变化呈直线分布的要求。因此,演算时段 Δt 既不可太大,也不可太小。太大则流量在 Δt 时段内不呈直线变化,太小则不符合流量沿程呈直线分布的要求,一般情况演算时段 Δt 应等于或接近 K 值。

潘家口、大黑汀、桃林口三水库建成运行后,滦县站洪峰流量组成因素发生重大改变,建库前主要由滦河中上游来水组成,而建库后主要由大黑汀、桃林口两水库泄水控制和区间产流组成。由于此区域正处于暴雨中心,产生较大洪峰几率较高,降雨洪水变化情况也有很大的偶然性。因此,必须掌握流域概况,产流特性,降雨、洪水特征值等要素,并注意随时总结历次预报经验,从实际出发,不断研究创新,确保滦县站洪峰流量预报准确、及时。

根据已有资料,区间洪水份额约占 1/3,不确定性较大,计算中采用按峰、按典型过程放大,实际发生的区间洪水与设计洪水过程易存在误差。

第 6 章　防洪调度模型求解

　　动态规划法是最优化技术中适用范围最广的基本数学方法,是寻求多段决策问题最优策略的一种有效方法。它是把一个包含多变量的复杂问题分解成一系列各自只包含一个变量的简单问题,适合于水库群系统防洪联合调度多阶段决策。本章介绍了动态规划法的基本原理、模型求解方法,粒子群优化算法(PSO),在对标准粒子群算法介绍和论述的基础上,针对标准粒子群算法存在搜索精度不高和易陷入局部最优解,而且参数的选择对算法的优劣影响很大的缺点,本章介绍了两种改进的粒子群算法,并对粒子群算法与其他优化算法进行了比较,在此基础上对粒子群算法的发展与趋势进行展望。结合水库防洪优化调度中的实际问题,本章将粒子群算法运用到水库防洪优化调度中,从而为水库优化调度提供了一条新的求解途径。

6.1　动态规划法

6.1.1　基本原理

　　动态规划法是最优化技术中一种适用范围很广的基本数学方法,它是由美国学者贝尔曼(R. Bellman)等在其 1957 年发表的论文《Dynamic Programming》中正式提出,并逐步发展起来的数学分支。

　　动态规划法是寻求多段决策问题最优策略的一种有效方法。所谓多阶段决策过程,是指根据时间、空间或其他特性可将过程分为若干互相联系的阶段,而在每个阶段必须作出决策的过程。由于阶段常常是与时间有关的动态问题,因而被称为动态规划。但是动态规划实际上也可求解与时间无关的静态问题。把求解过程作为一个连续的递推过程的基础是动态规划的核心——最优化原理,可描述为:一个过程的最优决策具有这样的性质,即不论其初始状态和初始决策如何,其后的诸策略对于以第一个决策所形成的状态作为初始状态的过程而言,必须构成最优策略。简言之,一个最优策略的子策略,对于它的初始状态而言,也必是最优的。动态规划法用来求解多阶段问题的最优决策的基本思路为:对所研究的系统进行划分,并用阶段变量按顺序编号;选择合适的状态变量和决策变量;列出系统的状态转移方程以及代表全过程效益的效益指标函数;按照最优性原理建立目标函数基本方程;根据系统发展变化条件列出相应的种种约束;进行寻优计算,得出所研究系统的最优策略。可见,动态规划法实质上是将一个 n 阶段决策过程的实际问题转化为 n 个形式与性质相同又互相联系的单阶段决策的子问题。每个子问题又都是求变量极值,于是重复求解 n 个比较简单的极值问题,逐步保留子问题的最优策略而求得全周期的最优策略。

　　动态规划法的寻优思路与求函数极值的微分法、求泛函极值的变分法、求解线性规划问题的单纯形法等的寻优思路都有明显的区别。它不一定要求所规划的问题是连续的、可微的，也不一定要求它们是线性的或凸性的。因此，对于众多的非线性规划问题，不连续、不可导，古典优化技术所不能解决的问题却可能用动态规划法得到其最优解。但是，动态规划法所用的数学形式需依照问题的性质来决定，不像线性规划有一定的标准数学形式和通用软件可以调用，需要解答者有较丰富的建模经验和解题方法，并且，当问题的变量个数（维数）太多时，虽然动态规划法程序可以列出，但因计算需要占用大量的 CPU 存储单元，产生维数灾。另外，有一些多阶段决策过程问题本身就不存在最优解，或者不具有马尔科夫链（Markov Chain）的性质，当然使用动态规划法也不可能求得最优解。

国外最早把动态规划法应用于水库优化调度的是美国的 J. D. C. Little，他于 1955 年提出了径流为随机的水库优化调度随机数学模型。R. A. Howard 于 1962 年提出了动态规划法与马尔科夫过程理论。Young G. K. 于 1967 年研究了确定条件下的水库群优化调度。Rossman L. 于 1979 年将拉格朗日乘子理论用于随机约束问题的动态规划解。Turgeon A. 于 1981 年运用随机动态规划法和逼近法解决了并联水库群的优化问题。Roefs T. G. 和 L. D. Bodin 分别用动态规划法进行水库群的优化调度。国内的李文家等（1990）根据下游超过防洪标准洪水最小的准则，建立了黄河三门峡-陆浑-故县三水库联合防御下游洪水的动态规划模型。吴保生等（1991）提出了并联防洪系统优化调度的多阶段算法，以时间向后截取的防洪控制点的峰值最小为目标函数，成功解决了河道水流状况的滞后影响。邵东国等（1996）建立了有模糊约束条件的防洪优化调度模型，提出了含罚函数的离散偏微分动态规划。傅湘等（1997）针对大型水库组成的复杂防洪系统建立了多维动态规划模型，消除了后效性的影响，并用 POA 算法进行连续求解，获得了调度洪水的最优策略。梅亚东（1999）提出了梯级水库防洪优化调度的动态规划模型，采用马斯京根法模拟梯级水库间洪水流动，建立梯级水库防洪优化调度模型，以一种简化多维动态规划的递推解法进行了求解。徐慧等（2000）以最小削峰为准则，建立了淮河流域 9 座大型水库动态规划模型，并以实际洪水加以验证，取得了良好的计算效果等。

6.1.2　模型求解方法

应用动态规划法求解水库优化运行时就是按时间过程把水库调度过程分为若干时段，在每个时段都根据时段初水库的蓄水量、该时段的入库流量及其他已知条件作出本阶段放水量的决策。在选定本阶段放水量的决策以后，可根据水量平衡原理得到本时段末（即下一时段初）的水库蓄水量，并以此作为下一时段初的初始蓄水量，对下一阶段的放水量作出决策。随着时间过程的递推，依次作出各个时段放水量的决策系列。在选择各个时段的最优决策（最优放水量）时，不能只考虑本阶段所取得效益的大小，而要争取在长期内的总效益达到最大。

以最大削峰准则建立的防洪优化调度的目标函数为例，采用确定性的动态规划，求解思路如下：

（1）划分阶段。根据一次预报的洪水过程将其划分为若干个阶段。

（2）定义状态变量。可选用每个时段末的水库蓄水量 V（或水位 Z）。在调节计算中，开始时刻的 V 称为初始状态，终端时刻的 V 称为终端状态；初始状态为一个确定的状态，为相应于已知计算期初始水库蓄水位的水库蓄水量，终端状态为多次递推计算求得的稳定的水库蓄水量。

（3）定义决策变量。在某一阶段，水库状态给定后，可以取水库的该时段平均下泄流量 q_t 为决策变量。

（4）状态转移方程。在水库调度系统中，水量平衡方程即为其状态转移方程。根据上述状态变量及决策变量的定义，水库调度系统的状态转移方程为

$$V_t = V_{t-1} + (Q_t - q_t)\Delta t \tag{6-1}$$

（5）效益指标函数。以水库削峰洪量最大建立目标，则效益指标函数为

$$\min \sum_{t=1}^{n} q_t^2 \tag{6-2}$$

（6）递推方程。在求解水库最优调度问题时，主要是逐阶段使用递推方程择优。递推方程为

$$f_t^*(V_{t-1}) = \min_{\Omega}\{q_t^2 \Delta t + f_{t+1}^*(V_t)\} \tag{6-3}$$

目前，水库优化调度的动态规划模型求解通常采用格点法。在以水库蓄水量为纵坐标、时间为横坐标的图上，将调节库容分为 m 等份，将时间分为 n 段，这就是格点图。从格点上取值求解递推方程的计算方法称为格点法。由于每个时刻上均有 $m+1$ 个点子，共有 n 个时段，那么动态规划法的运算次数将有 $(m+1)^2 n$ 次，从中选优，即为目标函数的最优解，如图 6-1 所示。由格点法的求解过程可知，分格点（即库容或水位的离散点）越多，计算工作量越大，精度也越高；否则相反。动态规划求解分为顺序解法和逆序解法两种，逆序解法程序流程如图 6-2 所示。

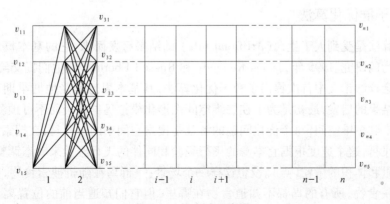

图6-1　格点法示意图

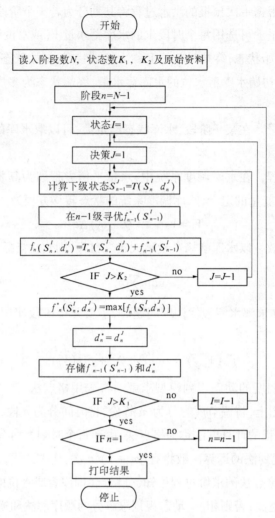

图 6-2　动态规划逆序解法流程图

6.2　粒子群优化算法

　　PSO 算法是受到人工生命（Artificial Life）的结果启发而来，它的基本概念源于对鸟群捕食行为的研究。1995 年，James Kennedy 和 Russell Eberhart 在他们提交给 IEEE 神经网络国际会议的论文中首次提出了粒子优化算法，其基本思想是受他们早期对鸟类群体行为研究结果的启发，最初是为了在二维空间图形化模拟鸟群优美而不可预测的运动。后来将其推广到多维空间，每个优化问题的解就是搜索空间中的一只鸟，在搜索空间中以一定的速度飞行，这个速度根据它本身的飞行经验和同伴的飞行经验来动态调整。鸟被抽象为没有质量和体积的微粒（点）。设想这样一个场景：一群鸟在随机搜索食物，在这个区域里只有一块食物，所有的鸟都不知道食物在哪里，但它们知道当前的位置离食物还有多远。那么找到食物的最优策略是什么呢？最简单、有效的方法就是搜寻目前离食物最近的鸟的周围区域。PSO 算法从这个模型中得到启示并用于解决优化问题。

　　PSO 算法求解优化问题时,问题的解对应于搜索空间中一只鸟的位置,称这些鸟为粒子或主体。每个粒子都有一个被优化的函数决定的适应值(fitness value),还有一个速度决定它们飞翔的方向和距离。然后粒子们就记忆、追随当前的最优粒子,在解空间中搜索。PSO 初始化为一群随机粒子(随机解),然后通过迭代找到最优解。各个粒子每次迭代的过程不是完全随机的,如果找到较好解,将会以此为依据来寻找下一个解。在每一次迭代中,粒子通过跟踪两个极值来更新自己。第一个就是粒子本身所找到的最优解,称为个体极值 *pbest*;另一个极值是整个种群目前找到的最优解,称为全局极值 *gbest*。另外,也可以不用整个种群而只是用其中一部分作为粒子的邻居,那么在所有邻居中的最好解就是局部极值。粒子群优化示意如图 6-3 所示。

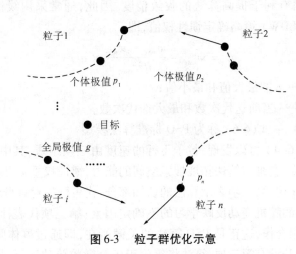

图 6-3　粒子群优化示意

　　与其他进化算法相比,PSO 算法保留了基于种群的全局搜索策略,采用简单的速度 – 位移模型,避免了复杂的遗传操作,同时它特有的记忆使其可以动态跟踪当前的搜索情况以调整其搜索策略,具有较强的全局收敛能力和鲁棒性,且不需要借助问题的特征信息。由于其程序实现简便易行、依赖的经验参数较少、收敛速度快等特点,很快引起了学术界的重视,并在许多科学和工程领域的应用中显示出了极大的优越性。

6.2.1　标准粒子群优化算法

6.2.1.1　标准粒子群算法描述

　　目前,对于 PSO 算法的研究大多以带有惯性权重的 PSO 为对象进行分析、扩展和修正,因此大多数文献中将带有惯性权重的 PSO 算法称为 PSO 算法的标准版本,或者称为标准 PSO 算法;而不含惯性权重的 PSO 算法称为初始 PSO 算法(基本 PSO 算法),或者称为 PSO 算法的初始版本。

　　假设在一个 D 维目标搜索空间有 m 个粒子。其中,第 i 个粒子位置表示为向量 $\boldsymbol{X}_i = (x_{i1}, x_{i2}, \cdots, x_{iD})$,由适应度函数可计算粒子在该位置上的适应值,适应度表示该位置的优劣程度。将粒子自身飞行过程中所得到的最佳位置记为 $\boldsymbol{P}_i = (p_{i1}, p_{i2}, \cdots, p_{iD})$;整个粒子群飞行所经历过的最佳位置记为 $\boldsymbol{G}_i = (g_{i1}, g_{i2}, \cdots, g_{iD})$。$\boldsymbol{X}_i$ 的第 k 次迭代的速度表示为向量 $\boldsymbol{V}_i^k = (v_{i1}^k, v_{i2}^k, \cdots, v_{iD}^k)$。对于每一次迭代,粒子根据以下公式来更新其速度和位置,即

$$v_{id}^{k+1} = wv_{id}^k + c_1 r_1 (p_{id}^k - x_{id}^k) + c_2 r_2 (g_d^k - x_{id}^k) \qquad (6\text{-}4)$$

$$x_{id}^{k+1} = x_{id}^k + v_{id}^{k+1} \tag{6-5}$$

式中　　i——$i = 1,2,\cdots,m$；

　　　　d——$d = 1,2,\cdots,D$；

　　　　c_1、c_2——两个非负常数，称为学习因子，通常取 2.0；

　　　　r_1、r_2——两个独立的、介于 0 到 1 之间的随机数；

　　　　w——惯性权值。

为使粒子速度不致过大，可由用户设定速度上限 $v_{\max}$，当 $\left| v_{id} \right| > v_{\max}$ 时，取 $v_{id} = v_{\max}$。

惯性权重系数 w 对算法的优化性能有很大的影响，较大的值有利于提高算法的收敛速度，而较小的值则有利于提高算法的收敛精度。因此，通常采用线性递减权（Linearly Decreasing Weight，LDW）策略确定惯性权值，即

$$w = w_{\max} - \frac{w_{\max} - w_{\min}}{iter_{\max}} \times iter \tag{6-6}$$

式中　　$w_{\max}$、$w_{\min}$——w 的最大值和最小值；

　　　　$iter$、$iter_{\max}$——当前迭代次数和最大迭代次数。

通常将式(6-4) ~ 式(6-6) 称为 PSO 标准算法模型。

从运动方程式(6-4) 可以发现，粒子飞行的速度由三项组成。其中，第一项表示微粒维持先前速度的程度，它维持算法拓展搜索空间的能力，惯性权重 w 可起到调整算法全局和局部搜索能力的作用；第二项表示算法的认知部分，代表微粒对自身成功经验的肯定和倾向，同时存在适当的随机变动反映学习的不确定因素；第三项代表社会部分，表示微粒间的信息共享和互相合作，这正是 PSO 算法的关键所在，即通过群体间的交互及合作追求整体的最优状态，若没有第三项，算法将等价于各个微粒单独运行，得到最优解的概率就很小。

算法迭代终止条件一般为最大迭代次数或粒子群迄今为止搜索到的最优位置的适应值满足预定的最小适应度阈值。

6.2.1.2　算法流程

标准粒子群算法的流程如下：

(1)随机初始化粒子的位置和速度，并把粒子当前的位置作为粒子的个体极值点，在整个种群中找出全局极值点；

(2)计算每个粒子的适应度函数值；

(3)将每个粒子的适应值与其个体极值点的适应值比较，若当前的较好，则该位置成为新的个体极值点；

(4)对于每个粒子，将其适应值与全局极值点的适应值比较，若当前的较好，该粒子的位置就是新的全局极值点；

(5)根据式(6-4) 和式(6-5) 对粒子的速度和位置进行更新；

(6)如果达到预定的迭代次数或满足规定的适应值误差，则终止迭代；否则返回步骤(2)。

粒子群优化算法的流程如图 6-4 所示。

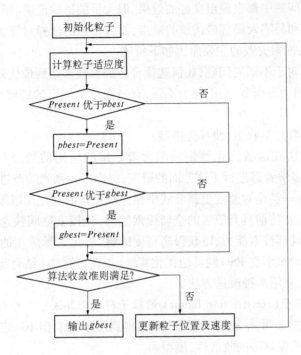

图 6-4　粒子群优化算法流程图

6.2.1.3　标准粒子群优化算法参数分析

粒子群优化算法中的参数直接影响着算法的性能以及收敛问题。目前,算法参数设置很大程度上还依赖于经验。粒子群的参数分析如下:

(1)学习因子 c_1、c_2 是使粒子向最优位置 pbest 和 gbest 飞行的权重因子,是系统的张力因子。较小的 c_1、c_2 会使粒子以较小的速率向目标区域游动,而若速率较大则可能会使粒子很快飞越目标。一般限定它们相等,取值为 2,或取值范围为 0 ~ 4。

(2)粒子数目 m 一般取 20 ~ 40。试验表明,对于大多数问题来说,20 个粒子就可以取得很好的结果,不过对于比较难的问题或者特殊类别的问题,粒子数目可以取到 100 或200。粒子数目越多,算法搜索的空间范围就越大,也就更容易发现全局最优解。当然,算法运行的时间也较长。

(3)粒子长度就是问题的维数,根据具体的优化问题确定。

(4)粒子范围由具体优化问题确定,通常设定为粒子的范围宽度。粒子每一维也可以设置不同的范围。

(5)粒子最大的速率决定粒子在一次飞行中可以移动的最大距离,决定了粒子的搜索空间。较大的 v_{max} 可以保证粒子种群的全局搜索能力,较小的 v_{max} 则可以加强局部搜索能力。但是若 v_{max} 太大,则粒子可能很快就飞出最优点;若 v_{max} 太小,则粒子很可能无法越过局部最优点,从而陷入局部最优。粒子最大速率通常设为粒子位置范围的宽度。

6.2.2　粒子群优化算法的改进

PSO 算法由于概念简单、易于实现、参数少且无需梯度信息的优点,在连续非线性优化问题和组合优化问题中都表现出良好的效果。但大量的试验证明，标准粒子群优化算法存在搜索精度不高和易陷入局部最优解的缺点，而且参数的选择对算法的优劣影响很大。造成标准 PSO 算法搜索失败的主要原因如下所述：

（1）参数控制。对于不同的问题，如何选择合适的参数来达到最优效果。

（2）缺乏速度的动态调节。爬山能力不强，有时在达到一定的精度后很难再找到更好的解。

（3）早熟。粒子群过早收敛，使寻优停滞。

粒子群优化算法在函数优化等领域蕴含着广阔的应用前景。因此，在 Kennedy 和 Eberhart 之后的很多学者都进行了这方面的研究，提出了一系列的改进算法。这些改进主要可以概括为两类：一类是对速度更新公式中惯性权重 w 的变化加以限制，从而影响算法的搜索能力，使算法在前期具有较强的全局搜索能力，让搜索空间快速收敛于某一区域，而在后期则加强其局部搜索能力，以获得高精度的解，满足实际应用的需要；另一类是从整体框架上改变 PSO 或者将 PSO 同其他优化算法（如遗传算法）结合起来，使其达到更好的收敛效果。以下仅介绍两种改进方法。

6.2.2.1　带收敛因子(constriction factor) 的粒子群优化算法

Suganthan 的试验表明，c_1 和 c_2 为常数时可以得到较好的解，但不一定必须为 2。Clerc M. 引入收敛因子 k 以确保算法的收敛性，模型为

$$v_{id}^{k+1} = k\left[wv_{id}^{k} + c_1 r_1 \left(p_{id}^{k} - x_{id}^{k} \right) + c_2 r_2 \left(g_d^{k} - x_{id}^{k} \right) \right] \tag{6-7}$$

$$x_{id}^{k+1} = x_{id}^{d} + v_{id}^{k+1} \tag{6-8}$$

其中

$$k = \frac{2}{\left| 2 - \varphi - \sqrt{\varphi^2 - 4\varphi} \right|}$$

$$\varphi = c_1 + c_2 > 4$$

这是对应于式(6-4)、式(6-5) 的一种特殊参数组合，其中 k 为受 c_1 和 c_2 限制的收敛因子。φ 典型地可以取为 4.1，$c_1 = c_2 = 2.05$，则 $k = 0.729$，$kc_1 = 1.494\ 45$。

类似惯性权值，收敛因子可以改善算法的收敛性且可以有效搜索不同的区域，能得到高质量的解，但在控制粒子速度变化的幅度上，收敛因子不同于惯性权值，而是类似于最大速度限。在早期的试验和应用中，认为当采用收敛因子模型时参数 v_{max} 无足轻重，因此将其设置为一个极大值，如 100 000。后来的研究表明，将其限定为 x_{max}（即每个粒子在每一维度上位置的允许变化范围）可以取得更好的优化结果。

6.2.2.2　混沌粒子群优化算法

1）混沌及运动特性

目前，对混沌尚无严格的定义，一般将由确定性方程得到的具有随机性的运动状态称为混沌。混沌是非线性系统所独有且广泛存在的一种非周期的运动形式，表现出介于规则和随机之间的一种行为，其现象几乎覆盖了自然科学和社会科学的每一个分支。混沌具有精致的内在结构，能把系统的运动吸引并束缚在特定的范围内，按其自身规律不重复地遍历所有状态，因此利用混沌变量进行优化搜索无疑能跳出局部最优的羁绊，取得满意的结果。混沌性规律的特征可归纳为解对初始值的高度敏感性、相空间的遍历性、系统的内在

随机性。

函数 Logistic 就是一个典型的混沌系统,迭代公式为

$$z^{n+1} = \mu z^n (1 - z^n) \tag{6-9}$$

式中　μ——控制参量,当 $\mu = 4$ 时,$0 \leqslant z_0 \leqslant 1$,函数 Logistic 完全处于混沌状态。利用混沌运动特性可以进行优化搜索。

本书中,由混沌系列初始化粒子,用 PSO 算法得到当前最优解,然后再在该解的邻域内进行混沌优化搜索,即

$$x_{i,j}^n = x_{i,j}^* + \eta_{i,j} z_{i,j}^n \tag{6-10}$$

式中　$x_{i,j}^*$——当前最优解;

　　　$\eta_{i,j}$——调节系数;

　　　$z_{i,j}^n$——处于 $[-1,1]$ 区间的混沌变量。

在搜索初期,希望变量变动较大以便于跳出局部极值点,$\eta_{i,j}$ 应取较大值,而随着搜索的进行,变量逐渐接近最优值,$\eta_{i,j}$ 值也应逐渐减小。按下式进行 $\eta_{i,j}$ 自适应变化,即

$$\eta_{i,j} = r \left(\frac{k_{max} - k + 1}{k_{max}} \right)^2 x_{i,j}^* \tag{6-11}$$

式中　r——邻域半径,$r = 0.1$;

　　　k_{max}——算法设置的最大迭代次数;

　　　k——当前的迭代次数。

2)混沌粒子群优化算法基本思路

混沌粒子群优化模型(CPSO)是由高鹰等针对粒子群优化算法易陷入局部极值点、进化后期收敛速度慢、精度较差等的缺点而提出来的。近年来,混沌序列嵌入粒子群优化算法的求解也产生了许多不同的思路。基本思想主要体现在以下两个方面:

(1)采用混沌系列初始化粒子的位置和速度,既不改变粒子群优化算法初始化时所具有的随机性本质,又利用混沌提高了种群的多样性和粒子搜索的遍历性;

(2)将混沌状态引入优化变量,使粒子获得持续搜索的能力。

3)解优化问题的混沌粒子群优化算法步骤

解优化问题的混沌粒子群优化算法步骤:

(1)混沌初始化。随机产生一个 n 维,每个分量数值为 $0 \sim 1$ 的向量 $\boldsymbol{u}^1 = (u_{11}, u_{12}, \cdots, u_{1n})$,根据式(6-9)得到 $u^2, u^3, \cdots, u^m$,将 u^i 的各个分量载波到优化变量的取值范围 $x_{ij} = a_j + (b_j - a_j) u_{ij}$,$a_j$、$b_j$ 分别为分量 x_{ij} 的上限、下限。

把 x_i 作为每个粒子经过的最好位置 $pbest_i$,计算每个粒子的适应值。在所有个体的最优解 $pbest_i$ 中选择出全局最优解 $gbest_i$。

(2)按式(6-6)计算 w,按式(6-4)、式(6-5)修改每个粒子的飞行速度和位置,并且检查修改后的速度位置是否在范围内。比较每个粒子前后两代的适应值,取较优者作为粒子的最好位置 $pbest_i$。

(3)对每个粒子经过的最好位置 $pbest_i$ 进行混沌优化搜索,并选择出全局最优解 $gbest_i$。

①把 $pbest_i$ 作为当前最优解,在该解的邻域内进行混沌优化时,混沌序列的初始值为

$$z_{i,j}^{(0)} = \frac{pbest_{i,j} - a_j}{b_j - a_j} \qquad (6\text{-}12)$$

②把 $z_{i,j}^{(0)}$ 作为其混沌迭代的初始值,并按式(6-9)生成 N 个不同轨迹的混沌变量序列 $\{z_{i,j}^{(k')}\}$,$k' = 1,2,\cdots,N$;

③应用式(6-10)、式(6-11)计算,行混沌变量叠加求得 $x_i^{(k')}$,并进行如下操作:

设粒子 i 经过的最佳位置 $pbest_i$,对应的适应值为 F_i^*,第 k' 个混沌变量相应的适应值为 $F_i^{(k')}$。置 $k' = 1$,进行下列判断:

若 $F_i^{(k')} < F_i^*$,则 $F_i^{(k')} = F_i^*$,$pbest_i = x_i^{(k')}$;

若 $F_i^{(k')} \geqslant F_i^*$,则放弃 $x_i^{(k')}$;

$k' = k + 1$,重复判断过程,直至 $k' = N$。

判断是否达到 PSO 算法的最大迭代次数,若已达到,输出优化问题的最优解 $gbest$,否则转到步骤(2)。

上述 CPSO 算法步骤中,步骤(2)中粒子经过的最好位置为粒子群优化算法获得最优解的近似解,而步骤(3)则是在近似解的邻域内进行局部范围的混沌搜索,以获得精确的全局最优解。从而将粒子群优化算法与混沌优化有机地结合在一起。另外,为保证混沌运动在邻域内充分遍历,步骤(3)中的混沌变量序列的长度亦即混沌运动轨迹的个数,取 100 ~ 400 为宜。

6.2.3 粒子群优化算法与其他优化算法的比较

与传统的优化方法(如动态规划法等)相比,PSO 算法具有进化计算用于优化的很多优点。首先,在优化目标函数的性态上没有特殊要求,甚至可以将传统优化方法无法表达的问题描述为目标函数,这使算法应用更具广泛性;其次,PSO 算法的随机搜索本质使得它更不容易落入局部最优,同时其基于适应度概率进化的特征又保证了算法的快速性。因此,PSO 算法对于复杂的(特别是多峰值的优化)计算问题具有很强的优越性。

PSO 算法与其他进化计算技术(如 GA(遗传算法)、EP(进化规划)等)相比,进化步骤基本上是相同的。算法都以概率为基础、都随机初始化种群、都使用适应值来评价系统、都根据适应值来进行一定的随机搜索,而且都不是保证一定能找到最优解,但是它们之间也存在许多重要的区别:

(1)PSO 算法一般直接根据被优化问题进行实数编码。而不需要像 GA、EP 一样,有时对变量进行二进制编码。

(2)PSO 算法迭代过程中不需要选择、交叉、变异等的遗传操作算子,而是采用速度-位移模型来完成进化和搜索,即给出了一组显式的进化计算方程。

(3)PSO 算法需要调节的参数不多,尤其是算法在引入收敛因子后,完全按经验设置参数即可使算法具有较好的收敛性,而用 GA、EP 对优化问题进行寻优时,选择率、交叉率、变异率等诸多控制参数的选取,往往需要根据实际情况做多次测试,算法的收敛效果在很大程度上取决于这些参数的选取。

(4)信息共享机制不同,在 GA 和 EP 中,各染色体间互相共享信息,整个种群比较均匀地向最优区域移动。而在 PSO 算法中,只有群体中的当前最优粒子将信息给其他的粒子,属于单向的信息流动。由于整个搜索更新过程跟随当前最优解的过程,所以在大多数情况下所有粒子可能更快地收敛于最优解。

6.2.4 粒子群优化算法的发展趋势与展望

粒子群优化算法是一个新的基于群体智能的进化算法,其研究尚处于初期,远没有像遗传算法和模拟退火算法那样形成了系统的分析方法和一定的数学基础,有许多问题值得进一步的研究。

(1)算法的基础理论研究。与 PSO 算法相应的相对鲜明的社会特性基础相比,其数学基础显得相对薄弱,不能对 PSO 算法的工作机理做出合理的数学解释。虽然 PSO 算法的有效性、收敛性等性能在一些实例和函数的仿真研究中得到验证,但没能在理论上进行严谨推敲和严格证明。因此,对 PSO 算法的基础理论研究非常重要。

(2)算法参数的确定。PSO 算法中的一些参数如 c_1、c_2、w、粒子个数以及迭代次数等往往依赖于具体问题,依据应用经验,经多次测试来确定,并不具有通用性。因此,如何方便有效地选择算法参数也是迫切需要研究的问题。

(3)算法的改进研究。由于实际问题的多样性和复杂性,尽管已出现了许多改进的 PSO 算法,但远不能满足需要。研究新的改进 PSO 算法以便能更好地用于实际问题的求解也是很有意义的工作。就目前来看,将 PSO 算法与其他技术相结合,根据不同的优化问题提出相应的改进算法是当前 PSO 算法的研究热点。同时,目前研究的粒子群优化算法大部分还只是针对单目标的优化命题,而在实际工程应用中经常会碰到很多多目标优化命题,粒子群优化算法在解决此类问题方面的研究还需要进一步加强。

(4)应用领域的拓展。PSO 算法是非线性连续优化问题、组合优化问题和混合整数非线性优化问题的有效优化工具。尽管 PSO 算法已被成功地用于函数优化、神经网络训练、模糊系统控制以及其他遗传算法的领域,但这只是实际问题中很小的一部分,在更多领域的应用还处于研究阶段。开拓 PSO 算法新的应用领域,在应用的广度和深度上进行拓展都是很有价值的工作。

6.2.5 PSO 算法在水库防洪优化调度中的应用

水库防洪优化调度是一个多约束、非线性、多阶段的优化问题。传统的求解方法有动态规划法(DP)、离散微分动态规划法(DDDP)和逐步优化算法(POA)等。但动态规划法由于存在时间效率低、计算机存储能力小等不足,在求解复杂大规模水库优化调度问题时常会遇到困难,因此适合求解一些精度要求不很高的水库优化调度问题。作为动态规划法的延伸算法,DDDP、POA 等一定程度上节省了计算机内存,提高了计算速度,但这些方法的共同缺点是很难保证收敛到全局最优解。近年来,遗传算法、模拟退火算法等智能算法由于其对求解问题的限制较少且不要求函数连续、可微而被用于水库优化调度中。但是,遗传算法局部寻优能力差,容易出现早熟现象,且交叉概率和变异概率的选择对问题的解有较大的影响;模拟退火算法对整个搜索空间的状况了解不多,不便于使搜索过程进入最有希望的搜索区域,从而使得算法的运算效率不高。

基于以上优化方法的不足,随着粒子群优化算法的不断发展,本书将粒子群优化算法运用到水库防洪优化调度中,从而为水库优化调度问题提供了一条新的求解途径。

6.2.5.1 粒子变量的选择

在水库优化调度中,水库的运行策略一般采用下泄流量序列来表示。而在水库优化调度的计算中,通常把下泄流量序列转换为水位或库容变化序列,并以水位或库容变化序列作为 PSO 算法的寻优因子。

6.2.5.2　适应度函数的确定

适应度函数是评价粒子质量、指导寻优方向的关键,因此必须保证适应度函数与模型目标方向的一致性,即目标函数的优化方向对应适应度函数的增大方向。由于粒子群优化算法不需进行遗传操作,可直接把目标函数作为适应度函数应用到模型中。通过评价产生个体极值($pbest$)和全局极值($gbest$),并记录位置,作为位置和速度更新的依据。

6.2.5.3　约束条件的处理机制

智能算法常用的约束处理方法中,罚函数法由于原理简单且容易实现而成为最常用的方法。罚函数法的基本思路是将约束条件引入原来的目标函数而形成一个新的函数,将原来有约束的最优化问题转化成无约束的最优化问题来求解。PSO 算法在求解水库优化调度问题时,对于直接对应求解目标的状态变量(库水位或库容)可以直接通过对粒子位置的取值范围进行限定来实现约束。其他约束条件则通过罚函数的形式进行处理。即如果不满足约束条件,让目标函数值乘以一个很大的数作为这个粒子的适应值。但在实际应用中,罚因子需要经过多次反复试验才能确定,大大降低了效率。

带有约束条件的极值问题的一般形式为

$$\min f(\boldsymbol{X})$$

$$\mathrm{s.\,t.}\begin{cases}g_j(\boldsymbol{X})\geqslant 0 & (j=1,2,\cdots,p)\\ h_k(\boldsymbol{X})=0 & (k=1,2,\cdots,q)\\ x_i^u\leqslant x_i\leqslant x_i^w & (i=1,2,\cdots,n)\end{cases} \tag{6-13}$$

式中　$\boldsymbol{X}$——n 维实向量,$\boldsymbol{X}=(x_1,x_2,\cdots,x_n)\in R^n$;

　　　$f(\boldsymbol{X})$——目标函数;

　　　$g_j(\boldsymbol{X})$——第 j 个不等式约束;

　　　$h_k(\boldsymbol{X})$——第 k 个等式约束;

　　　x_i——在 $[x_i^u,x_i^w]$ 中取值。

引入罚函数,新的粒子适应值函数为

$$\min F(\boldsymbol{X},c)=f(x)+c\left[\sum_{j=1}^{p}\left|\min(0,g_j(\boldsymbol{X}))\right|+\sum_{k=1}^{q}\left|h_k(\boldsymbol{X})\right|\right] \tag{6-14}$$

式中　c——惩罚因子,$c\gg 0$;

　　　$F(\boldsymbol{X},c)$——适应值函数。

6.2.5.4　多阶段连续计算的实现

应用 PSO 算法的关键是要实现多阶段的连续寻优计算,由于粒子群是在多维解空间中寻优飞行的,所以相应地将水库优化调度的时间维作为粒子的空间维。如果把任一粒子 i 各空间维的坐标在平面上展开并顺次连接,即可得到一个带状的粒子,显然这条轨迹等同于动态规划的一条求解轨迹。

6.2.5.5 算法实现步骤

应用 PSO 算法求解模型时,一个粒子就是水库的一种运行策略,粒子位置向量 X 的元素为水库各时段末水位,速度向量 v 的元素为水库各时段末水位的涨落速度,水库各时段末水位的变化必须满足上述模型中的各种约束条件。

算法具体实现步骤如下:

(1)设定粒子群各参数值。在各时段允许的水位变化范围内,随机生成 m 组时段末水位变化序列 $(Z_1^1, Z_2^1, \cdots, Z_n^1)$, $\cdots$, $(Z_1^m, Z_2^m, \cdots, Z_n^m)$;随机生成各时段末水位涨落速度序列 $(v_1^1, v_2^1, \cdots, v_n^1)$, $\cdots$, $(v_1^m, v_2^m, \cdots, v_n^m)$,并给 $pbest$ 粒子和 $gbest$ 粒子赋初值。

(2)计算各粒子的目标函数值,并采用罚函数法处理约束条件。

(3)依据各粒子的适应度值,比较每个粒子的适应值与个体极值 $pbest$,如果较优,则 $pbest$ 更新为该粒子的适应值;比较每个粒子的适应值与全局极值 $gbest$,如果较优,则 $gbest$ 更新为该粒子的适应值。

(4)按式(6-4)和式(6-5)更新每个粒子的飞行速度和空间位置。

(5)检验是否满足迭代终止条件。如果当前迭代次数达到了预先设定的最大迭代次数,或达到最小误差要求,则迭代终止,所找到的水位即为水库防洪优化调度的水位策略,否则转到步骤(2),继续迭代。

第7章　实时防洪调度多目标决策方法

实时防洪调度是指在实际洪水调度过程中,根据实时信息在面临时段及时作出洪水调度决策的措施和方法。实时防洪调度的过程可以用图7-1来表示。

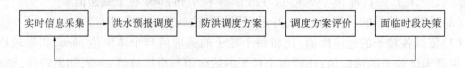

图7-1　实时防洪调度的过程

自从1998年水利部建立专项中央水利基金项目"水库洪水调度系统"的开发以来,防洪调度决策支持系统在我国50年来修建的近400座大型水库中的大部分水库得到了迅速发展和应用,从而为水库的防洪调度方案的生成提供了方便的条件,因此如何优选调度方案就成为研究的中心问题。

防洪调度方案的评价与优选的主要内容如下:

(1)根据各个水库的具体情况(如工程规模、下游防洪任务等)确定出其防洪调度的评价目标;

(2)研究调度方案的生成方法,并对调度方案进行系统仿真;

(3)采用选定的评价方法和防洪调度的评价目标,对可行方案进行评价,得出各个方案对各项目标的影响程度;

(4)通过对比分析并考虑决策时刻流域的具体情况,结合短期预报,衡量利弊得失,排列出各个方案的优劣次序,提出推荐方案供决策者选择。

本章介绍了防洪调度方案的生成,建立了防洪调度决策多级模糊优选模型,并给出了具体的求解方法,对于对满意方案起决定作用的目标进行了专门研究,提出目标权重的综合权重的确定方法。

7.1　防洪调度方案的生成

一般水库用下列方法生成防洪调度方案:一是按照常规调度规则生成防洪调度方案;二是根据优化调度模型生成防洪调度方案;三是根据连续预报信息及实际的防洪形势按照调度人员与决策人的经验拟定的人机交互生成防洪调度方案。

7.1.1　常规调度原则方法

常规方法是一种半经验、半理论的方法。按拟定的调度规则进行调洪,作出面临时段的调度决策。通常将常规方法产生的方案作为供比较的可行解,对其进行交互,得出新的调度方案。

常规方法简便、迅速、易于操作,对预泄、限泄、错峰、补偿等调度工作具有一定指导价值,但实时调度所遇到的洪水绝大多数都是非典型的一般洪水,这就不可能完全恪守已做出的典型洪水调度,所以此法只适合于中小型水库群。

7.1.2 防洪优化方法

优化方法通过已建立的优化调度数学模型,根据已知初始条件及输入的流域洪水数据,自动搜寻出水库运用的优化决策过程,即生成防洪调度方案。但是,所建立的优化调度模型由于所采用的优化准则、约束条件及相应的数学表达很难对一个复杂的防洪系统做到完全符合防洪系统实际情况,因此不能片面强调其最优化。

7.1.3 人机交互方法

人机交互生成方案是指基于已生成方案(包括常规调度方案、优化调度方案等),考虑调度人员及上级决策人的要求,利用已编制的洪水调度仿真计算软件进行洪水调度模拟计算,对方案的可行性和防洪效果进行检验和判断,最终生成一个满意的调度方案。目前,大型水库大多采用这种方案生成方法。人机交互生成洪水调度方案的基本框架如图7-2 所示。

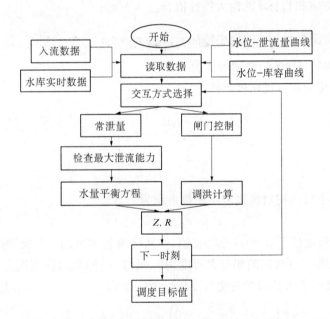

图7-2 人机交互生成洪水调度方案的基本框架

7.2 防洪调度决策多级模糊优选模型

防洪调度方案决策问题复杂、涉及面广、实时性强,若决策失误,则会出现人为洪水,甚至会发生溃坝,后果不堪设想,因此防洪调度方案的决策具有重要意义。防洪调度决策的优劣在识别过程中并不存在绝对分明的界限,具有中间过渡性,属于模糊概念。

设防洪调度决策系统中,通过洪水调节计算产生可供选择的 n 个调度方案,考虑的目

标数为 m,则决策方案组成的备选方案集为 $A = \{A_1, A_2, \cdots, A_n\}$,决策特征值矩阵为

$$X = \begin{bmatrix} x_{11} & x_{12} & \cdots & x_{1n} \\ x_{21} & x_{22} & \cdots & x_{2n} \\ \vdots & \vdots & & \vdots \\ x_{m1} & x_{m2} & \cdots & x_{mn} \end{bmatrix} = (x_{ij}) \tag{7-1}$$

式中,x_{ij} 为方案 A_j 的第 i 个目标的特征值,$i = 1, 2, \cdots, m$,$j = 1, 2, \cdots, n$。

在实际决策中,防洪调度的目标指标通常分为特征值越大越优、越小越优与中间型三类。各类指标对优的相对优属度公式分别为

$$r_{ij} = (x_{ij} - x_{imin}) / (x_{imax} - x_{imin}) \quad (\forall j) \tag{7-2}$$

$$r_{ij} = (x_{imax} - x_{ij}) / (x_{imax} - x_{imin}) \quad (\forall j) \tag{7-3}$$

$$r_{ij} = 1 - (x_{ij} - \overline{x_i}) / \max_j (x_{ij} - \overline{x_i}) \quad (\forall j) \tag{7-4}$$

式中　　r_{ij}——方案 j 目标 i 的相对优属度;

x_{imax}——方案集目标 i 的最大特征值,$x_{imax} = \bigvee_{i=1}^{n} x_{ij}$;

x_{imin}——方案集目标 i 的最小特征值,$x_{imax} = \bigwedge_{i=1}^{n} x_{ij}$;

$\overline{x}$——方案集目标 i 的中间最优值。

归一化后转化为相对优属度矩阵为

$$R = \begin{bmatrix} r_{11} & r_{12} & \cdots & r_{1n} \\ r_{21} & r_{22} & \cdots & r_{2n} \\ \vdots & \vdots & & \vdots \\ r_{m1} & r_{m2} & \cdots & r_{mn} \end{bmatrix} = (r_{ij}) \tag{7-5}$$

方案 i 的 m 个目标相对优属度用向量表示为

$$\overline{r_j} = (r_{1j}, r_{2j}, \cdots, r_{mj}) \tag{7-6}$$

方案的优劣程度依据 m 个目标特征值,按从优级到劣级的 c 个级别进行识别。对任一目标可规定优级(Ⅰ)对优的相对隶属度为1,劣级(c)的相对优属度为0。对于任一目标,从Ⅰ级到 c 级各个级别的相对优属度标准值向量为

$$\overline{S} = \left(1, \frac{c-2}{c-1}, \frac{c-3}{c-2}, \cdots, 0\right) = (s_h) \quad (h = 1, 2, \cdots, c) \tag{7-7}$$

任一级别 h 的 m 个目标标准相对优属度为

$$s_h = \frac{c-h}{c-1} \quad (h = 1, 2, \cdots, c; \forall i) \tag{7-8}$$

将 $\overline{r_j}$ 分别与向量式(7-7)逐一地进行比较后,相对优属度分别介于相邻区间 $[a_{1j}, b_{1j}], \cdots, [a_{mj}, b_{mj}]$。根据比较得到方案 j 的级别上限值 b_j 与级别下限值 a_j,则

$$\begin{cases} a_j = \min_i a_{ij} \\ b_j = \min_i b_{ij} \end{cases} \tag{7-9}$$

方案集目标具有不同的权重,设方案集目标权向量为

$$\overline{w} = (w_1, w_2, \cdots, w_m) \quad (\sum_{i=1}^{m} w_i = 1) \tag{7-10}$$

设方案集归属于各个级别的相对隶属度矩阵为

$$U = \begin{bmatrix} u_{11} & u_{12} & \cdots & u_{1n} \\ u_{21} & u_{22} & \cdots & u_{2n} \\ \vdots & \vdots & & \vdots \\ u_{c1} & u_{c2} & \cdots & u_{cn} \end{bmatrix} = (u_{hj}) \tag{7-11}$$

式中,u_{hj} 为方案 j 对级别 h 的相对隶属度,$j = 1,2,\cdots,n$, $h = 1,2,\cdots,c$。

方案 j 与级别 h 之间的差异,用加权广义欧氏权距离表示为

$$D_{hi} = u_{hj} d_{hj} = u_{hj} \left\{ \sum_{i=1}^{m} [w_{ij} \mid r_{ij} - s_{ih} \mid]^p \right\}^{\frac{1}{p}} \tag{7-12}$$

式中,p 为距离参数,$p = 1$ 为海明距离,$p = 2$ 为欧式距离。

为了求解方案 u_{hj} 的最优值,建立如下目标函数,即

$$\min \quad \left\{ F(u_{hj}) = \sum_{h=a_j}^{b_j} D_{hj}^2 \right\} \tag{7-13}$$

$$\text{s.t.} \quad \sum_{h=a_j}^{b_j} u_{hj} = 1 \tag{7-14}$$

通过构造拉格朗日函数求解,可得模糊优选模型的完整形式为

$$u_{hj} = \begin{cases} 0 & (h < a_j \text{ 或 } h > b_j) \\ \dfrac{1}{\displaystyle\sum_{k=a_j}^{b_j} \dfrac{\displaystyle\sum_{i=1}^{m} [w_i(r_{ij} - s_h)]^p}{\displaystyle\sum_{i=1}^{m} [w_i(r_{ij} - s_k)]^p}} & (a_j \leqslant h \leqslant b_j, d_{hj} \neq 0) \\ 1 & (d_{hj} = 0) \end{cases} \tag{7-15}$$

防洪调度优选计算时,级别 c 应等于或大于 2。c 越大,优选的精度越高,但计算量越大。考虑到实时防洪调度要求迅速解得最优方案的具体情况,应用表明取 $c = 2$ 一般可以满足优选精度要求,但当解得的方案相对优属度排位 $1,2$ 的数值相差较小,难以作出优选决策时,为了提高优选决策的精度,可取 $c = 5$,相当于在优级(1)与劣级(5)之间插入良级(2)、中级(3)、可级(4)。即可用我国传统的 5 级制:优、良、中、可、劣对多目标方案进行优选决策。

当 $c = 2$(即对优、劣两个级别识别)时,对 $h = 1$(即优级)的标准模式 $s_1 = 1$,对 $h = 2$(即劣级)的标准模式 $s_2 = 0$,式(7-15)转化为两级模糊识别模型:

当 $p = 1$ 时,有

$$u_j = \dfrac{1}{1 + \left(1 - \dfrac{1}{\displaystyle\sum_{i=1}^{m} w_i r_{ij}}\right)^2} \tag{7-16}$$

当 $p = 2$ 时,有

$$u_j = \cfrac{1}{1 + \cfrac{\sum\limits_{i=1}^{m}\left[w_i(r_{ij}-1)\right]^2}{\sum\limits_{i=1}^{m}(w_i r_{ij})^2}} \tag{7-17}$$

由模型(7-15)解得方案集归属于各个级别的最优相对隶属度矩阵为

$$\boldsymbol{U}^* = \begin{bmatrix} u_{11}^* & u_{12}^* & \cdots & u_{1n}^* \\ u_{21}^* & u_{22}^* & \cdots & u_{2n}^* \\ \vdots & \vdots & & \vdots \\ u_{c1}^* & u_{c2}^* & \cdots & u_{cn}^* \end{bmatrix} = (u_{hj}^*) \quad (h = 1,2,\cdots,c\ ;j = 1,2,\cdots,n) \tag{7-18}$$

根据级别特征值 H 的向量式,即

$$\overline{\boldsymbol{H}} = (1,2,\cdots,c)(u_{hj}^*) = (H_1,H_2,\cdots,H_n) \tag{7-19}$$

对方案进行优选,其中最小级别特征值对应的方案为防洪调度决策的最优方案。

对于多目标多层次的防洪系统,假设系统分为 y 个子系统,可根据式(7-9)求出各个子系统的特征值向量,即

$$\boldsymbol{H} = \begin{bmatrix} {}_1H_1 & {}_1H_2 & \cdots & {}_1H_n \\ {}_2H_1 & {}_2H_2 & \cdots & {}_2H_n \\ \vdots & \vdots & & \vdots \\ {}_mH_1 & {}_mH_2 & \cdots & {}_mH_n \end{bmatrix} = ({}_iH'_j) \tag{7-20}$$

显然,这一矩阵与式(7-1)的特征值向量矩阵相当,令 ${}_iH'_j = x_{ij}$,便得出高一决策层次的特征值矩阵

$$\boldsymbol{X} = \begin{bmatrix} x_{11} & x_{12} & \cdots & x_{1n} \\ x_{21} & x_{22} & \cdots & x_{2n} \\ \vdots & \vdots & & \vdots \\ x_{m1} & x_{m2} & \cdots & x_{mn} \end{bmatrix} = (x_{ij}) \tag{7-21}$$

设 y 个子系统的目标权向量为 $\overline{\boldsymbol{w}} = (w_1,w_2,\cdots,w_y)$,根据上面的模型,解出系统 y 个对策方案的最优排序。

7.3　目标综合权重的确定

调度决策是防洪调度的关键,以满意方案作为决策支持的基础,关键在于确定目标的权重。由于实际防洪调度中决策者知识经验、偏好不同,权重的确定一直是实际工作中的难点。

目前,在防洪调度决策中,通常指标权重是主观确定或者通过迭代而得到的,而这两种方法都有其不足。主观赋权法基于评价者的主观偏好信息,可以反映评价者的经验和直觉,但是容易受人为主观因素的影响,夸大或降低某些指标的作用,使评价结果可能产生较大的主观随意性;客观赋权法可以克服主观因素的不利影响,同时减轻计算工作量。但

是,这样确定的权重多属于信息权重,没有充分考虑指标本身的相对重要程度,更容易忽视评价者的主观信息。因此,组合主观权重法和客观权重法的组合赋权法是一种更合理的方法。防洪调度决策研究中,陈守煜通过模糊循环迭代寻求目标权向量初始解,以主观意向进行调整并引入模糊多级优选模型寻求合理的主观、客观权重及优选结果;王本德等通过引入权重折中系数建立模糊循环迭代模型实现主观与客观权重相结合及方案排序。以上方法均考虑了主观偏好与客观属性,但需经过循环迭代实现,计算量较大,且循环初始值在一定程度上影响评价结果。鉴于此,周惠成等引入熵权法确定各目标的客观权重,将其与主观权重线性组合,基于模糊优选模型进行多方案优选。

7.3.1　熵权法

熵本身是一热力学概念,表示不能用来做功的热能,它最先由 C. E. Shannon 引入信息论。在信息论中,熵值反映了信息无序化程度,其值越小系统无序度越小,故可用信息熵评价所获系统信息的有序度及其效用,即由评价指标值构成的判断矩阵来确定指标权重,能尽量消除各指标权重计算的人为干扰,使评价结果更符合实际。对于可行的 n 个水库调度方案,依据不同指标间具体数据的变异程度,可根据熵的思想来度量 m 个评价指标的信息效用值,从而确定各指标的熵权。其计算步骤如下:

(1)构建 n 个可行方案,m 个评价指标的特征矩阵 $\boldsymbol{Y} = (y_{ij})$,其中 $i = 1,2,\cdots,m$,$j = 1,2,\cdots,n$。

(2)应用式(7-2) ～ 式(7-4),将评价指标特征值矩阵归一化处理,得矩阵 $\boldsymbol{B} = (b_{ij})$。

(3)根据熵的定义,确定评价指标 i 的熵值,即

$$H_i = -\frac{1}{\ln n}\Big[\sum_{j=1}^{n} f_{ij}\ln f_{ij}\Big] \tag{7-22}$$

$$f_{ij} = \frac{b_{ij}}{\sum_{t=1}^{n} b_{it}} \tag{7-23}$$

式中,$0 \leq H_i \leq 1$,为使 $\ln f_{ij}$ 有意义,假定当 $f_{ij} = 0$ 时,$f_{ij}\ln f_{ij} = 0$,$i = 1,2,\cdots,m$,$j = 1,2,\cdots,n$。

(4)计算评价指标 i 的熵权,即

$$w_{ei} = \frac{1 - H_i}{m - \sum_{k=1}^{m} H_k} \quad (i = 1,2,\cdots,m) \tag{7-24}$$

式中,w_{ei} 为评价指标 i 的熵权。

(5)计算评价指标 i 的综合权重,即

$$w_i = \frac{w_{si} \cdot w_{ei}}{\sum_{k=1}^{m} w_{sk} \cdot w_{ek}} \tag{7-25}$$

式中,w_{si} 为评价指标 i 的主观权重。

7.3.2　熵权计算式的改进

根据熵权原理可知,若不同指标的熵值相差不多则表明其提供的有用信息量基本相同,即相应的熵权也应基本一致。但参考文献[88]通过算例研究发现,当指标熵值 $H_i \rightarrow 1$

$(i = 1,2,\cdots,m)$ 时,其相互间的微小差别可能引起不同指标的熵权成倍数变化,例如由某方案集的 3 个指标的熵值向量$(0.999,0.998,0.997)$ 计算所得熵权向量为$(0.166\ 7,0.333\ 3,0.500\ 0)$,这是不合理的。于是,对熵权的计算式$(7\text{-}24)$ 改进,则有

$$w'_{ei} = \frac{\sum\limits_{k=1}^{m} H_k + 1 - 2H_i}{\sum\limits_{l=1}^{m}\left(\sum\limits_{k=1}^{m} H_k + 1 - 2H_l\right)} \tag{7-26}$$

满足 $\sum\limits_{i=1}^{m} w'_{ei} = 1, 0 \leqslant w'_{ei} \leqslant 1, i = 1,2,\cdots,m_\circ$

第 8 章　滦河中下游水库群防洪调度研究

本章将前几章的理论在滦河流域进行了应用,推求了潘家口水库的典型洪水与设计洪水过程线,推求了潘家口—大黑汀区间设计洪水过程线;建立了潘家口和大黑汀两水库的防洪优化调度模型,对模型进行求解并对结果进行了分析。为充分利用水库的防洪库容,本书对潘家口、大黑汀、桃林口三水库进行联合防洪调度研究,进行了调度方案的生成,对可行方案集进行多目标决策评价的最优方案排序,最后对结果进行分析,以期能实现防洪及兴利综合效益最大的目的。

8.1　设计洪水过程线的推求

潘家口水库设计洪水过程采用天津勘测设计院修建潘家口水库规划设计资料,以实测洪水系列计入历史洪水,用频率分析法计算出各种频率设计洪水的洪峰流量,然后按1962 年典型洪水采用同频率分段控制放大。潘家口水库的设计洪水分为主汛期和后汛期两种,主汛期各时段的设计洪水特征值如表 8-1 所示。

表 8-1　潘家口水库主汛期设计洪水特征值

洪水项目		洪峰流量 (m^3/s)	洪量(亿 m^3)	
			3 d	6 d
统计参数	均值	3 150	3.46	4.5
	C_v	1.42	1.15	1.00
	C_s	4.10	3.10	3.00
重现期	10	7 520	8.05	9.8
	50	17 800	16	18.7
	100	22 800	19.7	22.7
	500	35 100	28.5	32.4
	1 000	40 400	32.3	36.7
	5 000	54 500	42	47.03
	10 000	59 200	45.4	51.1
	P. M. F	63 000	—	61.92

根据第 3 章的分析可知,在分时段同频率放大法中,传统的徒手修匀方法往往要进行反复多次的试算,工作量很大,且会改变典型洪水过程的形状,结果带有主观任意性。因此,本章基于相似原理建立了推求设计洪水过程线的优化模型,并采用带收敛因子的 PSO 算法来实现洪水过程的自动放大。PSO 算法的计算流程见 6.2.1.2 部分。

以潘家口水库 100 年一遇的设计洪水过程线为例。潘家口水库 1962 年典型洪水和 100 年一遇设计洪水的特征值如表 8-2 所示。

表 8-2　潘家口水库典型洪水和 100 年一遇设计洪水的特征值

项目	洪峰流量 (m³/s)	洪量(亿 m³)		
		1 d	3 d	6 d
1962 年典型洪水	18 800	11.51	16.63	18.6
设计洪水($p=1\%$)	22 800	13.96	19.7	22.7

8.1.1　放大优化模型

目标函数　$\min f = \sum_{i=2}^{48} \left| \dfrac{Q_P(i) - Q_P(i-1)}{\Delta t} - \dfrac{Q_D(i) - Q_D(i-1)}{\Delta t} \right|$　　(8-1)

约束条件　$\begin{cases} Q_P^{\max} = Q_{mP} = 22\ 800 \\ W_1 = \displaystyle\int_{t_{1s}}^{t_{1e}} Q_P \mathrm{d}t = W_{1P} = 13.96 \\ W_3 = \displaystyle\int_{t_{3s}}^{t_{3e}} Q_P \mathrm{d}t = W_{3P} = 19.7 \\ W_6 = \displaystyle\int_{t_{6s}}^{t_{6e}} Q_P \mathrm{d}t = W_{6P} = 22.7 \end{cases}$　　(8-2)

式中　$Q_D(i)$、$Q_P(i)$——潘家口水库典型洪水和 100 年一遇设计洪水 i 时刻的流量;

$\quad\quad Q_{mP}$、W_{1P}、W_{3P}、W_{6P}——设计标准对应的洪峰流量和 1 d、3 d、6 d 洪量;

$\quad\quad Q_P^{\max}$、W_1、W_3、W_6——所推求的设计洪水过程的洪峰流量和 1 d、3 d、6 d 洪量;

$\quad\quad t_s$、t_e——最大 1 d、3 d、6 d 洪量的开始时刻和结束时刻。

因离散时段相同,转换成罚函数的形式来求解:

$$\min f = \sum_{i=2}^{48} \left| Q_P(i) - Q_P(i-1) - (Q_D(i) - Q_D(i-1)) \right| + M_1 \left| Q_P^{\max} - Q_{mP} \right| +$$

$$M_2 \left| \sum_{j=p}^{q} Q_P(j) \times \Delta t - W_{1P} \right| + M_3 \left| \sum_{k=u}^{v} Q_P(k) \times \Delta t - W_{3P} \right| + M_4 \left| \sum_{t=l}^{m} Q_P(t) \times \Delta t - W_{6P} \right|$$

$$(8-3)$$

式中　M_1、M_2、M_3、M_4——罚因子;

$\quad\quad \sum Q_P$——项 $\int Q_P \mathrm{d}t$ 的离散形式;

$\quad\quad p$、q、u、v、l、m——最大 1 d、3 d、6 d 洪量的开始和结束的时段代号。

8.1.2　计算结果及其分析

整个典型洪水过程由离散的 48 个点组成,离散时段为 3 h。收敛因子 PSO 算法的各参数取值如下:粒子群规模设定为 30,学习因子 $c_1 = c_2 = 2.05$;收敛因子 $k = 0.729$;最大迭代次数 $iter_{\max} = 1\ 000$;惯性因子最大值 $w_{\max} = 0.9$,最小值 $w_{\min} = 0.4$。采用 VB6.0 编程语言实现算法,并同徒手修匀法进行比较。

为提高计算精度,书中采用的是在按分时段同频率放大典型洪水得到的洪水过程线基础上,上、下分别浮动 200 m³/s 作为各个离散流量限制范围的上、下界,从而生成初始解。同时,将洪峰流量离散点的解区间设置为[22 800,22 800],这样就满足了洪峰流量的约束条件,因此带罚函数的目标函数式(8-3)可略去这一项,简化了模型,计算结果如表 8-3 所示,设计洪水洪量如表 8-4 所示,设计洪水过程线如图 8-1 所示。

表 8-3　潘家口水库设计洪水计算($p = 1\%$)　　　　　　　（单位:m³/s）

月	日	时	典型年($p = 1\%$)	徒手修匀法	收敛因子 PSO 算法推求
7	25	2	130	221	125.39
		5	200	340	188.49
		8	380	653	367.52
		11	860	1 460	917.69
		14	1 980	2 290	2 397.82
		17	3 900	4 510	4 609.78
		20	7 960	9 200	9 650.40
		23	10 900	12 600	13 216.71
7	26	2	12 100	14 000	14 674.47
		5	13 100	15 200	15 865.60
		8	16 900	19 600	20 407.95
		11	18 800	22 800	22 800.00
		14	15 400	17 800	18 656.85
		17	11 400	13 200	13 825.53
		20	7 940	9 160	9 569.43
		23	6 000	6 940	7 147.51
7	27	2	4 400	5 080	5 301.10
		5	3 500	4 050	4 187.00
		8	3 030	3 500	3 530.54
		11	2 730	3 150	3 218.69
		14	2 450	2 830	2 904.84
		17	2 200	2 600	2 488.96
		20	1 960	2 500	2 237.56
		23	1 720	2 100	1 925.46
7	28	2	1 600	2 050	1 797.59
		5	1 500	1 880	1 734.95
		8	1 450	1 850	1 758.46
		11	1 400	1 800	1 667.72
		14	1 300	1 700	1 475.17
		17	1 220	1 670	1 414.83
		20	1 100	1 600	1 284.78
		23	1 000	1 580	1 211.81

续表 8-3

月	日	时	典型年($p=1\%$)	徒手修匀法	收敛因子 PSO 算法推求
7	29	2	950	1 500	1 149.50
		5	900	1 470	1 003.84
		8	880	1 450	1 023.80
		11	830	1 320	954.49
		14	790	1 220	897.53
		17	740	1 200	841.81
		20	700	1 100	848.94
		23	670	1 140	647.29
7	30	2	660	1 120	741.42
		5	660	1 120	737.37
		8	700	1 190	764.95
		11	650	1 100	761.57
		14	640	1 090	622.82
		17	610	1 040	720.21
		20	600	1 020	624.37
		23	570	970	635.79

表 8-4　潘家口水库设计洪水洪量($p=1\%$)

指标	PSO 算法	徒手修匀法
洪峰流量(m^3/s)	22 800	22 800
最大 1 d 洪量(亿 m^3)	13.96	13.43
最大 3 d 洪量(亿 m^3)	19.7	19.48
最大 6 d 洪量(亿 m^3)	22.7	22.50

比较表 8-3、表 8-4 可知,基于优化模型的 PSO 算法和徒手修匀法计算所得的设计洪水洪峰流量计算结果完全相同,均为 22 800 m^3/s,从设计洪水的 1 d、3 d 和 6 d 洪量来看,PSO 算法计算结果与设计标准洪量相等,完全达到了设计洪水过程的洪量要求,优于徒手修匀法。从图 8-1 中可以看到改进粒子群优化算法所得结果除个别点间的两线段斜率有所差距外,其他各段均近似平行。与其他方法相比,特别是修匀法,该法能在较好地满足各等式约束条件下保持典型洪水过程模式。因此,PSO 计算的设计洪水过程能够很好地满足设计要求,结果可以接受,可按照需要进行实际洪水的自动放大,以取代手工操作,避免任意性。

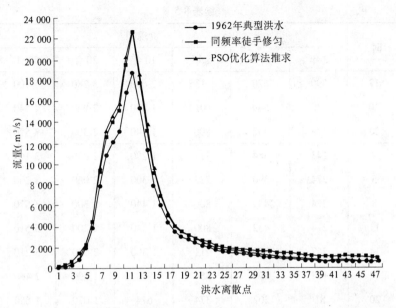

图 8-1 潘家口水库典型洪水过程线和 100 年一遇设计洪水过程线

8.2 潘家口—大黑汀区间设计洪水过程

大黑汀水库设计洪水过程采用河北省勘测设计院修建大黑汀水库规划设计资料。

由于大黑汀水库坝址建库前无水文测验数据,潘家口—大黑汀水库区间设计洪水根据滦河中、下游的蓝旗营、李营、大桑元、桃林口等控制中小面积的洪水分析综合成果,按面积关系内插法求得潘家口—大黑汀区间 3 d 设计洪量,潘家口—大黑汀区间的洪峰流量,3 d 洪量为控制进行典型放大的数值。

潘家口—大黑汀区间设计洪水过程没有 5 年一遇的设计洪水过程,在计算过程中,首先在潘家口—大黑汀区间设计洪峰流量频率曲线查得 5 年一遇的设计洪峰流量,然后以10 年一遇的洪水作为典型洪水过程,洪峰流量相比作为倍比系数,求得 5 年一遇设计洪水过程。潘家口—大黑汀区间设计洪水过程线如表 8-5 所示。

表 8-5 潘家口—大黑汀区间洪水过程 (单位:m³/s)

日	时	重现期						
		2 年	3 年	5 年	10 年	20 年	50 年	100 年
24	23	10	20	26	26	26	26	26
25	2	15	26	32	49	64	85	102
	5	30	47	91	156	235	353	449
	8	98	155	288	515	811	1 250	1 610
	11	213	336	622	1 120	1 780	2 770	3 570
	14	336	531	972	1 770	2 830	4 360	5 680

续表 8-5

日	时	重现期						
		2 年	3 年	5 年	10 年	20 年	50 年	100 年
	17	390	620	1 135	2 050	3 280	5 100	6 600
	20	348	549	1 012	1 830	2 920	4 540	5 870
	23	274	432	800	1 440	2 300	3 570	4 610
26	2	243	384	711	1 280	2 030	3 160	4 080
	5	274	390	722	1 300	2 060	3 200	4 140
	8	274	432	800	1 440	2 300	3 570	4 610
	11	274	432	800	1 440	2 300	5 510	4 620
	14	247	390	711	1 300	2 070	3 210	4 150
	17	128	299	554	998	1 590	2 460	3 180
	20	81	202	374	674	1 070	1 650	2 130
	23	53	128	237	427	670	1 030	1 330
27	2	34	83	154	277	429	654	839
	5	30	54	99	179	272	410	523
	8	26	36	66	120	177	262	330
	11	22	32	46	84	119	172	215
	14	20	28	40	60	80	111	136
	17	18	24	36	49	63	83	100
	20	16	22	32	40	48	61	71
	23	14	20	30	34	39	46	52
28	2	13	18	29	31	34	38	42
	5	12	16	28	29	31	34	36
	8	11	15	27	28	29	31	32
	11	10	14	26	26	26	26	26

8.3　防洪优化调度模型及求解

8.3.1　优化模型及求解

　　大黑汀水库的来水过程与潘家口水库的调度过程密切相关。其来水过程等于潘家口水库下泄水量与潘家口—大黑汀区间来水之和,大黑汀水利枢纽工程与潘家口水利枢纽主坝下游相距仅 30 km,不考虑两库间的洪水演进问题。从水库运用功能上看,大黑汀水库的主要作用是承接潘家口水库的调节水量,同时拦蓄潘家口—大黑汀区间来水并结合供水发电。同时,大黑汀水库不承担下游防洪任务,没有限泄要求,当库水位达到133.00 m时,本着来多少泄多少的原则泄洪。因此,可以将潘家口和大黑汀两水库作为一个整体来考虑防洪调度问题。

当洪水为常遇洪水时,最大削峰准则得出的均匀放水策略对减轻下游防洪压力显然是有利的。因此,根据最大削峰准则,以下游迁西白龙山水电站作为保护对象,建立防洪优化调度模型:

目标函数

$$\min \sum_{t=1}^{T} q_i^2 \qquad (8-4)$$

约束条件

(1)防洪库容约束

$$\sum_{t_0}^{t_d} (Q_{潘t} - q_{潘t}) \Delta t \leqslant V_{防} \qquad (8-5)$$

(2)防洪策略约束

$$q_{潘t} \leqslant Q_{潘t} \qquad (8-6)$$

(3)溢洪道能力约束

$$q_{潘t} \leqslant q(Z_t, B_t) \qquad (8-7)$$

(4)水库水量平衡约束

$$V_t = V_{t-1} + (Q_{潘t} - q_{潘t}) \Delta t \qquad (8-8)$$

式中　　q_t——下游保护区时段 Δt 内的洪水流量;

　　　　$Q_{潘t}$——潘家口水库时段 Δt 内的平均入库流量;

　　　　$q_{潘t}$——时段 Δt 内的平均出库流量;

　　　　$V_{防}$——潘家口水库的防洪库容;

　　　　V_{t-1}、V_t——第 t 时段水库的初、末库容;

　　　　Z_t——各时刻的库蓄水位;

　　　　B_t——溢洪道的操作方式。

本书选用潘家口水库及潘家口—大黑汀区间 100 年一遇的完整洪水过程为例,同时考虑洪水在后汛期的来水情况,潘家口水库的起调水位为 216.00 m,大黑汀水库的起调水位为 128.00 m。采用 CPSO 算法进行水库优化调度求解,各参数取值如下:粒子群规模设定为 100;学习因子 $c_1 = c_2 = 2.0$;最大速度 $v_{max} = \pm 8.5$;最大迭代次数 $iter_{max} = 1000$;惯性因子最大值 $w_{max} = 0.9$,最小值 $w_{min} = 0.4$;混沌迭代次数 $k' = 100$。采用 VB6.0 编程语言实现算法,并且为验证该 CPSO 在水库防洪优化调度运用中的可行性与有效性,采用动态规划和标准 PSO 算法进行比较。动态规划计算结果见表 8-6,CPSO 算法与标准 PSO 算法计算结果见表 8-7、表 8-8。潘家口水库、大黑汀水库防洪优化调度过程线如图 8-2 所示,潘家口水库水位过程线如图 8-3 所示,大黑汀水库水位过程线如图 8-4 所示。

表 8-6　潘家口—大黑汀区间 100 年一遇典型洪水的动态规划调度结果

设计洪水过程 ($p=1\%$)	潘家口—大黑汀区间洪水 (m^3/s)	动态规划（精度 0.1）				动态规划（精度 0.01）			
		潘家口水库		大黑汀水库		潘家口水库		大黑汀水库	
		泄流量 (m^3/s)	水位 (m)	泄流量 (m^3/s)	水位 (m)	泄流量 (m^3/s)	水位 (m)	泄流量 (m^3/s)	水位 (m)
125.39			216.0		128.0		216.00		128.00
188.49		156.94	216.0	0	128.1	156.94	216.00	0	128.08
367.52		278.01	216.0	0	128.2	278.01	216.00	0	128.22
917.69		642.61	216.0	0	128.6	642.61	216.00	0	128.55
2 397.82		1 657.75	216.0	0	129.4	1 657.75	216.00	0	129.41
4 609.78		3 503.80	216.0	0	131.2	3 503.80	216.00	0	131.21
9 650.4		7 130.09	216.0	3 644.16	133.0	7 130.09	216.00	3 644.16	133.00
13 216.71		11 433.56	216.0	11 433.56	133.0	11 433.56	216.00	11 433.56	133.00
14 674.47	26	12 334.48	216.3	12 334.48	133.0	12 227.07	216.32	12 253.07	133.00
15 865.04	102	12 047.54	216.9	12 111.54	133.0	12 208.65	216.89	12 272.65	133.00
20 407.95	449	12 136.50	218.0	12 412.00	133.0	11 973.54	218.02	12 249.04	133.00
22 800	1 610	11 141.02	219.9	12 170.52	133.0	11 250.28	219.90	12 279.78	133.00
18 656.85	3 570	9 950.65	221.8	12 540.65	133.0	9 658.99	221.85	12 248.99	133.00
13 825.53	5 680	7 611.56	223.2	12 236.56	133.0	7 651.38	223.24	12 276.38	133.00
9 569.43	6 600	6 030.81	224.1	12 170.81	133.0	6 093.78	224.13	12 233.78	133.00
7 147.51	5 870	5 839.95	224.5	12 074.95	133.0	6 028.84	224.50	12 263.84	133.00
5 301.1	4 610	6 224.30	224.5	11 464.30	133.0	6 224.30	224.50	11 464.30	133.00
4 187	4 080	4 744.05	224.5	9 089.05	133.0	4 744.05	224.50	9 089.05	133.00
3 530.54	4 140	3 858.77	224.5	7 968.77	133.0	3 858.77	224.50	7 968.77	133.00
3 218.69	4 610	3 374.61	224.5	7 749.61	133.0	3 374.61	224.50	7 749.61	133.00
2 904.84	4 620	3 061.77	224.5	7 676.77	133.0	3 061.77	224.50	7 676.77	133.00
2 488.96	4 150	2 696.90	224.5	7 081.90	133.0	2 696.90	224.50	7 081.90	133.00
2 237.56	3 180	2 363.26	224.5	6 028.26	133.0	2 363.26	224.50	6 028.26	133.00
1 925.46	2 130	2 081.51	224.5	4 736.51	133.0	2 081.51	224.50	4 736.51	133.00
1 797.59	1 330	1 861.53	224.5	3 591.53	133.0	1 861.53	224.50	3 591.53	133.00
1 734.95	839	1 766.27	224.5	2 850.77	133.0	1 766.27	224.50	2 850.77	133.00
1 758.46	523	1 746.70	224.5	2 427.70	133.0	1 746.70	224.50	2 427.70	133.00
1 667.72	330	1 713.09	224.5	2 139.59	133.0	1 713.09	224.50	2 139.59	133.00

续表 8-6

设计洪水过程 ($p=1\%$)	潘家口—大黑汀区间洪水 (m^3/s)	动态规划(精度 0.1)				动态规划(精度 0.01)			
		潘家口水库		大黑汀水库		潘家口水库		大黑汀水库	
		泄流量 (m^3/s)	水位 (m)	泄流量 (m^3/s)	水位 (m)	泄流量 (m^3/s)	水位 (m)	泄流量 (m^3/s)	水位 (m)
1 475.17	215	1 571.45	224.5	1 843.95	133.0	1 697.38	224.48	1 969.88	133.00
1 414.83	136	1 445.00	224.5	1 620.50	133.0	1 696.85	224.44	1 872.35	133.00
1 284.78	100	1 979.43	224.4	2 097.43	133.0	1 727.58	224.38	1 845.58	133.00
1 211.81	71	1 877.92	224.3	1 963.42	133.0	1 751.99	224.30	1 837.49	133.00
1 149.5	52	1 810.28	224.2	1 871.78	133.0	1 747.32	224.21	1 808.82	133.00
1 003.84	42	1 706.30	224.1	1 753.30	133.0	1 706.30	224.11	1 753.30	133.00
1 023.8	36	1 643.45	224.0	1 682.45	133.0	1 706.41	224.00	1 745.41	133.00
954.49	32	1 618.77	223.9	1 652.77	133.0	1 744.70	223.88	1 778.70	133.00
897.53	26	1 555.64	223.8	1 584.64	133.0	1 744.53	223.75	1 773.53	133.00
841.81		1 499.30	223.7	1 512.30	133.0	1 751.15	223.61	1 764.15	133.00
848.94		1 475.00	223.6	1 475.00	133.0	1 726.85	223.47	1 726.85	133.00
647.29		1 377.74	223.5	1 377.74	133.0	1 692.55	223.32	1 692.55	133.00
741.42		1 953.61	223.3	1 953.61	133.0	1 701.76	223.16	1 701.76	133.00
737.37		1 998.65	223.1	1 998.65	133.0	1 746.80	223.00	1 746.80	133.00
764.95		2 001.16	222.9	2 001.16	133.0	1 743.75	222.84	1 743.75	133.00
761.57		1 383.63	222.8	1 383.63	133.0	1 693.82	222.69	1 693.82	133.00
622.82		1 932.94	222.6	1 932.94	133.0	1 746.83	222.52	1 746.83	133.00
720.21		1 912.26	222.4	1 912.26	133.0	1 726.15	222.35	1 726.15	133.00
624.37		1 913.03	222.2	1 913.03	133.0	1 726.92	222.18	1 726.92	133.00
635.79		1 870.82	222.0	1 870.82	133.0	1 746.75	222.00	1 746.75	133.00

表 8-7　潘家口—大黑汀区间 100 年一遇典型洪水的 PSO 算法优化调度结果 1

设计洪水过程 ($p=1\%$)	潘家口—大黑汀区间洪水 (m^3/s)	CPSO(迭代次数 1 000)				PSO(迭代次数 1 000)			
		潘家口水库		大黑汀水库		潘家口水库		大黑汀水库	
		泄流量 (m^3/s)	水位 (m)	泄流量 (m^3/s)	水位 (m)	泄流量 (m^3/s)	水位 (m)	泄流量 (m^3/s)	水位 (m)
125.39			216.00		128.00				128.00
188.49		156.94	216.00	0	128.08	156.94	216.00	0	128.08
367.52		278.01	216.00	0	128.22	278.01	216.00	0	128.22

续表 8-7

设计洪水过程 (p=1%)	潘家口—大黑汀区间洪水 (m³/s)	CPSO(迭代次数 1 000)				PSO(迭代次数 1 000)			
		潘家口水库		大黑汀水库		潘家口水库		大黑汀水库	
		泄流量 (m³/s)	水位 (m)	泄流量 (m³/s)	水位 (m)	泄流量 (m³/s)	水位 (m)	泄流量 (m³/s)	水位 (m)
917.69		642.61	216.00	0	128.55	642.61	216.00	0	128.55
2 397.82		1 657.75	216.00	0	129.41	1 657.75	216.00	0	129.41
4 609.78		3 502.77	216.00	0	131.21	3 503.8	216.00	0	131.21
9 650.4		7 007.44	216.02	3 521.33	133.00	7 130.09	216.00	3 643.98	133.00
13 216.71		11 391.45	216.03	11 391.45	133.00	11 433.56	216.00	11 433.56	133.00
14 674.47	26	11 920.80	216.41	11 920.80	133.00	12 274.20	216.31	12 274.20	133.00
15 865.04	102	12 528.07	216.92	12 592.07	133.00	12 210.20	216.88	12 274.20	133.00
20 407.95	449	12 116.15	218.02	12 391.65	133.00	11 998.69	218.01	12 274.19	133.00
22 800	1 610	11 332.16	219.89	12 361.66	133.00	11 220.79	219.89	12 250.29	133.00
18 656.85	3 570	9 131.43	221.93	11 721.43	133.00	9 660.29	221.84	12 250.29	133.00
13 825.53	5 680	7 597.18	223.32	12 222.18	133.00	7 614.95	223.24	12 239.95	133.00
9 569.43	6 600	6 617.98	224.13	12 757.98	133.00	6 108.43	224.13	12 248.43	133.00
7 147.51	5 870	5 506.31	224.58	11 741.31	133.00	6 007.42	224.50	12 242.42	133.00
5 301.1	4 610	6 491.14	224.54	11 731.14	133.00	6 221.83	224.50	11 461.83	133.00
4 187	4 080	4 744.33	224.54	9 089.33	133.00	4 744.05	224.50	9 089.05	133.00
3 530.54	4 140	3 880.27	224.53	7 990.27	133.00	3 858.77	224.50	7 968.77	133.00
3 218.69	4 610	3 218.70	224.56	7 593.70	133.00	3 374.61	224.50	7 749.61	133.00
2 904.84	4 620	2 808.09	224.60	7 423.09	133.00	3 061.77	224.50	7 676.77	133.00
2 488.96	4 150	2 937.94	224.56	7 322.94	133.00	2 696.90	224.50	7 081.90	133.00
2 237.56	3 180	2 751.19	224.50	6 416.19	133.00	2 363.26	224.50	6 028.26	133.00
1 925.46	2 130	2 081.52	224.50	4 736.52	133.00	2 081.51	224.50	4 736.51	133.00
1 797.59	1 330	1 861.74	224.50	3 591.74	133.00	1 861.53	224.50	3 591.53	133.00
1 734.95	839	1 766.27	224.50	2 850.77	133.00	1 766.27	224.50	2 850.77	133.00
1 758.46	523	1 746.70	224.50	2 427.70	133.00	1 746.70	224.50	2 427.70	133.00
1 667.72	330	1 713.09	224.50	2 139.59	133.00	1 713.09	224.50	2 139.59	133.00
1 475.17	215	1 618.44	224.49	1 890.94	133.00	1 739.74	224.47	2 012.24	133.00
1 414.83	136	1 717.14	224.45	1 892.64	133.00	1 731.70	224.43	1 907.20	133.00
1 284.78	100	1 757.01	224.38	1 875.01	133.00	1 791.51	224.36	1 909.51	133.00

续表 8-7

设计洪水过程 (p=1%)	潘家口—大黑汀区间洪水 (m³/s)	CPSO(迭代次数 1 000)				PSO(迭代次数 1 000)			
		潘家口水库		大黑汀水库		潘家口水库		大黑汀水库	
		泄流量 (m³/s)	水位 (m)	泄流量 (m³/s)	水位 (m)	泄流量 (m³/s)	水位 (m)	泄流量 (m³/s)	水位 (m)
1 211.81	71	1 764.41	224.30	1 849.91	133.00	1 788.79	224.27	1 874.29	133.00
1 149.5	52	1 788.27	224.21	1 849.77	133.00	1 790.59	224.17	1 852.09	133.00
1 003.84	42	1 788.46	224.09	1 835.46	133.00	1 796.45	224.06	1 843.45	133.00
1 023.8	36	1 791.27	223.97	1 830.27	133.00	1 767.86	223.94	1 806.86	133.00
954.49	32	1 789.36	223.84	1 823.36	133.00	1 760.65	223.82	1 794.65	133.00
897.53	26	1 762.01	223.71	1 791.01	133.00	1 743.39	223.69	1 772.39	133.00
841.81		1 773.76	223.57	1 786.76	133.00	1 759.11	223.55	1 772.11	133.00
848.94		1 788.98	223.42	1 788.98	133.00	1 761.52	223.40	1 761.52	133.00
647.29		1 726.26	223.26	1 726.26	133.00	1 733.12	223.25	1 733.12	133.00
741.42		1 706.08	223.08	1 706.08	133.00	1 727.61	223.08	1 727.61	133.00
737.37		1 704.22	222.95	1 704.22	133.00	1 707.96	222.93	1 707.96	133.00
764.95		1 706.62	222.79	1 706.62	133.00	1 702.48	222.77	1 702.48	133.00
761.57		1 672.96	222.65	1 672.96	133.00	1 657.63	222.63	1 657.63	133.00
622.82		1 666.50	222.49	1 666.50	133.00	1 640.58	222.48	1 640.58	133.00
720.21		1 667.80	222.33	1 667.80	133.00	1 645.29	222.32	1 645.29	133.00
624.37		1 667.76	222.17	1 667.76	133.00	1 640.09	222.16	1 640.09	133.00
635.79		1 669.07	222.00	1 669.07	133.00	1 640.31	222.00	1 640.31	133.00

表 8-8　潘家口—大黑汀区间 100 年一遇典型洪水的 PSO 算法优化调度结果 2

设计洪水过程 (p=1%)	潘家口—大黑汀区间洪水 (m³/s)	PSO(迭代次数 1 500)				PSO(迭代次数 2 000)			
		潘家口水库		大黑汀水库		潘家口水库		大黑汀水库	
		泄流量 (m³/s)	水位 (m)	泄流量 (m³/s)	水位 (m)	泄流量 (m³/s)	水位 (m)	泄流量 (m³/s)	水位 (m)
125.39					128.00				128.00
188.49		156.94	216.00	0	128.08	156.94	216.00	0	128.08
367.52		278.01	216.00	0	128.22	278.01	216.00	0	128.22
917.69		642.61	216.00	0	128.55	642.61	216.00	0	128.55
2 397.82		1 657.75	216.00	0	129.41	1 657.75	216.00	0	129.41
4 609.78		3 503.80	216.00	0	131.21	3 503.8	216.00	0	131.21
9 650.4		7 130.09	216.00	3 643.98	133.00	7 130.09	216.00	3 643.98	133.00

续表 8-8

设计洪水过程（$p=1\%$）	潘家口—大黑汀区间洪水（m^3/s）	PSO（迭代次数 1 500）				PSO（迭代次数 2 000）			
		潘家口水库		大黑汀水库		潘家口水库		大黑汀水库	
		泄流量（m^3/s）	水位（m）	泄流量（m^3/s）	水位（m）	泄流量（m^3/s）	水位（m）	泄流量（m^3/s）	水位（m）
13 216.71		11 433.56	216.00	11 433.56	133.00	11 433.56	216.00	11 433.56	133.00
14 674.47	26	12 256.19	216.31	12 256.19	133.00	12 256.44	216.31	12 256.44	133.00
15 865.04	102	12 192.19	216.89	12 256.19	133.00	12 192.44	216.89	12 256.44	133.00
20 407.95	449	11 981.02	218.02	12 256.52	133.00	11 980.94	218.02	12 256.44	133.00
22 800	1 610	11 227.01	219.90	12 256.51	133.00	11 226.94	219.90	12 256.44	133.00
18 656.85	3 570	9 666.52	221.85	12 256.52	133.00	9 666.44	221.85	12 256.44	133.00
13 825.53	5 680	7 631.52	223.24	12 256.52	133.00	7 631.44	223.24	12 256.44	133.00
9 569.43	6 600	6 116.53	224.13	12 256.53	133.00	6 116.44	224.13	12 256.44	133.00
7 147.51	5 870	6 021.52	224.50	12 256.52	133.00	6 021.44	224.50	12 256.44	133.00
5 301.1	4 610	6 224.30	224.50	11 464.30	133.00	6 224.30	224.50	11 464.30	133.00
4 187	4 080	4 744.05	224.50	9 089.05	133.00	4 744.05	224.50	9 089.05	133.00
3 530.54	4 140	3 858.77	224.50	7 968.77	133.00	3 858.77	224.50	7 968.77	133.00
3 218.69	4 610	3 374.61	224.50	7 749.61	133.00	3 374.61	224.50	7 749.61	133.00
2 904.84	4 620	3 061.77	224.50	7 676.77	133.00	3 061.77	224.50	7 676.77	133.00
2 488.96	4 150	2 696.90	224.50	7 081.90	133.00	2 696.90	224.50	7 081.90	133.00
2 237.56	3 180	2 363.26	224.50	6 028.26	133.00	2 363.26	224.50	6 028.26	133.00
1 925.46	2 130	2 081.51	224.50	4 736.51	133.00	2 081.51	224.50	4 736.51	133.00
1 797.59	1 330	1 861.53	224.50	3 591.53	133.00	1 861.53	224.50	3 591.53	133.00
1 734.95	839	1 766.27	224.50	2 850.77	133.00	1 766.27	224.50	2 850.77	133.00
1 758.46	523	1 746.70	224.50	2 427.70	133.00	1 746.70	224.50	2 427.70	133.00
1 667.72	330	1 713.09	224.50	2 139.59	133.00	1 713.09	224.50	2 139.59	133.00
1 475.17	215	1 571.45	224.50	1 843.95	133.00	1 599.11	224.50	1 871.61	133.00
1 414.83	136	1 612.18	224.47	1 787.68	133.00	1 696.84	224.46	1 872.34	133.00
1 284.78	100	1 670.18	224.42	1 788.18	133.00	1 753.58	224.39	1 871.58	133.00
1 211.81	71	1 701.21	224.35	1 786.71	133.00	1 786.81	224.31	1 872.31	133.00
1 149.5	52	1 707.91	224.27	1 769.41	133.00	1 809.20	224.21	1 870.70	133.00
1 003.84	42	1 719.10	224.16	1 766.10	133.00	1 823.08	224.09	1 870.08	133.00
1 023.8	36	1 725.78	224.05	1 764.78	133.00	1 694.99	223.98	1 733.99	133.00
954.49	32	1 730.69	223.93	1 764.69	133.00	1 700.09	223.87	1 734.09	133.00

续表 8-8

设计洪水过程 ($p = 1\%$)	潘家口—大黑汀区间洪水 (m^3/s)	PSO(迭代次数 1 500)				PSO(迭代次数 2 000)			
		潘家口水库		大黑汀水库		潘家口水库		大黑汀水库	
		泄流量 (m^3/s)	水位 (m)	泄流量 (m^3/s)	水位 (m)	泄流量 (m^3/s)	水位 (m)	泄流量 (m^3/s)	水位 (m)
897.53	26	1 729.83	223.81	1 758.83	133.00	1 704.38	223.74	1 733.38	133.00
841.81		1 746.14	223.67	1 759.14	133.00	1 719.66	223.61	1 732.66	133.00
848.94		1 757.82	223.52	1 757.82	133.00	1 732.56	223.47	1 732.56	133.00
647.29		1 758.14	223.36	1 758.14	133.00	1 731.01	223.31	1 731.01	133.00
741.42		1 754.24	223.19	1 754.24	133.00	1 730.93	223.15	1 730.93	133.00
737.37		1 753.91	223.03	1 753.91	133.00	1 730.17	222.99	1 730.17	133.00
764.95		1 753.93	222.87	1 753.93	133.00	1 726.73	222.83	1 726.73	133.00
761.57		1 762.93	222.71	1762.93	133.00	1 726.56	222.68	1 726.56	133.00
622.82		1 765.85	222.54	1 765.85	133.00	1 726.38	222.51	1 726.38	133.00
720.21		1 765.62	222.36	1 765.62	133.00	1 714.35	222.34	1 714.35	133.00
624.37		1 768.09	222.18	1 768.09	133.00	1 714.37	222.17	1 714.37	133.00
635.79		1 771.38	222.00	1 771.38	133.00	1 705.60	222.00	1 705.60	133.00

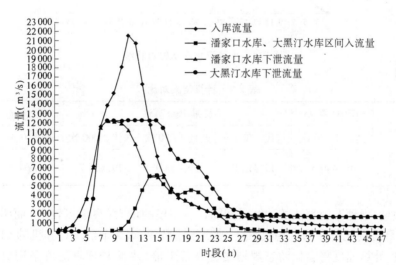

图 8-2　潘家口—大黑汀区间防洪优化调度过程线

8.3.2　结果分析

通过表 8-9 的比较可见,CPSO 算法计算所得的目标函数值优于标准 PSO 算法和动态规划法所得的目标值,由图 8-2 可见,水库调度相当于常规调度的削平头下泄。但与经典动态规划算法相比,采用 PSO 算法求解的计算时间明显小于动态规划法。因为动态规划需要把水位离散成多个固定的点,想要取得高的精度,就必须要增加离散点的个数,但这是以牺牲计算机内存为代价的。而 PSO 算法无需离散水位,并且无需存储庞大数目的状态点,也可以取到任何精度的水位值。

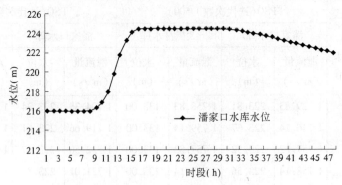

图 8-3　潘家口水库水位过程线

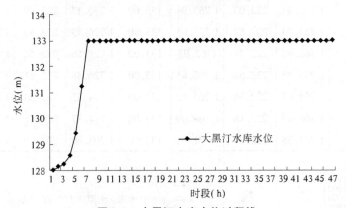

图 8-4　大黑汀水库水位过程线

表 8-9　计算结果对比

采用方法	CPSO 算法	标准 PSO 算法			动态规划法	
	迭代 1 000 次	迭代 1 000 次	迭代 1 500 次	迭代 2 000 次	精度 0.1	精度 0.01
目标函数值 $(\times 10^8 (m^3/s)^2)$	19.449 5	19.456 0	19.453 9	19.454 7	19.464 8	19.461 1

　　可以预见,当动态规划法的计算时间随计算规模的增大(离散点较多)而明显大幅增加,而 PSO 算法则无需存储这些状态点,避免了维数灾,大大节约了计算机的 CPU 时间和内存需求量,计算速度将会比动态规划法提高若干倍,并且 PSO 算法可采用更高的计算精度,因此计算结果更优于动态规划结果。可见,PSO 算法在解决多水库联合优化调度问题时将发挥更大的优势。

8.4　潘家口、大黑汀、桃林口三库联合防洪调度研究

　　潘家口水库属不完全多年调节水库;大黑汀水库属年调节水库,其汛期防洪、兴利矛盾十分突出;桃林口水库设计上不承担滦河下游的防洪任务,汛期潘家口、大黑汀两水库洪水错峰压力较大。如何充分利用水库的防洪库容,考虑滦河洪水调度的实际情况,最大

限度地减轻洪水给下游带来的损失、最大效率地利用滦河有限的水资源是需要研究解决的重要问题。单一水库的调度不能从系统的角度来解决这一问题,从而不能发挥出水库群的最大功效。因此,需要对潘家口、大黑汀以及桃林口三水库进行联合防洪调度的研究,以期能实现防洪及兴利综合效益最大的目的。

潘家口、大黑汀及桃林口三水库联合防洪调度涉及约束众多,传统优化方法难以得出满意的结果,最实用的方法是采用模拟技术拟定各水库的调度方案进行组合,得出可行方案集,通过评价模型选出满意的调度结果。

8.4.1　调度方案的生成

发生大洪水时,各水库的调度方式按照已审定的待调度方式进行,不作任何变动;发生中小洪水时,考虑潘家口、大黑汀、桃林口三水库错峰,潘家口水库汛限水位的动态控制及洪水资源利用;发生小洪水时,主要考虑拦蓄全部洪水,实现洪水资源化。

通过防洪调度系统仿真软件,根据各水库调度原则,在 4.2 节介绍的调洪演算的基础上,采用人机交互生成技术,可以模拟产生多个防洪调度方案。本书以水库 5 年一遇的洪水过程为例,以滦县站作为控制站,生成了 3 个方案如表 8-10 ～ 表 8-12 所示。

表 8-10　水库 5 年一遇联合调度方案 1

潘家口水库下泄流量(m³/s)	大黑汀水库下泄流量(m³/s)	桃林口水库下泄流量(m³/s)	潘家口水库水位过程(m)	大黑汀水库水位过程(m)	桃林口水库水位过程(m)
0	0	0	216	133	140
47	47	220	216	133	140
60	60	390	216	133	140
138	138	560	216	133	140
329	329	735	216	133	140
841	867	910	216	133	140
1 014	1 046	1 075	216	133	140
2 066	2 157	1 240	216	133	140
2 712	3 000	1 075	216.012	133	140
2 378	3 000	910	216.107 2	133	140
2 028	3 000	800	216.346 6	133	140
1 865	3 000	690	216.696 3	133	140
1 988	3 000	670	217.084 9	133	140
2 200	3 000	650	217.443 1	133	140
2 289	3 000	1 500	217.664 9	133	140.033 6
2 278	3 000	1 500	217.702	133	140.260 9
2 200	3 000	1 500	217.623 5	133	140.644 9
2 200	3 000	1 500	217.468 3	133	141.021 4

续表 8-10

潘家口水库下泄流量(m³/s)	大黑汀水库下泄流量(m³/s)	桃林口水库下泄流量(m³/s)	潘家口水库水位过程(m)	大黑汀水库水位过程(m)	桃林口水库水位过程(m)
2 289	3 000	1 500	217.245 6	133	141.351 6
2 446	3 000	1 500	216.966 9	133	141.596 9
2 626	3 000	1 500	216.633 7	133	141.708
2 763	3 000	1 500	216.262 5	133	141.635 7
682	836	1 500	216.069 6	133	141.432 1
605	704	1 500	216.069 6	133	141.149 6
572	638	1 500	216.069 6	133	140.827 5
545	591	1 500	216.069 6	133	140.505 5
518	558	1 500	216.069 6	133	140.183 4
0	36	420	216.069 6	133	140.022 4
0	32	420	216.069 6	133	140.022 4
0	30	420	216.069 6	133	140.022 4
0	29	420	216.069 6	133	140.022 4
0	28	420	216.069 6	133	140.022 4
0	27	415	216.069 6	133	140.022 4
0	26	410	216.069 6	133	140.022 4
0	0	405	216.069 6	133	140.022 4
0	0	400	216.069 6	133	140.022 4
0	0	390	216.069 6	133	140.022 4
0	0	380	216.069 6	133	140.022 4
0	0	380	216.069 6	133	140.022 4
0	0	365	216.069 6	133	140.022 4
0	0	350	216.069 6	133	140.022 4
0	0	345	216.069 6	133	140.022 4
0	0	340	216.069 6	133	140.022 4
0	0	330	216.069 6	133	140.022 4
0	0	320	216.069 6	133	140.022 4
0	0	315	216.069 6	133	140.022 4
0	0	310	216.069 6	133	140.022 4
0	0	305	216.069 6	133	140.022 4
0	0	300	216.069 6	133	140.022 4

表 8-11　水库 5 年一遇联合调度方案 2

潘家口水库下泄流量（m³/s）	大黑汀水库下泄流量（m³/s）	桃林口水库下泄流量（m³/s）	潘家口水库水位过程（m）	大黑汀水库水位过程（m）	桃林口水库水位过程（m）
0	0	0	213	130	140
0	0	0	213.004 6	130	140.032 8
0	0	0	213.015 1	130	140.123 7
0	0	0	213.034 6	130	140.265 4
0	0	0	213.080 4	130	140.458 5
0	0	0	213.195 3	130.006 7	140.703 8
0	0	0	213.377 4	130.021 6	140.999 7
0	0	0	213.679 8	130.053 3	141.344 9
0	0	0	214.161 6	130.150 8	141.690 1
0	0	0	214.761 7	130.384 9	141.986 1
0	0	0	215.438 8	130.795	142.241
700	0	0	216.105 1	131.494 5	142.463 2
700	0	0	216.723 5	132.350 3	142.666
700	700	0	217.341 6	132.940 1	142.862 8
700	1 411	0	217.846 2	133.122 5	143.216 9
700	1 422	2 800	218.173 1	133.122 5	143.474 1
700	1 500	2 775	218.376 3	133.122 5	143.474 1
700	1 500	2 750	218.495 7	133.122 5	143.474 1
700	1 411	2 465	218.555 7	133.122 5	143.474 1
700	1 254	2 180	218.582 8	133.122 5	143.474 1
700	1 074	1 565	218.591 4	133.122 5	143.474 1
700	937	950	218.591 5	133.122 5	143.474 1
700	854	685	218.589 1	133.122 5	143.474 1
700	799	420	218.578 8	133.122 5	143.474 1
700	766	420	218.558 3	133.122 5	143.474 1
700	746	420	218.532 5	133.122 5	143.474 1
700	740	420	218.501 6	133.122 5	143.474 1
700	736	420	218.420 9	133.122 5	143.474 1
700	732	420	218.292 8	133.122 5	143.474 1
700	730	420	218.164 6	133.122 5	143.474 1

续表 8-11

潘家口水库下泄 流量(m³/s)	大黑汀水库下泄 流量(m³/s)	桃林口水库下泄 流量(m³/s)	潘家口水库 水位过程(m)	大黑汀水库 水位过程(m)	桃林口水库 水位过程(m)
700	729	420	218.036 5	133.122 5	143.474 1
700	728	420	217.908 3	133.122 5	143.474 1
700	727	415	217.780 2	133.122 5	143.474 1
700	726	410	217.652 1	133.122 5	143.474 1
700	700	405	217.523 9	133.122 5	143.474 1
700	700	400	217.395 8	133.122 5	143.474 1
700	700	390	217.267 7	133.122 5	143.474 1
700	700	380	217.139 5	133.122 5	143.474 1
700	700	380	217.011 4	133.122 5	143.474 1
700	700	380	216.881 3	133.122 5	143.474 1
700	700	365	216.750 9	133.122 5	143.474 1
700	700	350	216.620 6	133.122 5	143.474 1
700	700	345	216.490 2	133.122 5	143.474 1
700	700	340	216.359 9	133.122 5	143.474 1
700	700	330	216.229 5	133.122 5	143.474 1
700	700	320	216.099 2	133.122 5	143.474 1
700	700	315	215.967 7	133.122 5	143.474 1
700	700	310	215.832 7	133.122 5	143.474 1
700	700	305	215.697 7	133.122 5	143.474 1
700	700	300	215.562 7	133.122 5	143.474 1

表 8-12　水库 5 年一遇联合调度方案 3

潘家口水库下泄 流量(m³/s)	大黑汀水库下泄 流量(m³/s)	桃林口水库下泄 流量(m³/s)	潘家口水库 水位过程(m)	大黑汀水库 水位过程(m)	桃林口水库 水位过程(m)
0	0	0	213	130	140
0	0	220	213.004 6	130	140
0	0	390	213.015 1	130	140
0	0	560	213.034 6	130	140
0	0	735	213.080 4	130	140
0	0	910	213.195 3	130.006 7	140
0	0	1 075	213.377 4	130.021 6	140

续表 8-12

潘家口水库下泄流量(m³/s)	大黑汀水库下泄流量(m³/s)	桃林口水库下泄流量(m³/s)	潘家口水库水位过程(m)	大黑汀水库水位过程(m)	桃林口水库水位过程(m)
0	0	1 240	213.679 8	130.053 3	140
0	0	1 075	214.161 6	130.150 8	140
0	0	910	214.761 7	130.384 9	140
0	0	800	215.438 8	130.795 0	140
700	0	690	216.105 1	131.494 5	140
700	0	670	216.723 5	132.350 3	140
700	700	650	217.341 6	132.940 1	140
700	1 411	1 725	217.846 2	133.122 5	140
700	1 422	0	218.173 1	133.122 5	140.417 5
700	1 500	0	218.376 3	133.122 5	141.248 7
700	1 500	0	218.495 7	133.122 5	142.072 6
700	1 411	0	218.555 7	133.122 5	142.850 1
700	1 254	2 180	218.582 8	133.122 5	143.217 7
700	1 074	1 565	218.591 4	133.122 5	143.217 7
700	937	950	218.591 5	133.122 5	143.217 7
700	854	685	218.589 1	133.122 5	143.217 7
700	799	420	218.578 8	133.122 5	143.217 7
700	766	420	218.558 3	133.122 5	143.217 7
700	746	420	218.532 5	133.122 5	143.217 7
700	740	420	218.501 6	133.122 5	143.217 7
700	736	420	218.420 9	133.122 5	143.217 7
700	732	420	218.292 8	133.122 5	143.217 7
700	730	420	218.164 6	133.122 5	143.217 7
700	729	420	218.036 5	133.122 5	143.217 7
700	728	420	217.908 3	133.122 5	143.217 7
700	727	415	217.780 2	133.122 5	143.217 7
700	726	410	217.652 1	133.122 5	143.217 7
700	700	405	217.523 9	133.122 5	143.217 7
700	700	400	217.395 8	133.122 5	143.217 7
700	700	390	217.267 7	133.122 5	143.217 7
700	700	380	217.139 5	133.122 5	143.217 7

续表 8-12

潘家口水库下泄流量(m³/s)	大黑汀水库下泄流量(m³/s)	桃林口水库下泄流量(m³/s)	潘家口水库水位过程(m)	大黑汀水库水位过程(m)	桃林口水库水位过程(m)
700	700	380	217.011 4	133.122 5	143.217 7
700	700	380	216.881 3	133.122 5	143.217 7
700	700	365	216.750 9	133.122 5	143.217 7
700	700	350	216.620 6	133.122 5	143.217 7
700	700	345	216.490 2	133.122 5	143.217 7
700	700	340	216.359 9	133.122 5	143.217 7
700	700	330	216.229 5	133.122 5	143.217 7
700	700	320	216.099 2	133.122 5	143.217 7
700	700	315	215.967 7	133.122 5	143.217 7
700	700	310	215.832 7	133.122 5	143.217 7
700	700	305	215.697 7	133.122 5	143.217 7
700	700	300	215.562 7	133.122 5	143.217 7

8.4.2 多目标决策评价

8.4.2.1 可行方案集的确定

根据 8.3 节所述确定 3 个可行的联合防洪调度方案,各方案的特征值如表 8-13 所示。

表 8-13　可行的联合防洪调度方案

方案序号	特征值			
	潘家口水库最高水位(m)	大黑汀水库最高水位(m)	桃林口水库最高水位(m)	滦县站洪峰流量(m³/s)
1	217.70	133	141.71	4 500
2	218.59	133.12	143.47	4 264
3	218.59	133.12	143.22	3 311

8.4.2.2 目标值矩阵

根据水库防洪调度系统的特点与经验,在这里考虑 4 个目标:①潘家口水库占用的防洪库容越小越好,采用调洪最高水位;②大黑汀水库占用的防洪库容越小越好,采用调洪最高水位;③桃林口水库占用的防洪库容越小越好,采用调洪最高水位;④水库群下泄洪水流量越小越好,采用滦县站洪水组合流量的最大值。很显然,第 1~3 个目标考虑的是水库本身的防洪安全;第 4 个目标反映的是水库下游的防洪安全。

根据表 8-13 得方案的目标矩阵为

$$X = \begin{pmatrix} 217.70 & 218.59 & 218.59 \\ 133 & 133.12 & 133.12 \\ 141.71 & 143.47 & 143.22 \\ 4\,500 & 4\,264 & 3\,311 \end{pmatrix}$$

8.4.2.3　相对隶属度矩阵

根据第 7 章所述,应用式(7-2)～式(7-4)将目标值矩阵转化为隶属度矩阵,并归一化,得

$$B = R = \begin{pmatrix} 1 & 0 & 0 \\ 1 & 0 & 0 \\ 1 & 0 & 0.14 \\ 0 & 0.2 & 1 \end{pmatrix}$$

相对最优方案隶属度向量 $G = (1,1,1,1)^{\mathrm{T}}$,相对最劣方案隶属度向量 $D = (0,0,0,0)^{\mathrm{T}}$。

8.4.2.4　确定指标综合权向量

由式(7-22)、式(7-23)算得评价指标的熵值向量 $H = (0,0,0.453,0.625)^{\mathrm{T}}$,采用式(7-26)得熵权向量 $w_e' = (0.324\,8,0.324\,8,0.169\,1,0.181\,1)^{\mathrm{T}}$。若侧重于考虑下游淹没损失,则决策者的主观权向量可能为 $w_s = (0.2,0.1,0.1,0.6)^{\mathrm{T}}$。由式(7-25)算得综合权向量 $w = (0.275\,0,0.145\,6,0.075\,8,0.487\,3)^{\mathrm{T}}$。

8.4.2.5　计算方案相对优属度

采用 $p=2$ 的两级模糊优选模型,将综合权向量 w 代入式(7-17)计算,可得 3 种方案的相对优属度向量 $U = (0.301\,4,0.036\,0,0.608\,4)^{\mathrm{T}}$,则排序结果为(3,2,1)。

8.4.3　结果分析

作为比较,采用传统模糊优选模型中的语气算子确定各指标权重为 $w = (0.264\,0,0.169\,8,0.169\,8,0.396\,2)^{\mathrm{T}}$,可得 3 种方案的相对优属度向量为 $U = (0.447\,9,0.016\,2,0.567\,9)^{\mathrm{T}}$,排序结果仍为(3,2,1)。基于熵权的模糊优选模型和传统模糊优选模型评价排序如表 8-14 所示。

从优属度排序结果来看,最好的方案是滦县控制站组合流量小,同时潘家口水库、大黑汀水库与桃林口水库最高洪水位不太高的方案,方案 2 则是最劣方案,这也与决策人的主观愿望相一致。可见,在潘家口、大黑汀、桃林口三水库上游发生中小洪水时是能够优化 3 个水库联合调度的,即以水库防洪安全为前提,以下游滦县控制站防洪安全为目标,同时兼顾潘家口、大黑汀、桃林口三水库蓄水效益的方案为最优方案。

表 8-14　不同方法的评价排序

方法	排序		
	1	2	3
基于熵权的模糊优选模型	方案 3	方案 2	方案 1
传统模糊优选模型	方案 3	方案 2	方案 1

第9章　区域水资源优化配置研究

　　区域水资源是指天津、唐山、秦皇岛三市可利用的总的水资源。该区域普遍面临的问题是人均水资源量不足且时空分布很不均匀,水资源控制利用率和消耗率严重超标,地下水大部分严重超采,属于用水高度紧张区域。为更好地开发利用引滦水资源,开展区域水资源优化配置研究尤为重要。

9.1　水资源优化配置理论

9.1.1　水资源优化配置理论研究

　　水资源优化配置是指在一个特定流域或区域内,工程措施与非工程措施并举,对有限的不同形式的水资源进行科学合理的分配,其最终目的是实现水资源的可持续利用,保证社会经济、资源、生态环境的协调发展。水资源优化配置的实质就是提高水资源的配置效率,一方面是提高水的分配效率,合理解决各部门和各行业(包括环境和生态用水)之间的竞争用水问题;另一方面则是提高水的利用效率,促使各部门或各行业内部高效用水。

　　水资源优化配置包括需水管理和供水管理两方面的内容。在需水管理方面通过调整产业结构与调整生产力布局、积极发展高效节水产业、抑制需水增长势头,以适应较为不利的水资源条件。在供水管理方面则是协调各单位竞争性用水,加强管理,并通过工程措施改变水资源天然时空分布与生产力布局不相适应的被动局面。

　　对水资源进行优化配置,经历了以下几个发展阶段。

9.1.1.1　"以需定供"的水资源配置

　　"以需定供"的水资源配置阶段认为水资源是"取之不尽,用之不竭"的,以经济效益最优为唯一目标。以过去或目前的国民经济结构和发展速度资料预测未来的经济规模,通过该经济规模预测相应的需水量,并以此得到的需水量进行供水工程规划。上述思想将各水平年的需水量及过程均作定值处理而忽视了影响需水的诸多因素间的动态制约关系,着重考虑了供水方面的各种变化因素,强调需水要求,通过修建水利水电工程的方法从大自然无节制或者说掠夺式地索取水资源。其结果必然带来不利影响,诸如河道断流、土地荒漠化甚至沙漠化、地面沉降、海水倒灌、土地盐碱化等;另一方面,由于以需定供,没有体现出水资源的价值,毫无节水意识,也不利于节水高效技术的应用和推广,必然造成社会性的水资源浪费。因此,这种牺牲资源、破坏环境的经济发展需要付出沉重的代价,只能使水资源的供需矛盾更加突出。

9.1.1.2　"以供定需"的水资源配置

　　"以供定需"的水资源配置是以水资源的供给可能性进行生产力布局的,其强调资源的合理开发利用,以资源背景布置产业结构,它是"以需定供"的进步,有利于保护水资源。但是,水资源的开发利用水平与区域经济发展阶段和发展模式密切相关,如经济的发展有利于水资源开发投资的增加和先进技术的应用推广,必然影响水资源开发利用水平。

因此,水资源可供水量是与经济发展相依托的一个动态变化量,"以供定需"在可供水量分析时与地区经济发展相分离,没有实现资源开发与经济发展的动态协调,可供水量的确定显得依据不足,并可能由于过低估计区域发展的规模,使区域经济不能得到充分发展。这种配置理论也不适应经济发展的需要。

9.1.1.3　基于宏观经济的水资源配置

无论是"以需定供"还是"以供定需",都将水资源的需求和供给分离开来考虑,要么强调需求,要么强调供给,并忽视了与区域经济发展的动态协调。于是,结合区域经济发展水平并同时考虑供需动态平衡的基于宏观经济的水资源优化配置理论应运而生。

某一区域的全部经济活动构成了一个宏观经济系统,制约区域经济发展的主要影响因素有以下三方面:

(1)各部门之间的投入产出关系。投入是指各部门和各企业为生产一定产品或提供一定服务所必需的各种费用(包括利税);产出则是指按市场价格计算的各部门、各企业所生产产品的价值。在某一经济区域内,其总投入等于总产出。通过投入产出分析可以分析资源的流向、利用效率以及区域经济发展的产业结构等。

(2)年度间的消费和积累关系。消费反映区域的生活水平,而积累又为区域扩大再生产提供必要的物质基础和发展环境。因此,保持适度的消费、积累比例,既有利于人民生活水平的提高,又有利于区域经济的稳步发展。

(3)不同地区间的经济互补(调入调出)关系。不同的进出口格局必然影响区域的总产出,进而影响产业的结构调整和资源的重新分配。

上述三方面相互作用共同促进区域经济的协调发展。

基于宏观经济的水资源优化配置,通过投入产出分析,从区域经济结构和发展规模分析入手,将水资源优化配置纳入宏观经济系统,以实现区域经济和资源利用的协调发展。

水资源系统和宏观经济系统之间具有内在的、相互依存和相互制约的关系。当区域经济发展对需水量要求增大时,必然要求供水量快速增长,这势必要求增大相应的水投资而减少其他方面的投入,从而使经济发展的速度、结构、节水水平以及污水处理回用水平等发生变化以适应水资源开发利用的程度和难度,从而实现基于宏观经济的水资源优化配置。

另一方面,作为宏观经济核算重要工具的投入产出表只是反映了传统经济运行和均衡状况,投入产出表中所选择的各种变量经过市场而最终达到一种平衡,这种平衡只是传统经济学范畴的市场交易平衡,忽视了资源自身价值和生态环境的保护。因此,传统的基于宏观经济的水资源优化配置与环境产业的内涵及可持续发展观念不吻合,环境保护并未作为一种产业考虑到投入产出的流通平衡中,水环境的改善和治理投资也未进入投入产出表中进行分析,必然会造成环境污染或生态遭受潜在的破坏。已有研究表明,1993年我国因水污染造成的损失为302亿元,水资源破坏引起的损失为124亿元,两者合计约占当年国民生产总值的1.23%。因此,传统的宏观经济理论体系有待革新。

9.1.1.4　可持续发展的水资源配置

水资源优化配置的主要目标就是协调资源、经济和生态环境的动态关系,追求可持续发展的水资源配置。

可持续发展的水资源优化配置是基于宏观经济的水资源配置的进一步升华,遵循人口、资源、环境和经济协调发展的战略原则,在保护生态环境(包括水环境)的同时,促进经济增长和社会繁荣。目前,我国关于可持续发展的研究还没有摆脱理论探讨多、实践应用少的局面,并且理论探讨多集中在可持续发展指标体系的构筑、区域可持续发展的判别方法和应用等方面。在水资源的研究方面,主要集中在区域水资源可持续发展的指标体系构筑和依据已有统计资料对水资源开发利用的可持续性进行判别上。对于水资源可持续利用,主要侧重于时间序列(如当代与后代、未来等)上的认识,对空间分布上的认识(如区域资源的随机分布、环境格局的不平衡、发达地区和落后地区社会经济状况的差异等)基本上没有涉及,这也是目前对可持续发展理解的一个误区,理想的可持续发展模型应是时间和空间有机耦合。因此,可持续发展理论作为水资源优化配置的一种理想模式,在模型结构及模型建立上与实际应用都还有相当的差距,但它必然是水资源优化配置研究的发展方向。

上述几种发展阶段,有的不科学、不合理,有的不成熟、不完善。可持续发展理论体现了资源、经济、社会、生态环境的和谐发展,但目前多是理论研究和概念模型的设计,不便于实际操作。基于宏观经济投入产出分析的水资源优化配置,由于分析思路与目前国家统计部门统计口径相一致,相关资料便于获取,具有可操作实用性,但传统的投入产出分析中未能反映生态环境的保护,不符合可持续发展的观念。因此,将宏观经济核算体系与可持续发展理论相结合,对现行的国民经济产业以环保产业和非环保产业分类进入宏观经济核算,将资源价值和环境保护融入区域宏观经济核算体系中,建立可持续发展的国民经济核算体系势在必行,以形成水资源优化配置新理论。目前,这一理论体系的实施虽然难度很大,但是只有这样才能彻底改变传统的不注重生态环境保护的国民经济核算体系,使环保作为一种产业进入区域国民经济核算体系,以实现真正意义上的水资源可持续利用。

9.1.2　水资源优化配置的全局性

水资源优化配置是一个全局性问题,对于缺水地区,必然应该统筹规划调度水资源,保障区域发展的水量需求及水资源的合理利用。对于水资源丰富的地区,必须努力提高水资源的利用效率。我国目前的情况却不尽然,对于水资源严重短缺的地区,水资源的优化配置受到高度重视,我国水资源优化配置取得的成果也多集中在水资源短缺的北方地区和西北地区;对于水资源充足的南方地区,研究成果则相对较少,但是在水量充沛的地区,往往存在因水资源的不合理利用而造成的水环境污染破坏和水资源严重浪费,必须予以高度重视。例如,处于我国经济发展前沿的广州市,地处河网区域,其水量充沛,但由于不合理的开发利用使水环境遭受破坏,出现了有水不能用的尴尬局面,不但不利于广州市的经济持续发展,也必然影响全国水资源的优化配置。

市场经济条件下的水资源优化配置必须借助市场经济杠杆才可能实现,水市场的建立和不断完善必然有利于水资源的优化配置。由于水资源优化配置的核心之一就是提高水资源利用效率,因此在水资源优化配置中必须贯彻节水、高效的思想,促进节水型社会的形成和发展。

合理开发利用水资源、实现水资源的优化配置是我国实施可持续发展战略的根本保障。传统的水资源配置存在对环境保护重视不够、强调节水忽视高效、注重缺水地区的水资源优化配置而忽视水资源充足地区的用水效率提高、突出水资源的分配效率而忽视行业内部用水合理性等问题,影响了区域经济的发展和水资源的可持续利用,在水资源严重短缺的今天,必须注重水资源优化配置研究,特别是新理论和新方法的研究,协调好资源、社会、经济和生态环境的动态关系,确保实现社会、经济、环境和资源的可持续发展。

9.2 供水现状

9.2.1 区域供水水源地

9.2.1.1 天津市引水水源地

天津市是环渤海经济开发区的重要组成部分,近年来得到了快速发展,特别是随着滨海新区晋升为国家级开发区,未来的北方经济中心已略显雏形,但水资源的短缺严重制约了天津市社会经济的进一步发展。

天津市属严重缺水地区,水资源极其匮乏,当地水资源远远不能满足天津市社会经济的发展,大部分依赖外调水。目前,天津市城市生活及工业供水以滦河水为主,地下水为辅,引黄济津作为应急供水水源。为提高供水保证率,2010 年南水北调通水以后,天津市将有引滦入津工程、南水北调中线工程、南水北调东线工程和引黄济津工程 4 个外调水源工程。具体情况如下所述。

1) 引滦入津工程

引滦入津供水自尔王庄水库调节后,按供水区域分为 7 条供水路线:一是经尔王庄暗渠由宜兴埠泵站加压后入新开河和西河水厂,供天津城区生活及工业用水;二是通过引滦入塘供水工程为塘沽区供水,日供水能力 26 万 m^3;三是通过引滦入汉供水工程为汉沽区供水,全长 44.5 km,日供水能力 10 万 m^3;四是通过引滦入港供水工程为大港区供水,全长 96 km,日供水能力 20 万 m^3;五是通过引滦入开供水工程为天津开发区供水,全长 51.3 km,日供水能力 30 万 m^3;六是通过引滦入杨供水工程,为天津开发区逸仙科学工业园和杨村镇居民生活供水,全长 30.6 km,日供水能力 10 万 m^3;七是经新引河穿屈家店涵洞进入天津市区的海河,供城市环境用水。

2) 南水北调中线工程

南水北调中线工程从湖北省丹江口水库陶岔枢纽引水,调水线路经河南、河北、北京、天津四省市,全长约 1 432 km。总干渠在河北省保定市徐水县西黑山村附近分两路,一路向北为北京供水,一路经天津干线工程向天津供水,分水量为 10 亿 m^3,可收水 8.6 亿 m^3。

天津干线工程线路全长约 155 km(其中,河北省境内 131 km,天津境内 24 km),干线源头徐水县西黑山分水口设计流量为 50 m^3/s,加大流量为 60 m^3/s。

为保证城市供水的可靠和稳定,新建王庆坨水库和利用北塘水库作为南水北调中线工程向天津市供水的调节水库,调节库容为 0.6 亿 m^3。其中王庆坨水库有效库容为 0.4 亿 m^3,利用北塘水库库容为 0.2 亿 m^3。

预计南水北调天津段将于 2010 年开通。届时,长江水将可以通过天津干线工程至王庆坨水库,经调蓄后再通过各配套输水工程为天津市中心城区、西青、静海、大港、塘沽及天津开发区等地供水。

3)南水北调东线工程

南水北调东线工程是在现有江苏省江水北调工程基础上扩大规模向北延伸的输水工程,工程从江苏省扬州附近的长江北岸引水,利用和扩建京杭运河及与其平行的部分河道为主干线及分干线输水。黄河以南的地势是北高南低,共建设 13 级泵站提水北送,连通洪泽湖、骆马湖、南四湖、东平湖 4 个湖泊作为调蓄水库,总扬程约 65 m。经泵站逐级提水进入东平湖后,分为两路:一路向东经新辟的胶东地区输水干线接引黄济青渠道向胶东地区供水;另一路向北在山东省位山附近建设倒虹吸隧洞穿过黄河。引江水过黄河后,接小运河至临清,立交穿过卫运河,经临吴渠在吴桥城北入南运河,沿南运河输水至九宣闸到达北大港水库,经调蓄后通过天津市内配套输水工程向天津市中心城区、西青、静海、大港、塘沽及天津开发区等地供水。工程设计分水量分别为 2010 年的 5 亿 m³、2020 年的 10 亿 m³。

4)引黄济津工程

引黄济津工程是天津市应急调水工程,主要利用现有渠道和河道,其输水路径与南水北调东线工程黄河以北路径相同,全长 580 km。引黄济津工程受黄河水泥沙影响,在供水前后需要进行河道、渠道清淤扩挖、输水建筑物改造加固、沿江口门封堵等工作,供水能力受输水沿线影响较大。工程供水范围与南水北调东线工程供水范围相同。

9.2.1.2 唐山市引水水源地

唐山市是华北地区沿海重工业城市,地处环渤海湾中心地带,南临渤海,北依燕山,东与秦皇岛接壤,西与京、津毗邻,是连接华北、东北两大地区的咽喉要地和走廊。近年来,唐山市社会经济得到了长足的发展,特别是曹妃甸工业区的建设,为唐山市带来了前所未有的重大机遇。

与天津市一样,唐山市同属于华北地区严重缺水的城市之一。由于水资源短缺,唐山市多年来地下水严重超采,地面沉降成为主要地质灾害。为满足城市生活及工业用水及丰南农业用水的需求,唐山市主要依靠引滦入唐工程使用滦河水,部分使用地下水。滦下农业灌溉以潘家口水库、大黑汀水库供水为主,桃林口水库为辅助供水水源。

1)引滦入唐工程

引滦入唐工程是负责向唐山市引水的输水工程。引滦水自引滦分水枢纽闸起经渡槽跨越横河,通过还乡河经邱庄水库调蓄后,蜿蜒数十里注入陡河水库。工程由渡槽、隧洞、暗管、明渠及水库、电站、闸、涵等水工建筑物组成,全长 53 km。

2)滦下农业引水

滦下农业引水分为两部分:一部分是自大黑汀水库经滦河河道向滦下农业灌溉供水;另一部分是自桃林口水库通过青龙河河道汇入滦河下游河道向滦下农业灌溉供水。

9.2.1.3 秦皇岛市引水水源地

秦皇岛市位于河北省东北部,地处华北沿海地区,是我国北方重要的港口和旅游城市。秦皇岛市引水以桃林口水库通过引青济秦东西线对接工程为主,洋河水库、石河水库、汤河的温泉堡水库及汤河橡胶坝等为辅。

9.2.2 引滦水资源

引滦水资源是指引滦工程开发利用的滦河水资源。工程自建成以来,引滦水资源有利地促进了天津、唐山、秦皇岛三市的社会经济发展。

作为开发利用滦河水资源的重要水源水库,引滦工程中潘家口、大黑汀、桃林口三水库控制了滦河流域面积40 360 km²,占流域总面积的90%。

9.2.2.1 潘家口、大黑汀、桃林口三水库来水情况

潘家口水库设计多年平均径流量为 24.5 亿 m³,大黑汀水库设计多年平均径流量为 3.78 亿 m³,桃林口水库设计多年平均径流量为 9.60 亿 m³。

自引滦工程通水以后,在 1980 ~ 2007 年统计系列中,潘家口、大黑汀、桃林口三水库来水情况如下:

潘家口水库年平均径流量为 15.2 亿 m³,最大年径流量是 1994 年的 36.2 亿 m³,最小年径流量是 2000 年的 3.39 亿 m³。

大黑汀水库年平均径流量为 2.27 亿 m³,最大年径流量是 1991 年的 5.72 亿 m³,最小年径流量是 1997 年的 0.32 亿 m³。

桃林口水库年平均径流量为 4.93 亿 m³,最大年径流量是 1995 年的 14.9 亿 m³,最小年径流量是 1992 年的 1.30 亿 m³。

自 1999 年以来,潘家口、大黑汀、桃林口三水库年径流量急剧减少。1999 ~ 2007 年,潘家口水库年平均径流量为 7.43 亿 m³,大黑汀水库年平均径流量为 1.28 亿 m³,桃林口水库年平均径流量为 2.64 亿 m³,分别仅为潘家口水库、大黑汀水库和桃林口水库设计年平均径流量的 30%、34% 和 28%。

潘家口、大黑汀、桃林口三水库逐年来水情况如图 9-1 ~ 图 9-3 所示。

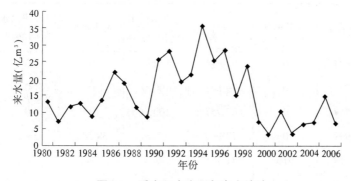

图 9-1 潘家口水库逐年来水统计

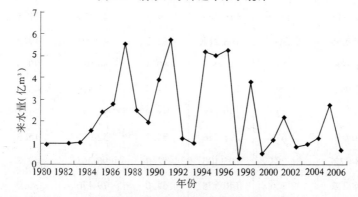

图 9-2 大黑汀水库逐年来水统计

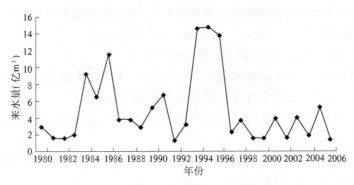

图 9-3　桃林口水库逐年来水统计

9.2.2.2　引滦工程供水情况

引滦工程自通水以来,截至 2007 年底,累计供水 345.98 亿 m³。具体是:

(1)引滦入津工程向天津市供水 133.0 亿 m³;

(2)引滦入唐工程累计向唐山市供水 184.7 亿 m³,其中向唐山市城市生活、工业及丰南农业供水 36.1 亿 m³,向滦下农业供水 148.6 亿 m³;

(3)桃林口水库向秦皇岛市供水 9.68 亿 m³,向唐山市滦下供水 18.6 亿 m³。

引滦工程具体供水情况如表 9-1、表 9-2 所示。

表 9-1　历年潘家口水库、大黑汀水库供水统计　　　　（单位:万 m³）

年份	引滦水量	入唐水量	合计	向唐山供水比例(%)	入津水量	向天津供水比例(%)	总计
1980	97 674	0	97 674	100.0	0	0	97 674
1981	79 848	0	79 848	100.0	0	0	79 848
1982	67 757	0	67 757	100.0	0	0	67 757
1983	73 999	0	73 999	65.8	38 541	34.2	112 540
1984	70 269	916	71 185	60.3	46 822	39.7	118 007
1985	41 619	0	41 619	59.5	28 300	40.5	69 919
1986	168 415	0	168 415	78.5	46 179	21.5	214 594
1987	195 866	2 348	198 214	82.7	41 591	17.3	239 805
1988	81 836	2 649	84 485	60.1	56 019	39.9	140 504
1989	92 942	21 295	114 237	54.5	95 420	45.5	209 657
1990	90 730	29 428	120 158	68.8	54 549	31.2	174 707
1991	270 070	23 676	293 746	84.7	52 979	15.3	346 725
1992	83 822	21 284	105 106	52.2	96 368	47.8	201 474
1993	108 212	32 366	140 578	64.0	79 176	36.0	219 754

续表9-1

年份	引滦水量	入唐水量	合计	向唐山供水比例(%)	入津水量	向天津供水比例(%)	总计
1994	300 158	58 059	358 217	89.2	43 360	10.8	401 577
1995	261 406	22 376	283 782	89.4	33 555	10.6	317 337
1996	295 917	28 371	324 288	90.0	36 228	10.0	360 516
1997	109 222	35 398	144 620	63.0	84 990	37.0	229 610
1998	113 206	26 592	139 798	81.7	31 373	18.3	171 171
1999	67 472	26 459	93 931	47.8	102 409	52.2	196 340
2000	37 899	21 397	59 296	54.8	48 913	45.2	108 209
2001	0	11 953	11 953	19.6	49 008	80.4	60 961
2002	33 315	24 289	57 604	56.1	45 013	43.9	102 617
2003	8 155	14 815	22 970	34.3	44 032	65.7	67 002
2004	16 346	12 369	28 715	42.5	38 927	57.5	67 642
2005	5 711	17 004	22 715	34.5	43 071	65.5	65 786
2006	18 862	15 669	34 531	33.2	69 372	66.8	103 903
2007	23 110	14 703	37 813	38.1	61 356	61.9	99 169

表9-2　历年桃林口水库供水统计　　　　　　　　　(单位:万 m³)

年份	引滦水量	引滦水量占总供水量的比例(%)	入秦水量	入秦水量占总供水量的比例(%)	总计
1999	57 011	84.1	10 787	15.9	67 798
2000	37 297	78.2	10 399	21.8	47 696
2001	0	0	8 637	100.0	8 637
2002	33 315	70.7	13 809	29.3	47 124
2003	8 155	42.2	11 160	57.8	19 315
2004	16 346	69.5	7 171	30.5	23 517
2005	5 711	47.3	6 362	52.7	12 073
2006	18 862	53.7	16 241	46.3	35 103
2007	9 090	42.5	12 279	57.5	21 369

9.2.3　区域水资源

9.2.3.1　天津市水资源

1)降水量

天津市全市多年平均降水量为 575 mm,在保证率为 50%、75%、95%的年份的降水量值分别为563.4 mm、459.9 mm、344.9 mm。从降水时间分配上来看,天津市年内降水量分配不均,主要集中在 6~9 月,占全年降水的 70%~80%;降水量年际差异悬殊,最大年份(1964)降水量(948.4 mm)为最小年份(1968)降水量(306.6 mm)的3.1倍。

2)水资源量

天津市多年平均地表水资源量为10.65亿 m^3。其中,在保证率为50%、75%、95%的年份的地表水资源量分别为9.32亿 m^3、5.79亿 m^3、2.54亿 m^3。天津市地表水具有年际变化大的特性。最大年径流量发生在1978年,为23.76亿 m^3;最小年径流量发生在1997年,为0.45亿 m^3,相差52.8倍。天津市地下水资源量为5.90亿 m^3。

根据地表径流量和地下水资源量分析统计,扣除重复计算量,天津市水资源总量为15.69亿 m^3。

由于降水量、径流量具有分配不均的特性,因此要求天津市具有较大的调蓄能力,以满足天津市的社会经济用水需求。

3)可供水量

在50%保证率的情况下,天津市的现状可供水量为25.51亿 m^3。其中引滦(含引黄)供水量为7.5亿 m^3,地表水可供水量为10.31亿 m^3,地下水可开采量为7.34亿 m^3,海水利用折合淡水水量0.36亿 m^3。

4)引水量

2000~2007年底,天津市累计外调水量55.85亿 m^3,年平均外调水量6.98亿 m^3。引滦入津累计供水水量39.95亿 m^3(大黑汀水库出口水量),年平均供水水量4.99亿 m^3。期间共4次实施引黄济津,累计收水水量15.9亿 m^3(天津市九宣闸收水量),占外调总水量的28%。

5)供水实例

以2003年为例,天津市现有供水设施的实际供水量为20.87亿 m^3。其中地表水13.37亿 m^3(含引滦、引黄水量)、地下水7.14亿 m^3、海水直接利用替代淡水和海水淡化0.36亿 m^3,分别占总供水量的64.06%、34.21%、1.73%。

从供水性质来看,生活用水量4.48亿 m^3,工业用水量4.98亿 m^3,农业用水量11.41亿 m^3。

9.2.3.2　唐山市水资源

1)降水量

唐山市多年平均降水量为625.0 mm,保证率为20%、50%、75%、95%的年份的降水量分别为760.2 mm、615.2 mm、510.9 mm、379.0 mm。唐山市降水量具有年内分配非常集中的特点,连续最大4个月降水量主要集中在汛期6~9月,汛期降水量占全年降水量的78%~85%,唐山市降水量年际变化也较大。

2)水资源量

唐山市多年平均地表水资源量为14.62亿 m^3。其中,保证率为50%、75%、95%的年份的地表水资源量分别为13.36亿 m^3、8.12亿 m^3、2.20亿 m^3。地下水资源量14.36亿 m^3。

根据唐山市地表径流量和地下水资源量分析统计,地下水资源量扣除重复计算量为9.69亿 m^3,唐山市当地水资源总量为24.31亿 m^3。

3)可供水量

在保证率为50%的情况下,唐山市现有各种水利设施平均每年供水能力为33.6亿

m³,其中地表水可供 13.8 亿 m³(含引滦水),地下水可供 19.8 亿 m³。

4)引水量

2000 年至 2007 年底,唐山市累计引水水量 42.5 亿 m³,年平均引水量 5.31 亿 m³。其中,引滦入唐累计供水水量 13.2 亿 m³(大黑汀水库出口水量),年平均供水水量 1.65 亿 m³;大黑汀水库向滦下农业累计供水 14.3 亿 m³(大黑汀水库出口水量),年平均供水水量 1.79 亿 m³;桃林口水库累计供水水量 15.0 亿 m³(桃林口水库出口水量),占引水总量的 35%。

自 2008 年起,曹妃甸工业园区将开始引水,初期年引水量为 0.8 亿 m³。

9.2.3.3 秦皇岛市水资源

1)降水量

秦皇岛市多年平均降水量为 658.0 mm,保证率为 50%、75%、95%的年降水量分别为 644.8 mm、533.0 mm、394.8 mm。降水量年内分配很不均匀,降水量的 81%以上集中在汛期 6~9 月。

2)水资源量

秦皇岛市区多年平均径流量为 0.63 亿 m³,保证率为 50%、75%的年径流量分别为 0.50 亿 m³、0.26 亿 m³。

地下水资源量为 0.50 亿 m³,其中海港区、北戴河区、山海关区地下水资源量分别为 0.28 亿 m³、0.05 亿 m³、0.17 亿 m³。

3)可供水量

秦皇岛市总水资源量保证率在 75%时年均可利用水资源量 3.9 亿 m³,保证率在 95%时年均可利用水资源量为 3.0 亿 m³。

4)供水实例

2003 年,秦皇岛市水利工程实际总供水量 8.66 亿 m³。按供水水源分,地表水工程供水 2.87 亿 m³,地下水工程供水 5.79 亿 m³。按社会经济门类分,农业供水 6.17 亿 m³,工业供水 1.22 亿 m³,城市生活供水 1.27 亿 m³。

9.2.4 区域水资源利用分析

水是生活、生产不可缺少的自然资源和环境资源,供水紧张直接关系到人民生活和城市经济的发展。

9.2.4.1 天津市水资源利用分析

1)城市发展受到制约

天津的土地面积和人口仅占环渤海地区的 0.62%和 3.52%,而国内生产总值、工业总产值、万吨级码头泊位、港口吞吐量却分别占 6.27%、8.84%、30.97%和 19.6%。无论在环渤海地区,还是在京津唐地区,天津都有着开放前沿的区位优势。

由于受自然环境的制约,天津市的水资源严重短缺,人均水资源占有量为 153 m³,仅为全国均值的 6.9%,远远低于世界公认的人均占有量 1 000 m³ 的缺水警戒线,属重度缺水地区。

随着天津市社会经济的发展和城市规模的扩大,特别是滨海新区将成为继深圳、浦东之后的中国经济第三增长极,水资源供需矛盾越来越突出,已成为制约天津市可持续发展的焦点问题,直接影响到天津市城市居民生活和工业正常用水。因此,要从根本上解决天津市水资源紧缺和环境恶化问题,有赖于外调水。根据规划,天津市未来将拥有包括引滦入津、南水北调中线、南水北调东线及引黄济津4个外调水源工程,将有利于解决天津市的用水安全。

2)地下水超采

地下水作为重要水源,在天津市社会、经济发展中发挥了巨大作用。但是,由于长期超量开采,已造成地下水位持续下降、地下水资源不断减少、地面下沉以及水权纷争等一系列严重后果。

受近几年持续干旱及需水量不断加大的影响,天津市滨海地区地下水开采量持续增大,导致深层地下水降落漏斗连成一片,地面沉降速度加快。

长期的地面沉降使海河河道的防洪和航运能力严重降低,天津的城市排水系统能力降低,并导致了沿海风暴潮危害加重、港口功能减弱、海水入侵、土壤盐渍化、海岸侵蚀等问题。局部地面不均匀沉降经常导致地面开裂、建筑物地基破坏、地下管线剪切破坏,以及地形测量标志和测量成果的破坏。此外,地面沉降还引起了天津市地下含水层结构的破坏。对于严重资源型缺水的天津市来讲,这无疑又是一个巨大的损失。

天津市在津冀边界新建宁河北岳龙水源入区工程向天津开发区供水,不仅进一步加剧了宁河地区地下水资源超采的严重程度,还引发了与河北省的水事纠纷。

3)地面沉降

天津市地下水可开采资源量为7.30亿 m^3,由于水文地质条件的差异和开采布局等原因,宁河县及天津市中南部地区的深层地下水超采严重。

引滦入津前,天津市因地表水资源非常紧缺,地下水多年来一直严重超采,地下水位由海拔标高的0 m降至 - 80.00 m左右,致使全市总面积11 919.7 km^2 中有8 000 km^2 的地面下沉,其中地面累计沉降量超过1.00 m的面积达4 080.48 km^2,形成了中心城区、塘沽、汉沽、大港、静海、武清几个主要下降漏斗和沉降中心,沉降区范围约7 300 km^2,占全市总面积的61.2%。水位埋深最大已超过100 m,地面沉降累计(1959年以来)中心城区最大值达2.85 m,塘沽达3.14 m。其中,中心城区地面沉降累计2.5 m的面积为3.2 km^2;中环线以内累计沉降已大于1.5 m;塘沽区低于海平面的范围约8.0 km^2。1985年以来,虽采取了控制措施,中心城区沉降速率有所降低,但新四区和海河下游工业区等引滦工程供水范围以外地区因无替代水源仍不得不继续超采地下水,地面沉降仍十分严重,沉降速度平均每年20~42 mm。严重的地面下沉已给城市供、排水管道,地下铁道以及河道堤防等设施造成危害,沿海地区还加重了风暴潮的灾害损失。地面沉降已成为天津市的主要地质灾害,在某种程度上制约着天津市社会经济的可持续发展。

自引滦入津以来,中心城区和塘沽区地下水使用量减少,中心城区每年的平均沉降量已经由1985年的86 mm减缓到2005年的25 mm,地面沉降速度有了明显减缓。由于工业布局、结构调整,城郊地区和海河下游工业区等引滦工程供水范围以外地区尚无替代水源,仍不得不继续超采地下水,地面沉降仍然十分严重。

4)水生态环境恶化

由于水资源短缺、环境污染及各河流水量逐年减少,不仅导致了河道相继断流、地下水超采、湿地退化、海水内侵等问题,还造成了水体自净能力降低,加上废、污水大部分未经处理就直接排入河流,造成各河流水体污染严重、水质恶化。

为满足日益增长的社会、经济用水需求,天津在大力推进各业节水和实施外调水的基础上,仍不得不提高当地水和过境水的开发利用程度,已经远远超出其水资源承载能力。除超采地下水外,挤占河道和其他地表水水体的生态环境用水,减少入海水量等也造成了相当严重的生态环境问题。1980~2000 年平均年入海水量仅为 15.8 亿 m³,即除少量汛期洪水外,其余径流基本全部被拦蓄利用。此外,天津市全区污水排放量也大大超过了水环境承载能力,2006 年全市废污水排放量 5.24 亿 t,实际的水体环境容量远远不能满足稀释净化要求。

水资源开发利用超出承载能力的直接表象就是水生态环境恶化,除大范围地面沉降外,还有严重的湖泊湿地萎缩和河道断流,以及大面积严重的水污染。随着上游和本地区水资源过度开发,“九河下梢”的面貌早已不复存在,湿地面积和湖泊面积与 20 世纪五六十年代相比减少了 80%。此外,全市 19 条一级河道,绝大部分为 V 类水或劣 V 类水质。

排放到河道中的废、污水很大一部分被用于农业灌溉,全市农田污灌面积达 240 万亩,占全市农田有效灌溉面积的 40%。绝大部分灌溉污水未经任何处理,给周边环境和人体健康带来危害。由于入海径流减少和污染的严重,河口地区具有经济价值的鱼类基本上绝迹,渤海湾著名的大黄鱼等优良鱼种基本消失。近 10 年来,渤海赤潮频频发生,造成了严重的经济损失。水环境的恶化已影响到天津市社会、经济的可持续性发展。

9.2.4.2　唐山市水资源利用分析

1)城市发展受到制约

唐山市是全国严重缺水城市之一,人均占有量仅为 340 m³,约占全国人均水资源占有量的 1/6。

唐山市是重工业城市,冶金、发电、陶瓷、煤炭等行业发达,然而这些行业均为高耗水行业,水资源需求量较大。但近年来,由于受缺水的制约,这些行业在采取了一系列节水措施的同时,仍然不得不面临生产能力被压缩、发展速度逐步减慢的窘境。

水是农业的命脉,保证农业用水供给是提高粮食综合生产能力的重要前提,缺水对唐山市的农业生产造成了很大影响。唐山市滦下农业灌溉区是华北地区著名的水稻生产区,但由于水资源的短缺,水稻生产面积已由原来的 135 万亩缩减为目前的 60 万亩。

随着唐山市在加快经济发展和曹妃甸开发区建设的深化,用水需求不断加大。供水不足已成为制约唐山市工农业生产发展、城市发展的重要因素。

2)地下水超采

唐山市地下水超采严重。为满足工、农业用水需要,只能依靠超采地下水及利用污水进行灌溉,导致地下水位逐年下降,形成多处地下漏斗,并造成地面下沉、局部塌陷等多种地质危害。随着经济社会的发展、人口的增长及自然条件的变化,特别是自 1997 年以来,水资源紧缺矛盾更加突出。如 2004 年唐山市超采地下水 9.21 亿 m³。由于地下水的超采,造成地下水位普遍下降 1~2 m,唐山市区个别地区达 5~7 m。唐山市中心区地下水位连续下降,仅 2002 年下降达 5 m,目前唐山市超采区面积已达 300 km²,其中严重超采区达 240 km²。

3）水资源利用率低

唐山市水资源利用效率总体上偏低，唐山平均每立方米水产出的 GDP 仅为世界水平的 1/2；平均每立方米粮食产量为 1.05 kg，仅为发达国家的 2/3。城区一般工业用水重复利用率为 80%，其余地区中、小企业用水重复利用率仅为 50% 左右。唐山供水管网漏失率为 18%，漏水情况较为严重。目前，唐山市城市节水器具普及率仅为 40%。由于农业水价偏低，农业上大水漫灌现象较多。缺水与用水浪费并存，加剧了水资源供需矛盾。

4）水污染严重

由于工业企业排污、水土流失、畜禽养殖、城乡居民生活排放废弃物未能完全得到妥善治理，对地表水和地下水造成污染。目前，唐山市大部分河流水质为劣 V 类，水生态环境污染严重。

9.2.4.3　秦皇岛市水资源利用分析

1）城市发展局部受到限制

秦皇岛市属资源型缺水城市，人均占有量为 590 m^3，仅为全国人均水量的 1/4，但是属河北省水量较为丰沛的地区。

秦皇岛市地处河北省东北部，位于环渤海经济区的中间地带，是著名的旅游观光城市，也是我国首批对外开放的沿海港口城市之一。

作为华北地区重要的旅游、港口城市，水资源短缺限制了秦皇岛市可持续发展的潜力。秦皇岛市人口流动性较大，年内旅游期间与平时供水量差异悬殊，造成在供水高峰期城市自来水供给不足，制约了城市规模的扩大、经济的快速发展。另外，在与青岛市争夺 2008 年奥运海上项目举办城市时，水资源短缺、开发程度低是秦皇岛市落选的重要因素之一。

2）管理分散

秦皇岛市水资源缺乏统一管理。水资源开发利用分属水利、城建、环保等部门，取用分离、污染防治分割管理，造成水资源乱开滥采，浪费、污染都比较严重，破坏了水资源生态环境，没有真正发挥水资源的价值。

3）地下水超采

秦皇岛市境内部分地区过量开采地下水，出现了 3 处较严重的地下水位降落漏斗区和 1 处海水入侵区，即昌黎县城、樊各庄、留守营漏斗区和枣园海水入侵区。地下水位漏斗区总面积为 6.54 km^2，海水入侵调查面积约 22 km^2。20 年来，由于地下水开采量迅速增大，地表水枯水季节几乎无水入海，造成海水对淡水含水层的入侵，距离达 6～8 km。

4）水污染严重

水资源开发利用已接近可开发资源量，水体自净能力下降。桃林口、洋河两水库为秦皇岛市境内重要引水源地，但 2006 年洋河水库暴发蓝藻，只能用于农业生产而无法满足城市生活用水需求；滦河入海口水质恶化，海水侵蚀现象严重，部分区域海水水质受到污染，海洋生物资源呈现减少趋势；农村部分地区森林资源遭到破坏，生态效益下降，水土流失严重。

对石河、汤河、洋河等 11 条河流 19 个河段进行水质现状评价。符合Ⅲ类水质标准的河段 5 个，占评价河段的 26.3%，超标河段 14 个，占评价河段的 73.7%，其中严重污染的河流或河段 6 个,占评价河段数的 31.6%。

5)水资源浪费

秦皇岛市由于供水保证率高,水价偏低,全社会水危机忧患意识淡薄,水资源浪费现象严重。一是工矿企业节水设施陈旧、缺乏,水的重复利用率多在 50% 左右,发达国家为 70% 以上,万元产值耗水量 80 ~ 100 m³,为发达国家的 10 ~ 20 倍。二是一些自备水源单位,计量不准,计划用水不落实。三是生活用水浪费严重,全市机关、学校、宾馆等单位多数没有制订用水计划,没有强制性节水措施,没有普及节水洁具等,随意用水、管道滴漏等浪费现象随处可见。四是污水利用率低,仅为 11.3%。受污水处理能力及利用对象与设施所限,处理后的污水除少量用于灌溉外,城市绿化、消尘、冲厕等均取用新鲜水。

在农村,农业用水(特别是灌溉)浪费最为严重。粗放耕作、土渠输水、大水漫灌,没有科学的灌溉制度。2003 年统计,秦皇岛市灌溉总用水量 6.5 亿 m³,仅渠道输水损失即可达 1.47 亿 m³。三大灌区水稻种植年用水量 2.3 亿 m³,平均耗用水 21 600 m³/km²,较节水灌溉定额费水 1.12 亿 m³,水利用系数仅为 0.48。

9.2.5 区域水资源评价

9.2.5.1 天津市水资源评价

天津市地表水源工程年平均供水量 9.24 亿 m³,占地表水资源量的 87% 以上,地表水资源开发潜力较小。地下水可开采资源量为 7.30 亿 m³,现状地下水开采量 8.22 亿 m³,属严重超采。天津市属资源型重度缺水地区。

9.2.5.2 唐山市水资源评价

唐山市地表水资源开发利用率 36.0%,开发利用程度很高;浅层地下水开采率 136.7%,深层承压地下水开采率 345.0%,属于严重超采。农业按照充分供水考虑,唐山市在 50% 保证率下缺水率为 34.0%,在 75% 保证率下缺水率为 40.3%。唐山市属资源型严重缺水地区。

9.2.5.3 秦皇岛市水资源评价

秦皇岛市地表水控制工程年供水量 3.52 亿 m³,开发利用程度为 28%,每年有大量弃水入海;地下水工程年供水量 4.87 亿 m³,地下水开采系数 1.0。

秦皇岛市属资源型缺水城市,但与天津、唐山两市相比较,秦皇岛市人均水资源占有量要多,属河北省水资源较为丰沛的地区。

9.3 区域水资源供需分析

为和全国水资源综合规划成果相一致,本书选择的规划水平年为:现状年为 2003 年,近期水平年 2010 年,中期水平年 2020 年。

9.3.1 天津市水资源需求分析

9.3.1.1 需水预测

根据《天津市中长期供水规划》,预测天津市 2010 年需水为 38.25 亿 m³(保证率为 50%)、39.44 亿 m³(保证率为 75%),其中城市生活、工业及生态环境需水量在 50% 和 75% 保证率均为 19.38 亿 m³。

预测天津市 2020 年需水为 43.13 亿 m³(保证率为 50%)、44.25 亿 m³(保证率为

75%），其中城市生活、工业及生态环境需水量在保证率为 50% 和 75% 时均为 24.83 亿 m³。

天津市需水成果详见表 9-3。

表 9-3　天津市需水量成果汇总　　　　　　（单位：亿 m³）

项目		保证率为 50%			保证率为 75%			保证率为 95%		
		现状年	2010 年	2020 年	现状年	2010 年	2020 年	现状年	2010 年	2020 年
生活	城镇生活	2.75	4.68	6.40	2.75	4.68	6.40	2.75	4.68	6.40
	农村生活	1.04	0.71	0.51	1.04	0.71	0.51	1.04	0.71	0.51
生产	第二产业	5.92	7.05	8.25	5.92	7.05	8.25	5.92	7.05	8.25
	第三产业	1.65	1.69	2.41	1.65	1.69	2.41	1.65	1.69	2.41
	农田灌溉	18.90	16.44	15.94	19.85	17.63	17.06	19.85	17.63	17.06
	林牧渔	1.57	1.72	1.85	1.62	1.72	1.85	1.62	1.72	1.85
生态环境	城镇	0.59	1.33	2.25	0.59	1.33	2.25	0.61	2.63	3.99
	其他	4.03	4.63	5.52	4.03	4.63	5.52	4.03	4.63	5.72
合计		36.45	38.25	43.13	37.45	39.44	44.25	37.47	40.74	46.19

9.3.1.2　供水预测

预测天津市 2010 年可供水为 40.39 亿 m³（保证率为 50%）、37.29 亿 m³（保证率为 75%），其中城市生活、工业及生态环境可供水量为 25.67 亿 m³（保证率为 50%）和 23.58 亿 m³（保证率为 75%）。

预测天津市 2020 年可供水为 47.50 亿 m³（保证率为 50%）、44.71 亿 m³（保证率为 75%），其中城市生活、工业及生态环境可供水量为 32.14 亿 m³（保证率为 50%）和 30.05 亿 m³（保证率为 75%）。

综合以上各项供水（其中引黄水作为应急供水，未作专项统计），天津市可供水总量预测如表 9-4 所示。

表 9-4　天津市可供水量预测汇总　　　　　　（单位：亿 m³）

水平年	保证率（%）	当地水资源		非常规水资源				外调水		总量	
		地表水	地下水	再生水	微咸水	海水利用		引滦与中线	东线	引江不生效	引江生效
						直接利用	淡化				
现状年	50	10.31	5.70	0.08	0.00	0.34	0.02	7.76	0.00	24.21	—
	75	7.46	5.70	0.08	0.00	0.34	0.02	7.76	0.00	21.36	—
	95	2.34	5.70	0.08	0.00	0.34	0.02	5.21	0.00	13.69	—
2010 年	50	10.08	5.70	6.85	0.60	0.43	1.50	15.23	0.00	32.92	40.39
	75	7.38	5.70	6.85	0.60	0.43	1.50	14.83	0.00	30.22	37.29
	95	2.33	5.70	6.85	0.60	0.43	1.50	13.14	0.00	22.62	30.55
2020 年	50	9.63	5.70	9.70	0.80	0.64	1.80	15.23	4.00	—	47.50
	75	7.24	5.70	9.70	0.80	0.64	1.80	14.83	4.00	—	44.71
	95	2.30	5.70	9.70	0.80	0.64	1.80	13.14	4.00	—	38.08

9.3.1.3　供需平衡分析

因引滦工程只向天津市提供城市生活、工业及生态环境用水,所以本节供需平衡分析不考虑天津市农业生活、生产用水。

根据天津市水资源供需平衡分析,2010 水平年,城市生活、工业及生态环境用水需求量为 19.38 亿 m^3,需要外调水量(引滦入津和南水北调中线工程组合平均调水量)15.58 亿 m^3。2020 水平年,城市生活、工业及生态环境用水需求量为 24.83 亿 m^3,需要外调水量(引滦入津和南水北调中线工程组合平均调水量)17.06 亿 m^3。

天津市外调水源以引滦入津工程和南水北调中线工程为主。天津市目前用于城市生活、工业及生态环境用水的外调水量约为 7.00 亿 m^3。南水北调中线工程通水以后,可供水量 10 亿 m^3,收水量 8.6 亿 m^3,再加上引滦入津工程可供毛水量 10 亿 m^3(保证率为 75%),收水量 8 亿 m^3。一般年份下,能够满足天津市 2010 年城市生活、工业及生态环境用水需求,但不能满足天津市 2020 年城市生活、工业及生态环境用水需求量。但 2000 ~ 2007 年,引滦入津工程分配给天津市的年平均供水量为 4.99 亿 m^3,远远低于正常年份 10 亿 m^3 的供水量。

因此,2010 年南水北调通水以后,在潘家口水库正常来水年份,基本能够满足天津市城市生活、工业和生态环境用水的需求,但在潘家口水库来水偏枯的年份,天津市城市生活、工业和生态环境用水的需求将受到一定程度影响。

9.3.2　唐山市水资源需求分析

9.3.2.1　需水预测

需水预测主要参考了《唐山市水资源综合规划》成果。依据唐山市的社会、经济发展现状和经济发展中存在的问题,对唐山市社会、经济发展和国民经济需水(现状年、2010 年、2020 年)进行预测。

综合社会经济需水和生态环境需水计算结果,预测唐山市 2010 年需水为 35.45 亿 m^3(保证率为 50%)、38.79 亿 m^3(保证率为 75%),其中城市生活、工业及生态环境需水量在保证率为 50% 和 75% 时均为 22.48 亿 m^3。

预测唐山市 2020 年需水为 37.9 亿 m^3(保证率为 50%)、41.04 亿 m^3(保证率为 75%),其中城市生活、工业及生态环境需水量在保证率为 50% 和 75% 时均为 27.83 亿 m^3。

唐山市预测结果汇总如表 9-5 所示。

9.3.2.2　供水预测

根据《唐山市水资源综合规划》,预测唐山市 2010 年可供水为 33.27 亿 m^3(保证率为 50%)、31.09 亿 m^3(保证率为 75%)。

预测唐山市 2020 年可供水为 34.89 亿 m^3(保证率为 50%)、34.69 亿 m^3(保证率为 75%)。

唐山市可供水量预测如表 9-6 所示。

表 9-5　唐山市水资源需求预测汇总　　　　　　（单位:亿 m³）

项目		保证率为 50%			保证率为 75%			保证率为 95%		
		现状年	2010 年	2020 年	现状年	2010 年	2020 年	现状年	2010 年	2020 年
生活	城镇生活	1.02	1.78	2.46	1.02	1.78	2.46	1.02	1.78	2.46
	农村生活	1.22	1.17	1.04	1.22	1.17	1.04	1.22	1.17	1.04
	合计	2.24	2.95	3.50	2.24	2.95	3.50	2.24	2.95	3.50
生产	第二产业	6.13	8.19	9.97	6.13	8.19	9.97	6.13	8.19	9.97
	其中火电	0.38	0.56	0.91	0.38	0.56	0.91	0.38	0.56	0.91
	一般行业	5.75	7.63	9.06	5.75	7.63	9.06	5.75	7.63	9.06
	第三产业	0.58	0.81	1.08	0.58	0.81	1.08	0.58	0.81	1.08
	农业	21.51	19.98	19.00	25.30	23.32	22.14	31.29	28.30	26.76
生态环境		2.58	3.52	4.35	2.58	3.52	4.35	2.58	3.52	4.35
合计		33.04	35.45	37.9	36.83	38.79	41.04	42.82	43.77	45.66

表 9-6　唐山市可供水量预测　　　　　　（单位:亿 m³）

水平年			2010 年		2020 年	
来水频率			50%	75%	50%	75%
地表水源供水	大型水库		11.2	10.15	11.57	10.96
	当地地表水		4.29	2.92	4.56	3.29
	小计		15.49	13.07	16.13	14.25
地下水源供水	浅层水		11.69	11.83	9.81	11.35
	深层水		1.22	1.32	1.03	1.17
非常规水资源	再生水利用		3.25	3.25	4.57	4.57
	矿井疏干水		0.75	0.75	0.89	0.89
	集雨工程	农村	0.06	0.06	0.08	0.08
		城市	0.04	0.04	0.08	0.08
	海水利用	直接利用	0.12	0.12	0.79	0.79
		淡化	0.12	0.12	0.61	0.61
	微咸水		0.53	0.53	0.90	0.90
合计			33.27	31.09	34.89	34.69

9.3.2.3　供需平衡分析

根据唐山市水资源供需平衡分析,2010 水平年,一般年份和干旱年份分别缺水 9.02 亿 m³ 和 15.00 亿 m³,缺水率分别达到 21.32% 和 32.54%。2020 水平年,一般年份和干旱年份分别缺水9.28亿 m³ 和13.07亿 m³,缺水率分别达到21.01%和27.37%。

唐山市2010年和2020年无论是正常年份还是一般干旱年份都存在比较大的供水缺口。因此,唐山市用水仍将挤占农业用水,来满足城市生活、工业及生态环境的用水需求。

9.3.3 秦皇岛市水资源需求分析

9.3.3.1 需水预测

依据秦皇岛市社会、经济发展现状以及秦皇岛市发展规划纲要,综合社会经济需水和生态环境需水计算结果,预测2010年秦皇岛市需水2.93亿 m³,其中城市生活及工业需水总量为1.63亿 m³;预测2020年秦皇岛市需水4.40亿 m³,其中城市生活及工业需水总量为3.10亿 m³。

9.3.3.2 供水预测

根据秦皇岛市长系列水文资料分析,在保证率为75%时,可供水量为3.90亿 m³;在保证率为95%时,可供水量为3.00亿 m³。

9.3.3.3 供需平衡分析

根据秦皇岛市水资源供需平衡分析,水资源供水能够满足秦皇岛市城市生活及工业用水需求。根据秦皇岛市用水现状,正常年份基本能够满足秦皇岛全市城市生活、工业、农业和生态环境用水需求。考虑到秦皇岛市将来发展,对水资源的需求将会进一步的增加,秦皇岛市将会出现水资源供应不足的情况。

9.3.4 曹妃甸工业区供水

曹妃甸工业区是引滦工程新的供水渠道,随着首钢、石化等大型企业的搬迁,曹妃甸工业区将建设成为华北地区重要的钢铁、石化等重工业产业基地。

根据《曹妃甸工业区产业发展规划纲要》,曹妃甸工业区不存在农业用水需求。在2010水平年,曹妃甸工业区城市生活及工业用水需求为1.39亿 m³;至2020水平年,曹妃甸工业区城市生活及工业用水需求为2.34亿 m³。

曹妃甸工业区用水主要来源于地表水、雨水利用、中水回用和海水利用四部分,具体如下:在地表水方面,规划以潘家口、大黑汀、陡河三水库引水为主水源,以桃林口水库引水为辅水源。园区设计建设最大库容为145.8万 m³ 的陡河原水蓄水水库,在生活服务区和码头的生活区建立规模为2.5万 m³/d 的水厂;供水管线方面,自陡河水库至曹妃甸工业区敷设全长99 km、年输水能力9 000万 m³ 的原水引水管。

在雨水利用方面,曹妃甸工业区做了大量工作。曹妃甸工业区是一个新建城区,具有大规模建设集雨工程的先天条件,是今后发展城市集雨工程的重点区域。为了节约用水,唐山市水务局计划曹妃甸工业区实现全面雨污分流,区内所有大型企业必须修建雨水收集工程,集雨工程可利用水量计算公式

$$W = A\alpha\beta P\gamma \tag{9-1}$$

式中　W——可利用水量;

$\quad\quad A$——国土面积;

$\quad\quad \alpha$——大型企业占国土面积的比例;

$\quad\quad \beta$——大型企业中不透水域面积所占比例,取0.9;

$\quad\quad P$——降水深,取距离曹妃甸最近的南堡区的降水量563.9 mm;

γ——不透水域上扣除蒸发后的产流系数,取 0.9。

根据《曹妃甸工业区产业发展规划纲要》,曹妃甸在 2010 年和 2020 年城市集雨工程可利用水量分别为 266 万 m^3 和 645 万 m^3。

在海水利用方面,曹妃甸工业区地处唐山市滦南县南部海域,具备充分利用海水的有利条件。直接利用海水主要用于电厂冷却和卫生用水两个方面。根据规划,曹妃甸工业区在 2010 年和 2020 年直接利用海水分别达到 0.12 亿 m^3 和 0.79 亿 m^3。除直接利用外,海水淡化是曹妃甸工业区利用海水的另一种方式。根据《唐山市曹妃甸工业区水资源论证报告》,确定 2010 年考虑利用少量淡化海水量为 0.26 亿 m^3,2020 年为 0.37 亿 m^3。

在中水回用方面,根据《唐山市国民经济和社会发展"十五"计划纲要》,曹妃甸污水处理场的处理能力将达到 25 万 t/d。预计到 2010 年再生水处理率将达到 60%,再生水回用量将达到 0.34 亿 m^3,2020 年再生水回用量可达到 0.59 亿 m^3,处理后的水将可以用于工业、城镇生态和农业灌溉。

由于曹妃甸工业区的特殊地位及水资源保证率要求,该区在区域水资源配置中具有最高优先级,通过区域水资源合理调配,基本能够满足未来水平年曹妃甸工业区的各项用水需求。

9.4　区域水资源可持续利用对策

9.4.1　天津市水资源可持续利用对策

随着南水北调中线工程通水,天津市供水结构将会发生变化,为保证天津市供水安全、改善区域水资源生态环境,建议从以下几方面采取相应的应对措施。

9.4.1.1　合理制定天津市外调水供水指标

引滦入津工程和南水北调中线工程均为天津市重要的外调引水工程,从保障天津市供水安全的角度出发,建议提出最优供水方案,制定天津市引滦入津工程和南水北调中线工程的供水指标,实现引滦水和引江水合理配置。

9.4.1.2　提高城市生活及工业供水指标

多年来,由于水资源的短缺,天津市每年都要控制用水指标,以达到城市生活用水及工业用水最低限量的基本需求。城市日供水量已由 20 世纪 90 年代的 220 万 m^3 下降到目前的 151 万 m^3。随着天津市社会、经济的快速发展,特别是滨海新区已列入国家"十一五"重点发展战略计划,目前严格控制的用水指标已不能满足城市发展要求。

南水北调中线工程通水后,在保证率为 75% 的年份,引滦水和引江水将能够满足天津市城市生活及工业用水的需求,因此在有计划利用引用水的同时,可以适当放宽用水控制指标。

9.4.1.3　严格控制地下水开采

天津市由于长期严重超采地下水,造成地面沉降严重、海水入侵等一系列生态危机。南水北调中线工程通水后,天津市地下水应主要供给城镇边缘地区居民生活及农业用水,禁止地下水用于城镇居民生活用水及工业用水,应将沿海地面沉降严重地区划定为地下水禁采区,北部山区划定为地下水限采区,严格控制地下水的开采量,保护地下水资源,改善地下水环境。

9.4.1.4 改善水生态环境

水生态环境对城市的发展和建设起着十分重要的作用,对发展城市经济、提高城市居民的生活环境产生直接的影响。

目前,天津市由于受水资源紧缺的影响,生态环境用水只维持海河干流水环境所需最小量值。水生态环境破坏严重,已经成为制约天津市社会、经济发展的重要因素之一。因此,南水北调中线工程通水以后,引滦水和引江水在满足天津市城市生活用水及工业用水需求的情况下,扩大生态环境供水量,向海河干流、州河、蓟运河、潮白新河及西七里海湿地实施生态环境供水,以恢复和维护河道水系循环,修复湿地,逐步实现天津市水生态环境的恢复。

9.4.1.5 做好联合供水调度

天津市水源复杂,包括引滦水在内的多种水源的联合调配必不可少,多水源的统一规划、统一配置、统一调度和统一管理,形成外调水和海水主要供给城市生活和工业,当地水、再生水和浅层地下水主要供给农业和生态的基本格局。天津市水资源合理配置过程中引滦水是一个重要的组成部分,引滦水的利用必然要涉及到所研究的 6 座水库的联合调配,使得区域水资源得到充分高效利用,以满足区域经济、社会、生态环境的可持续发展。

9.4.1.6 加大再生水供应量

再生水是天津市重要的补充水源,应从落实科学发展观的高度出发,将城市再生水主要用于农业和生态,水处理运行费用纳入城市水价构成成本当中。

9.4.1.7 调整自产水供应对象

在实施引滦、引江等外调水工程和加大海水利用的同时,当地自产地表水应当主要配置给农村、生态环境用水。

9.4.2 唐山市水资源可持续利用对策

随着唐山市社会经济的发展,水资源需求量在逐年增加,用水缺口较大,城市供水保证率较低。由于唐山市扩大外流域调水的机会并不多,所以为实现唐山市的水资源优化配置,最核心的是节水型社会的建设,在保证唐山市城市和工业用水的前提下,建议从以下几方面进行水资源优化配置。

9.4.2.1 加强引滦水资源合理调配

在缺乏外调水支援及气候暖干化的情况下,唐山市的水资源情势不容乐观,供需缺口仍然较大,需要对现有的水资源进行优化调配、高效利用。唐山市滦下农业供水水源由潘家口、大黑汀、桃林口三水库水源同时供给,具有引滦水资源联合优化调度的优势。在南水北调工程通水后,天津市的水资源形势将有明显好转,可以以引滦工程为纽带,为实现天津、唐山两市水资源的合理调配创造了必要的条件,使引滦工程六水库联合调度实现有限水资源的优化调配更加可行。

9.4.2.2 合理控制地下水开采量

长期以来,由于水资源短缺、供需矛盾突出,唐山市一直严重超采地下水。在采用各种措施节约用水的同时,应合理控制地下水开采量、减少深层地下水开采量,积极推广污水再生利用技术、加大地下水资源回灌补给量、逐步实现地下水资源的采补平衡。

9.4.2.3　适当扩大环境用水

近年来,随着工业化和城市化的快速发展,唐山市用水需求逐年增长,水生态环境破坏严重。为恢复和维持水生态环境,实现城市的可持续发展,应加大环境治理力度。除采取修建污水处理厂、雨、污水资源分离等措施外,应在满足城市生活用水及工业用水的前提下,适当扩大生态环境供水量,增加河道、湿地水量,提高水体自净能力,逐步改善、修复唐山城区的陡河、南湖公园、还乡河等主要河道、湿地的水生态环境。

9.4.2.4　经济结构调整

经济建设布局要以水资源条件为基础。经济社会的发展和生态环境的建设必须充分考虑当地水资源承载能力,按照以供定需的原则,进行经济社会布局和产业结构调整,发展特色经济。

要充分重视农业的基础地位,推进农业产业化;大力改造提高传统工业,壮大支柱和特色工业,积极发展高新技术产业,加快发展信息、流通、旅游、综合服务等产业,实现地区产业升级。

积极稳妥地进行农、林、牧结构调整,同时调整农作物种植结构,压缩水稻等高耗水作物面积,确保有限的水资源最大限度地用于重点工业区和生态与环境建设。在城市和工业发展中,要贯彻节水优先、治污为本的原则,严格控制兴建耗水量大和污染严重的项目。

9.4.2.5　大力推进相关机制建设

1)建立水资源有偿使用制度

建立健全以水资源有偿使用为核心的用水总量控制、取水许可、排污许可、水环境容量有偿使用等制度,运用价格杠杆调整用水结构。

2)建立合理的水价形成机制

面对水资源严重短缺和市场转型的大形势,应实行面向可持续发展的合理水价体系。有了合理水价体系以后,要建立统一的收费体制,逐步改变目前水资源费、水费、排污费分别收费的状况,缩小不同水源供水费率的差别,充分利用水资源费的经济杠杆作用,向多水源统一费率过渡。制定季节性水价和累进制水价,利用价格杠杆抑制过度需求和促进节水。

3)建立节水投入机制

坚持"谁投资谁受益、谁污染谁治理"的原则,进一步拓宽节水治污投、融资渠道,引导企业和公众加大节水治污投资,鼓励民间资本参与节水治污产业开发。

4)建立水权交易制度

提高全社会的水商品意识,培育和发展水市场。逐步建立符合区情的水权交易制度、交易规则和规范交易行为。允许水权拥有者通过水权交易市场,平等协商,将其节约的水有偿转让给其他用户,形成合理利用市场配置水资源的有偿使用制度,提高全社会的水资源有偿使用意识和节水意识。

9.4.2.6　积极推进相关工程体系建设

1)大力发展先进的节水灌溉技术

继续推进灌区续建配套与节水改造工程,大力发展先进的节水灌溉技术。节水灌溉的发展方向要因地制宜,纯井灌区和提水灌区大面积发展喷灌、微灌及低压管道输水等节水灌溉技术。浅山区和沙性土地区发展喷灌和果蔬微灌技术。渠灌区大力发展渠道防渗、田间节水灌溉技术,有条件的可在支渠以下发展大口径管道输水。

　　2)逐步实施雨、洪及污水资源利用工程

　　通过水库联合调度实现中小洪水资源利用,为区域增加水资源供应,解决区域生态环境用水;加强城市防洪体系建设,将防洪工程、排水工程与湖泊湿地连为一体,地表水综合利用与地下水有效补偿相结合,实现洪水、沟水、湿地资源化;兴建一批集雨工程,积极推行雨洪水集蓄利用,大力发展高标准基本农田,有效缓解水资源紧张状况。

　　3)城市供排水改造工程

　　新建和改造城市生活污水处理厂,建设中水回用系统,提高中水的利用率。对县级以上城市的供、排水管网进行技术改造,降低输水管网漏损率,在新建住宅楼全面推行生活节水器具,对现有住宅逐步进行改装。通过工业结构调整和产业升级、推广节水技术和建立节水示范工程等措施加强工业节水。

　　4)生态建设与环境保护工程

　　巩固封山禁牧成果,大力实施退耕还林、退牧还草工程,提高植被覆盖度,增强生态自然修复功能;实施城市生态环境整治工程,建设周边地区生态防护林和经济林。增加城市绿地面积,改善人居环境。

9.4.3　秦皇岛市水资源可持续利用对策

　　秦皇岛市城市供水保证率要高于天津、唐山两市,但随着社会经济的发展,城市供水需求在不断增加,水资源短缺将逐步影响到秦皇岛市的进一步发展,建议从以下几方面进行水资源优化配置。

9.4.3.1　合理配置引滦水资源

　　通过实施潘家口、大黑汀、桃林口三水库联合优化调度,实现天津、唐山、秦皇岛三市水资源优化配置。

　　在桃林口水库蓄水能够满足秦皇岛市用水需求的情况下,通过水量置换调度,增加桃林口水库向滦下农业供水指标,从而提高潘家口、大黑汀两水库向天津、唐山两市的供水指标。

　　在南水北调工程通水后天津市引滦供水指标出现剩余的情况下,调整滦河下游农业供水量,实现唐山、秦皇岛两市水资源的互补,以满足秦皇岛市未来社会、经济的发展要求。

9.4.3.2　严格控制地下水开采量

　　由于秦皇岛市地下水开采量迅速增大,原有稳定、良性的地下水均衡被破坏,引起海水入侵、湿地减少等生态环境问题。为恢复地下水环境应严格控制地下水开采量,促进地表水与地下水良性循环,改良恢复地下水环境,保障水资源循环利用。

9.4.3.3　改善水生态环境

　　为实现秦皇岛市"生态型、园林式、现代化海滨城市"的发展定位,应合理规划调整工业布局,实施重点污染源治理、海岸线综合整治等环保工程,建设污水处理设施,实现雨洪资源与污水分离,合理加大生态环境供水。制定水资源管理及保护的相关政策,加强引水水源地保护工作,减少各种污染源,避免再次发生如洋河水库暴发蓝藻等突发水质事件。

9.4.3.4　完善引水配套工程

为进一步提高秦皇岛市供水保证率,应逐步完善秦皇岛市现有的引水工程,如引青济秦工程、石河水库引水管线等,提高供水能力,并采取多种措施,新建、扩建蓄水工程,增加蓄水量,特别是提高桃林口、洋河、石河三水库的蓄水能力和水资源利用率。

9.4.3.5　加大节水力度

应大力推进水价改革,积极推进分质水价、阶梯水价和季节性水价。提高高耗水服务性行业用水价格,并实行计划用水、定额管理,超计划和超定额用水的,实行上浮水价措施,培养节约用水意识。同时,大力推广节水农业、节水工业的发展,通过修渠补漏、推广先进灌溉技术等措施节约农业用水,通过用水计划、用水定额、污水回用等措施来提高工农业用水利用率。

9.4.3.6　调整水资源管理机制

目前,秦皇岛市水资源开发由多个部门分别管理。应及时调整水资源管理机制,不断强化水资源的行政管理力度,实行了水量、水质统一调度,以确保水资源优化配置为首要调度原则,加快实现水资源统一管理。

9.5　结论及建议

根据天津、唐山、秦皇岛三市水资源供需分析可以看出,无论是现状年还是规划水平年,天津、唐山两市都存在着比较大的水资源缺口,秦皇岛市水资源相对比较丰沛,但随着社会经济的发展,也将受到水资源短缺的制约。为保障区域社会经济的可持续发展及生态环境的改善,需要对区域的各类水资源进行优化配置。

引滦工程六水库作为天津、唐山、秦皇岛三市的重要水源地,应实行引滦水资源的统一管理、统一调度,实现引滦水资源优化配置,适当提高城市生活及工业供水指标,合理控制城市地下水的开采,加大生态环境供水,调整经济结构,推广农业节水灌溉技术,大力推进相关机制建设,实现区域水资源的优化配置,为天津、唐山、秦皇岛三市社会经济的可持续发展作出贡献。

第 10 章 引滦工程六水库联合优化调度方案

为充分发挥引滦工程六水库的防洪效益、兴利效益,实现引滦水资源的高效利用,本章主要研究引滦工程六水库两种联合优化调度方案:一是当滦河流域发生中小型洪水时,潘家口、大黑汀、桃林口三水库实施非常洪水联合调度;二是当滦河来水偏少时,潘家口、大黑汀、桃林口三水库实施水量置换联合调度。

10.1 联合优化调度的可行性

10.1.1 联合调度手段完善

潘家口、大黑汀、桃林口三水库均为大Ⅰ型水利工程,具有较高的工程安全保障。潘家口水库、大黑汀水库和桃林口水库下泄洪峰到滦河下游的传播时间不同,通过存蓄、消峰等调度方式,可以错开水库下泄洪峰和区间洪峰的组合,有效减少组合洪峰流量。潘家口、大黑汀、桃林口三水库均具有完善的水雨情测报系统和预报手段,能够在洪水到来前,及时、准确地提供滦河上、下游雨水情和未来天气形势,做出正确的预报调度方案。潘家口水库作为首批开展动态汛限水位控制研究的试点水库已完成研究报告并上报海河水利委员会。因此,潘家口、大黑汀、桃林口三水库从调度运用的工程措施、非工程措施上具备实施非常洪水联合调度的条件。

10.1.2 引滦工程六水库互通互连

引滦工程六水库通过滦河及其支流以及引滦工程实现了互通互连,这为引滦工程六水库的联合调度实现区域水资源的优化配置提供了得天独厚的便利条件。

引滦工程六水库系统网络如图 10-1 所示。

根据图 10-1 分析,通过引滦工程及相关河道,潘家口、大黑汀、于桥三水库可向天津市供水;潘家口、大黑汀、邱庄、陡河四水库可向唐山市区供水;桃林口水库可向秦皇岛市供水。同时,作为天津、唐山、秦皇岛三市的重要引水水源地,潘家口、大黑汀、桃林口三水库均可向唐山滦河下游农业供水。

从图 10-1 中可以看出,通过调整潘家口、大黑汀、桃林口三水库向天津、唐山、秦皇岛三市年度供水指标,并在引滦输水工程、相关河道及其他三水库的配合下,发挥引滦工程六水库互通互连的优势,在不新建工程的情况下即可实现引滦水资源的优化配置。

10.1.3 引滦工程六水库来水的丰枯遭遇分析

采用历年天然径流量对引滦工程六水库的来水系列进行丰枯遭遇分析。通过丰枯遭遇分析来说明引滦工程六水库来水的互补特性,进而说明引滦工程六水库联合调度的可能性。

引滦工程六水库的丰枯遭遇分析采用历年天然径流量进行,选取丰枯遭遇分析的时段为年。根据所掌握的资料情况,本次选用各水库 1956~2000 年的天然径流量资料作丰枯遭遇分析,本书所采用资料系列满足水文系列样本的可靠性、一致性和代表性的要求。

引滦工程六水库模比系数(天然径流量/多年平均值)对比如图 10-2 所示。

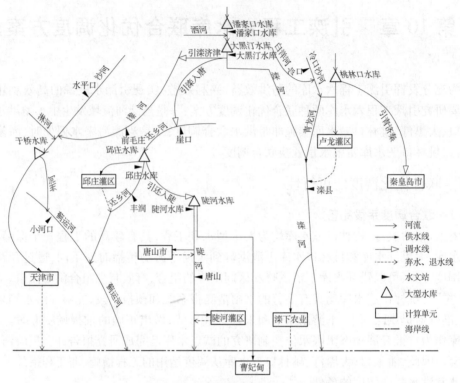

图 10-1　引滦工程六水库组成的区域水库系统网络图

　　根据引滦工程六水库所处位置和引滦工程六水库联合调度的实际情况,本次分析将潘家口、大黑汀两水库天然径流量进行合并,同时将邱庄水库和陡河水库的天然径流量进行合并,着重分析于桥水库、潘家口水库、大黑汀水库、桃林口水库及邱庄水库、陡河水库的丰枯遭遇情况。

　　从图 10-2 可以看出,由于所处区域地理位置比较接近,气候条件和下垫面条件又比较相似,所以引滦工程六水库的天然入库流量基本上表现出了同丰同枯的情况,但是这其中还表现出了各水库丰枯程度的差异和存在一定的时滞现象,同时有些年份也存在着丰

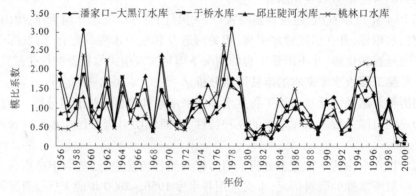

图 10-2　引滦工程六水库天然来水量丰枯遭遇对比

枯差异,如 1966 年、1973 年、1975 年、1984 年、1987 年、1990 年、1991 年、1998 年,上述存在的丰枯差异现象为引滦工程六水库的联合调度创造了有利条件。

10.2　联合优化调度方案

10.2.1　非常洪水联合调度方案

10.2.1.1　调度原则

在不改变潘家口、大黑汀、桃林口三水库和滦河下游河道工程原有调度原则的基础上,根据滦河下游工程状况和潘家口、大黑汀、桃林口三水库具体情况,确保引滦沿线工程安全,实施联合非常调度。当洪水调度任务完成后应按调度方案尽快降低库水位,做好迎接下次大洪水的准备。

10.2.1.2　实施条件

当滦河流域发生 50 年一遇及其以下洪水,在滦河下游提出错峰要求时,潘家口、大黑汀、桃林口三水库低于汛限水位,且工情、水雨情及天气形势允许的情况下,可以实施联合非常洪水调度。

10.2.1.3　调洪计算思路

潘家口、大黑汀、桃林口三水库联合防洪调度涉及约束众多,使用常规方法难以得出满意的结果,最实用的方法是采用模拟技术拟定各水库的调度方案进行组合,得出方案集,通过综合评价选出满意的调度结果。本书利用现有的水库设计洪水资料,在不改变潘家口、大黑汀、桃林口三水库的防洪设计标准和防洪能力的基础上,充分考虑各种设计洪水组合后可能的结果。遇小洪水时,采用降低各水库迎汛水位的方法,一般可以将小洪水全部或部分拦蓄在水库中。一次洪水结束以后,潘家口水库的水位可以视天气预报情况,超过汛限水位 216.00 m,最高水位控制在 218.00 m 以下。大黑汀水库最高水位控制在 133.00 m。桃林口水库最高水位控制在 143.40 m;遇中等洪水时,分别对 2 年一遇、3 年一遇、5 年一遇以及 10 年一遇等各种不同频率的设计洪水进行控泄调度和错峰调度。调度考虑下游河道的各级保护流量、水库的安全泄量以及滦河下游区间洪水等因素,拟定水库调度的各种组合方案,做出潘家口、大黑汀、桃林口三水库的调度方案。

在联合防洪调度计算中,利用模拟方法产生满足约束条件的各水库的调度方案,借助第 5 章马斯京根河道演进的方法,计算大黑汀水库下泄过程、桃林口水库下泄过程与潘家口、大黑汀水库—滦县、桃林口水库—滦县的区间洪水汇合后的洪水过程。综合考虑水库的安全以及下游的损失情况,选择出满意的调度方案。

10.2.1.4　调洪资料的选取

1)潘家口水库设计洪水过程

潘家口水库设计洪水过程采用天津勘测设计院修建潘家口水库规划设计资料,以实测洪水系列并计入历史洪水,用频率分析法计算出各种频率设计洪水的洪峰流量,然后按 1962 年典型洪水放大。

潘家口水库设计洪水没有 2 年一遇、3 年一遇设计洪水过程,在计算过程中,以 5 年一遇的洪水作为典型过程,通过与洪峰流量相比,求得上述频率的设计洪水过程。潘家口水库设计洪水过程如表 10-1 所示。

表 10-1　潘家口水库设计洪水过程　　　　　（单位:m³/s）

潘家口水库—滦县区间 1962 年洪水流量	不同重现期洪水流量			
	2 年一遇	3 年一遇	5 年一遇	10 年一遇
130	9	16	47	87
280	14	24	60	110
380	27	46	138	254
860	60	105	329	604
1 980	139	242	841	1 543
3 900	273	477	1 014	1 860
7 960	557	974	2 066	3 790
10 900	763	1 334	2 841	5 210
12 100	847	1 480	3 271	6 000
13 100	917	1 603	3 707	6 800
16 900	1 183	2 068	3 942	7 230
18 800	1 316	2 300	4 100	7 520
15 400	1 078	1 884	4 002	7 340
11 400	798	1 395	2 911	5 340
7 940	556	971	2 061	3 780
6 000	420	734	1 559	2 860
4 400	308	538	1 145	2 100
3 500	245	428	911	1 670
3 030	212	371	785	1 440
2 730	191	334	709	1 300
2 450	172	300	692	1 270
2 200	154	269	682	1 250
1 960	137	240	605	1 110
1 720	120	210	572	1 050
1 600	112	196	545	1 000
1 500	105	184	518	950

2)潘家口—大黑汀区间设计洪水过程

大黑汀水库设计洪水过程采用河北省勘测设计院修建大黑汀水库规划设计资料。由于大黑汀水库坝址建库前无水文测验数据,潘家口—大黑汀区间设计洪水根据滦河中、下游蓝旗营、李营、大桑园、桃林口等控制中小面积的洪水分析综合成果,按面积关系内插法求得潘家口—大黑汀区间 3 d 设计洪量,潘家口—大黑汀区间的洪峰流量,3 d 洪量为控制进行典型放大的数值。

潘家口—大黑汀区间设计洪水没有 2 年一遇、3 年一遇和 5 年一遇设计洪水过程,在计算过程中,以 10 年一遇的洪水作为典型过程,通过洪峰流量相比,求得上述频率的设计洪水过程。潘家口—大黑汀区间设计洪水过程线如表 10-2 所示。

表 10-2　潘家口—大黑汀区间设计洪水过程　　　　　　（单位:m³/s）

月	日	时	不同重现期洪水流量			
			2 年一遇	3 年一遇	5 年一遇	10 年一遇
7	24	23	10	20	26	26
	25	2	15	26	32	49
		5	30	47	91	156
		8	98	155	288	515
		11	213	336	622	1 120
		14	336	531	972	1 770
		17	390	620	1 135	2 050
		20	348	549	1 012	1 830
		23	274	432	800	1 440
	26	2	243	384	711	1 280
		5	274	390	722	1 300
		8	274	432	800	1 440
		11	274	432	800	1 440
		14	247	390	711	1 300
		17	128	299	554	998
		20	81	202	374	674
		23	53	128	237	427
	27	2	34	83	154	277
		5	30	54	99	179
		8	26	36	66	120
		11	22	32	46	84
		14	20	28	40	60
		17	18	24	36	49
		20	16	22	32	40
		23	14	20	30	34
	28	2	13	18	29	31
		5	12	16	28	29
		8	11	15	27	28
		11	10	14	26	26

3）大黑汀水库洪水过程

大黑汀水库的来水过程和潘家口水库的调度过程密切相关。其来水过程等于潘家口下泄水量与潘家口—大黑汀区间来水之和。因此,将潘家口—大黑汀区间来水过程作为大黑汀水库设计洪水过程,调度计算时,考虑潘家口不同的下泄过程,将两者组合作为大黑汀水库的来水。

　　4）桃林口水库设计洪水过程

　　根据河北省勘测设计院 1989 年 6 月编制的《桃林口水库初步设计》成果,桃林口水库现状采用的设计洪水过程是根据坝址洪水的推算成果与入库洪水估算成果的对比而选定的。坝址洪水过程以 1962 年 7 月 24～30 日桃林口站的实测洪水过程,通过放大推算而得。根据设计洪峰、洪量采用同频率控制放大。入库洪水过程采用河道洪水演进的示储流量推算,考虑到入库洪水各个断面上的计算误差较大,故采用坝址洪水为设计洪水过程。桃林口水库设计洪水过程线如表 10-3 所示。

　　桃林口水库原始设计洪水过程线的每个时段是 2 h,由于潘家口水库、大黑汀水库的时段为 3 h,为了计算方便,将桃林口水库设计洪水过程转化为 3 h 1 个时段的过程。

表 10-3　桃林口水库设计洪水过程　　　　　　　　（单位:m^3/s）

月	日	时	不同重现期洪水流量			
			2 年一遇	3 年一遇	5 年一遇	10 年一遇
7	24	22	64	125	220	310
	25	1	113	222	390	560
		4	162	319	560	810
		7	213	418	735	1 230
		10	264	518	910	1 640
		13	311	612	1 075	1 910
		16	359	706	1 240	2 170
		19	311	612	1 075	1 850
		22	264	518	910	1 530
	26	1	232	455	800	1 360
		4	200	393	690	1 180
		7	194	381	670	1 150
		10	188	370	650	1 110
		13	500	982	1 725	3 100
		16	811	1 594	2 800	5 090
		19	804	1 580	2 775	5 000
		22	797	1 566	2 750	4 900
	27	1	714	1 403	2 465	4 250
		4	631	1 241	2 180	3 600
		7	453	891	1 565	2 510
		10	275	541	950	1 420
		13	198	390	685	1 050
		16	122	239	420	670

月	日	时	不同重现期洪水流量			
			2 年一遇	3 年一遇	5 年一遇	10 年一遇
7	27	19	122	239	420	640
		22	122	239	420	610
	28	1	122	239	420	610
		4	122	239	420	610
		7	122	239	420	610
		10	122	239	420	610
		13	122	239	420	600
		16	122	239	420	590
		19	120	236	415	580
		22	119	233	410	570
	29	1	117	231	405	570
		4	116	228	400	560
		7	113	222	390	550
		10	110	216	380	530
		13	110	216	380	530
		16	110	216	380	520
		19	106	208	365	510
		22	101	199	350	490
	30	1	100	196	345	480
		4	98	194	340	470
		7	96	188	330	460
		10	93	182	320	440
		13	91	179	315	410
		16	90	176	310	380
		19	88	174	305	380
		22	87	171	300	380

10.2.1.5　非常洪水联合调度计算方法

　　根据不同频率的洪水,分别对潘家口、大黑汀、桃林口三水库按照闭闸调度、控泄调度、错峰调度产生调度方案。

　　1)闭闸调度

　　对于小洪水(频率较高),水库进行闭闸调度计算,通过预泄将潘家口、大黑汀、桃林口三水库迎汛水位降低至汛限水位以下,或潘家口水库采用超蓄手段,将实际控制最高水位超过相对应的设计允许最高洪水位,将洪水全部拦蓄。

2）控泄调度

当大黑汀水库下泄流量超过3 000 m³/s，应考虑下游白龙山水电站的安全，潘家口、大黑汀两水库进行控泄调度。潘家口水库的下泄水量与潘家口—大黑汀区间洪水组合后，洪水流量应小于等于3 000 m³/s。当区间洪水已超过安全泄量时，潘家口水库按原拟定控泄流量下泄。具体为

$$\begin{cases} Q_P = \min(3\ 000 - Q_{P,D}, Q'_P) & (Q_{P,D} \leqslant 3\ 000) \\ Q_P = Q'_P & (Q_{P,D} > 3\ 000) \end{cases} \tag{10-1}$$

式中　Q_P——潘家口水库的下泄流量，m³/s；

　　　$Q_{P,D}$——潘家口—大黑汀区间洪水，m³/s；

　　　Q'_P——拟定的潘家口下泄流量；

　　　$\min(\cdot)$——取小函数。

3）错峰调度

当下游流量超过5 000 m³/s时，考虑到下游的防洪安全，通过对潘家口、大黑汀、桃林口三水库不同可能的下泄流量演算至滦县后与区间流量组合计算的结果，选择合理的潘家口、大黑汀、桃林口三水库下泄流量，进行错峰调度。

实施控泄调度、错峰调度时，潘家口水库控制的最高水位不超过224.50 m，大黑汀水库的最高库水位控制在133.00 m，桃林口水库的最高库水位控制在143.40 m。

10.2.1.6　调度方案

1）调度方式

潘家口、大黑汀、桃林口三水库在确保工程安全的前提下，适当地采用闭闸、控泄、梯级调度及闭闸和控泄相结合的方法，以逐渐加大或减小下泄洪量的运用方式将大部分洪水充蓄到水库中，可短时超汛限水位，尽可能做到遇小洪水时充分利用洪水资源，遇中等洪水时尽量削减水库下泄流量与区间洪水的汇流组合洪峰，减小滦河下游防洪损失。

2）调洪成果

分别以各水库2年一遇、3年一遇、5年一遇及10年一遇的设计洪水为例进行水库联合防洪调度计算。本章假设各水库洪水频率相同。

（1）2年一遇洪水。

①方案1。潘家口水库的起调水位为汛限水位216.00 m，将洪水全部拦蓄在水库中。大黑汀水库起调水位为汛限水位（设计洪水位）133.00 m，按来多少泄多少调度。桃林口水库起调水位为140.00 m，将洪水全部拦蓄在水库中。在整个洪水过程中潘家口水库、桃林口水库始终闭闸。调度结果如表10-4所示。

表10-4　2年一遇洪水调度方案1

水库名称	迎汛水位（m）	起调水位（m）	最高水位（m）	最大流量（m³/s）
潘家口	216.00	216.00	217.98	0
大黑汀	133.00	133.00	133.00	390
桃林口	140.00	140.00	143.27	0

未经调度时,滦河下游组合洪水的洪峰流量为 1 779 m³/s,潘家口水库出库与区间洪水组合为 1 664 m³/s。通过调度后,滦县洪峰流量为 378 m³/s,潘家口水库出库与区间洪水组合为 390 m³/s。

②方案 2。潘家口水库的起调水位为汛限水位 214.00 m,将来水全部蓄在水库中。大黑汀水库起调水位为汛限水位(设计洪水位)132.00 m,当水位超过 133.00 m 时,按来多少放多少原则调度。桃林口水库起调水位为 140.00 m,将来水全部蓄在水库中。在整个洪水过程中潘家口水库、桃林口水库始终闭闸,大黑汀水库从洪水开始时闭闸 45 h。调度结果如表 10-5 所示。

表 10-5　2 年一遇洪水调度方案 2

水库名称	迎汛水位(m)	起调水位(m)	最高水位(m)	最大流量(m³/s)
潘家口	214.00	214.00	216.08	0
大黑汀	132.00	132.00	133.00	270
桃林口	140.00	140.00	143.27	0

通过调度后,滦县洪峰流量为 0,潘家口—大黑汀区间的洪峰流量为 274 m³/s。

③方案 3。潘家口水库的起调水位为汛限水位 214.00 m,将来水全部蓄在水库中。大黑汀水库起调水位为汛限水位(设计洪水位)131.00 m,将来水全部蓄在水库中。桃林口水库起调水位为 140.00 m,将来水全部蓄在水库中。在整个洪水过程中,潘家口、大黑汀、桃林口三水库始终闭闸。调度结果如表 10-6 所示。

表 10-6　2 年一遇洪水调度方案 3

水库名称	迎汛水位(m)	起调水位(m)	最高水位(m)	最大流量(m³/s)
潘家口	214.00	214.00	216.08	0
大黑汀	131.00	131.00	132.69	0
桃林口	140.00	140.00	143.27	0

通过调度后,滦县洪峰流量为 0,潘家口—大黑汀区间的洪峰流量为 0,将来水全部蓄在水库中。

(2)3 年一遇洪水。

①方案 1。潘家口水库起调水位为汛限水位 213.00 m,将来水全部蓄在水库中。大黑汀水库起调水位为汛限水位(设计洪水位)130.00 m,将来水全部蓄在水库中。桃林口水库当起调水位为 140.00 m,来多少蓄多少;当起调水位达到 143.40 m 时,来多少放多少。在整个洪水过程中,潘家口水库、大黑汀水库始终闭闸,桃林口水库从洪水开始时闭闸 51 h。调度结果如表 10-7 所示。

表 10-7　3 年一遇洪水调度方案 1

水库名称	迎汛水位(m)	起调水位(m)	最高水位(m)	最大流量(m³/s)
潘家口	213.00	213.00	216.62	0
大黑汀	130.00	130.00	133.00	0
桃林口	140.00	140.00	143.40	1 400

未经调度时,滦河下游组合洪水的洪峰流量为 3 105 m³/s,潘家口—大黑汀区间组合洪水为 2 849 m³/s。通过调度后,滦县洪峰流量为 1 328 m³/s,潘家口—大黑汀区间的洪峰流量为 620 m³/s,减少洪水损失。

②方案 2。潘家口水库起调水位为汛限水位 213.00 m,将来水全部蓄在水库中。大黑汀水库起调水位为汛限水位(设计洪水位)130.00 m,将来水全部蓄在水库中。桃林口水库起调水位为 140.00 m,按照 400 m³/s 控泄。在整个洪水过程中,潘家口水库、大黑汀水库始终闭闸,桃林口水库下泄流量小于等于 400 m³/s。调度结果如表 10-8 所示。

表 10-8　3 年一遇洪水调度方案 2

水库名称	迎汛水位(m)	起调水位(m)	最高水位(m)	最大流量(m³/s)
潘家口	213.00	213.00	216.00	0
大黑汀	130.00	130.00	133.00	0
桃林口	140.00	140.00	142.27	400

通过调度后,滦县洪峰流量为 400 m³/s,潘家口—大黑汀区间的洪峰流量为 620 m³/s,大大减少了洪水损失。

(3)5 年一遇洪水。

①方案 1。潘家口水库起调水位为汛限水位 216.00 m,按照下泄流量与潘家口—大黑汀区间来水之和小于等于 3 000 m³/s 的原则进行调度。大黑汀水库起调水位为汛限水位(设计洪水位)133.00 m,按来多少泄多少调度。桃林口水库起调水位为 140.00 m,按 1 500 m³/s 进行控泄。调度结果如表 10-9 所示。

表 10-9　5 年一遇洪水调度方案 1

水库名称	迎汛水位(m)	起调水位(m)	最高水位(m)	最大流量(m³/s)
潘家口	216.00	216.00	217.70	2 760
大黑汀	133.00	133.00	133.00	3 000
桃林口	140.00	140.00	141.71	1 500

未经调度时,滦河下游组合洪水的洪峰流量为 5 770 m³/s,潘家口—大黑汀区间组合洪水流量 5 112 m³/s。通过调度后,滦县洪峰流量为 4 500 m³/s,潘家口—大黑汀区间的洪峰流量为 300 m³/s,均限制在安全泄量以内。由此可见,联合调度后,大大降低了下游的洪水损失。

②方案 2。潘家口水库迎汛水位 213.00 m,蓄水到 216.00 m 开始起调,按 700 m³/s 进行控泄。大黑汀水库迎汛水位 130.00 m,蓄水到 133.00 m,按来多少泄多少原则调度。桃林口水库迎汛水位 140.00 m,蓄水到 143.40 m,按来多少泄多少原则调度。潘家口、大黑汀、桃林口三水库从洪水来临时闭闸分别 30 h、36 h、42 h。调度结果见表 10-10。

表 10-10　5 年一遇洪水调度方案 2

水库名称	迎汛水位(m)	起调水位(m)	最高水位(m)	最大流量(m³/s)
潘家口	213.00	216.00	218.59	700
大黑汀	130.00	133.00	133.12	1 500
桃林口	140.00	143.40	143.47	2 800

通过调度后,滦县洪峰流量为 4 264 m³/s,潘家口—大黑汀区间的洪峰流量为 1 835 m³/s,均限制在安全泄量以内。

③方案 3。潘家口迎汛水位 213.00 m,蓄水到 216.00 m 开始起调,按 700 m³/s 进行控泄。大黑汀迎汛水位 130.00 m,蓄水到 133.00 m,按来多少泄多少原则调度。桃林口水库迎汛水位 140.00 m,采用先泄、中蓄、后泄,在洪峰附近闭闸错峰。潘家口水库、大黑汀水库从洪水开始时闭闸 30 h、36 h,桃林口水库洪水来临 45 h 闭闸 9 h。计算结果如表 10-11 所示。

表 10-11　5 年一遇洪水调度方案 3

水库名称	迎汛水位(m)	起调水位(m)	最高水位(m)	最大流量(m³/s)
潘家口	213.00	216.00	218.59	700
大黑汀	130.00	133.00	133.12	1 500
桃林口	140.00	143.40	143.22	2 180

通过调度后,滦县洪峰流量为 3 311 m³/s,潘家口—大黑汀区间的洪峰流量为 1 835 m³/s,均限制在安全泄量以内。

(4)10 年一遇洪水。

①方案 1。潘家口水库的迎汛水位 211.00 m,蓄水到 223.00 m,然后按来多少泄多少的原则进行调度。大黑汀水库迎汛水位 130.00 m,按控泄 1 970 m³/s 进行调度,当水位达到 133.00 m 时,按来多少泄多少的原则调度。桃林口水库迎汛水位 140.00 m,按 3 000 m³/s 进行控泄,当水位达到 142.29 m 时,来多少泄多少。潘家口水库、大黑汀水库在洪水来临时闭闸 54 h、12 h。调度结果如表 10-12 所示。

表 10-12　10 年一遇洪水调度方案 1

水库名称	迎汛水位(m)	起调水位(m)	最高水位(m)	最大流量(m³/s)
潘家口	211.00	223.00	223.00	1 440
大黑汀	130.00	130.00	133.00	1 970
桃林口	140.00	140.00	142.29	3 000

未经调度时,滦河下游组合洪水的洪峰流量 10 465 m³/s,潘家口—大黑汀区间组合洪水流量 9 350 m³/s。通过调度后,滦县洪峰流量 4 872 m³/s,潘家口—大黑汀区间的洪峰流量为 2 438 m³/s 均限制在安全泄量以内。由此可见,联合调度后,大大降低了下游的洪水损失。

②方案 2。潘家口水库的迎汛水位 210.00 m,然后将来水全部蓄在库容中。大黑汀水库迎汛水位 130.00 m,按控泄 1 970 m³/s 进行调度,当水位达到 132.47 m 时,按来多少泄多少的原则调度。桃林口水库迎汛水位为 140.00 m,按 3 000 m³/s 进行控泄,当水位达到 142.29 m 时,来多少泄多少。在整个洪水过程中潘家口水库始终闭闸,大黑汀水库闭闸 12 h。调度结果如表 10-13 所示。

表 10-13　10 年一遇洪水调度方案 2

水库名称	迎汛水位(m)	起调水位(m)	最高水位(m)	最大流量(m³/s)
潘家口	210.00	210.00	223.64	1 440
大黑汀	130.00	130.00	132.47	1 970
桃林口	140.00	140.00	142.29	3 000

通过调度后,滦县洪峰流量为 4 208 m³/s,潘家口—大黑汀区间的洪峰流量为 2 050 m³/s,均限制在安全泄量以内。

3)联合防洪调度效益评估

根据下游的防洪现状和不同量级的洪水对下游可能造成的损失,对不同频率来水条件下的调度方案效果进行分析,结果如表 10-14 所示。

表 10-14　防洪效益及损失评估

重现期	调度规则			洪峰（m³/s）	削减洪峰（m³/s）	灾害损失
	潘家口水库	大黑汀水库	桃林口水库			
2 年一遇	起调 216.00 m,全部拦蓄	起调 133.00 m,来多少放多少	起调 140.00 m,全部拦蓄	378	1 400	—
	起调 214.00 m,全部拦蓄	起调 132.00 m,拦蓄至 133.00 m 后来多少放多少	起调 140.00 m,全部拦蓄	0	1 780	—
	起调 214.00 m,全部拦蓄	起调 131.00 m,全部拦蓄	起调 140.00 m,全部拦蓄	0	1 780	—
3 年一遇	起调 213.00 m,全部拦蓄	起调 130.00 m,全部拦蓄	起调 140.00 m,拦蓄至 143.30 m,来多少放多少	1 330	1 780	—
	起调 213.00 m,全部拦蓄	起调 130.00 m,全部拦蓄	起调 140.00 m,按 400 m³/s 控泄	400	2 700	—
5 年一遇	起调 216.00 m,按潘家口—大黑汀区间 3 000 m³/s 控泄	起调 133.00 m,来多少放多少	起调 140.00 m,按 1 500 m³/s 控泄	4 500	1 270	滩地、丁坝
	起调 213.00 m,蓄至 216.00 m,按 700 m³/s 控泄	起调 130.00 m,蓄至 133.00 m,来多少放多少	起调 140.00 m,蓄至 143.40 m,来多少放多少	4 260	1 500	滩地、丁坝
	起调 213.00 m,蓄至 216.00 m,按 700 m³/s 控泄	起调 130.00 m,蓄至 133.00 m,来多少放多少	按来多少放多少 45 h 开始闭闸 9 h	3 310	2 460	滩地、丁坝
10 年一遇	起调 211.00 m,蓄至 223.00 m,来多少放多少	起调 130.00 m,控泄 1 000 m³/s,蓄至 133.00 m,来多少放多少	起调 140.00 m,控泄 3 000 m³/s,蓄至 143.40 m,来多少放多少	4 870	55 940	滩地、丁坝
	起调 210.00 m,全部拦蓄	起调 130.00 m,控泄 1 000 m³/s,蓄至 133.00 m,来多少放多少	起调 140.00 m,控泄 3 000 m³/s,蓄至 142.29 m,来多少放多少	4 210	625	滩地、丁坝

表 10-14 中的洪峰流量指调度后经过洪水演进计算和组合洪水计算滦县下游的洪峰流量。削减洪峰指与未调度时的滦县下游相比的洪峰削减量。

4) 防洪调度方案综合决策

联合防洪调度方案的评价需要综合考虑各指标,从中选择出最终满意的调度方案。考虑内容包括:潘家口、大黑汀、桃林口三水库最高水位、预泄水量以及滦河下游的削峰效果等。决策人根据实际情况以及侧重点,选择出满意的调度方案。

10.2.1.7　方案实施

(1) 当潘家口、大黑汀、桃林口三水库与滦河下游洪水遭遇,下游地区需要潘家口、大黑汀、桃林口三水库联合调度错峰时,由河北省防洪办公室以书面形式正式向海河水利委员会提出非常洪水联合调度请求,海河水利委员会将实施联合调度的相关事宜通知海河水利委员会引滦工程管理局。

(2) 海河水利委员会引滦工程管理局接到通知后,针对桃林口水库和下游实时水雨情、工情资料,分析下游的防洪形势,并根据工程、上游实时水雨情及未来天气趋势情况,提出潘家口、大黑汀两水库实施非常洪水联合调度方案,并上报海河水利委员会。

(3) 海河水利委员会将联合调度的调令电传给海河水利委员会引滦工程管理局执行,河北省防洪办公室将联合调度的调令电传给桃林口水库管理局执行。

(4) 在联合调度实施过程中,海河水利委员会引滦工程管理局和桃林口水库管理局保持联络,密切注意水库工程及上、下游情况变化,随时与河北省滦河河务局保持联系,并将实施情况随时报海河水利委员会。

(5) 联合调度完成后,要及时按调度方案要求降低库水位,做好迎接下次大洪水的准备,并将此次联合调度实施情况报海河水利委员会。

10.2.2　水量置换联合调度方案

10.2.2.1　调度原则

在不改变潘家口、大黑汀、桃林口三水库原有引滦分水比例的基础上,坚持"以多补少,风险共担,效益共享"的原则,在天津、唐山、秦皇岛三市中合理调配引滦供水量,实现引滦水量的置换。置换水量只能用于天津、唐山、秦皇岛三市城市生活用水及工业用水。

10.2.2.2　实施条件

当天津、唐山、秦皇岛三市供水出现以下情况之一时,可以实施水量置换调度:

(1) 在天津、唐山两市之间,潘家口、大黑汀两水库确定分水指标后,其中只有一方出现供水量不足情况时可以实施水量置换调度。

(2) 在秦皇岛市与天津市、唐山市之间,在潘家口、大黑汀、桃林口三水库确定分水指标后,其中有一方或两方出现供水量不足情况时可以实施水量置换调度。

10.2.2.3　可置换水量计算方法

计算可置换水量方法具体描述如下。

1) 指标水量

$$W_{津} = (W_{潘1} - 3.31 + W_{潘2}) \times K_1$$
$$W_{唐1} = (W_{潘1} - 3.31 + W_{潘2}) \times K_2 + W'$$
$$W_{秦} = (W_{桃1} - W_{桃死库容} + W_{桃2}) \times 56\%$$
$$W_{唐2} = (W_{桃1} - W_{桃死库容} + W_{桃2}) \times 44\%$$
$$W_{分} = W_{津} + W_{唐1} + W_{秦} + W_{唐2}$$

式中　$W_津$——潘家口水库分配给天津市指标水量；

　　　$W_{潘1}$——水利年度 7 月 1 日潘家口水库库容；

　　　$W_{潘2}$——水利年度内潘家口水库预计来水量；

　　　K_1——潘家口水库给天津市供水的分配比例；

　　　K_2——潘家口水库给唐山市供水的分配比例；

　　　$W_{唐1}$——潘家口、大黑汀水库分配给唐山的指标水量；

　　　W'——水利年度内潘家口—大黑汀区间预计来水量；

　　　$W_秦$——桃林口水库分配给秦皇岛市的指标水量；

　　　$W_{桃1}$——水利年度 7 月 1 日桃林口水库库容；

　　　$W_{桃2}$——水利年度内桃林口水库预计来水量；

　　　$W_{桃死库容}$——水利年度内桃林口水库死库容；

　　　$W_{唐2}$——桃林口水库分配给唐山的指标水量。

2）年度缺水量

当 $W_计 > W_分$ 时，有

$$W_缺 = W_计 - W_分$$

式中　$W_缺$——天津、唐山、秦皇岛三市年度缺水量；

　　　$W_计$——天津、唐山、秦皇岛三市年度计划引水量；

　　　$W_分$——天津、唐山、秦皇岛三市年度引滦分水指标。

3）剩余水量

当 $W_分 > W_计$ 时，有

$$W_剩 = W_分 - W_计$$

式中　$W_剩$——天津、唐山、秦皇岛三市指标剩余水量。

4）可置换水量

当 $W_剩 \geqslant W_缺 > 0$ 时，有

$$W_置 = W_缺$$

当 $W_缺 > W_剩 > 0$ 时，有

$$W_置 = W_剩$$

式中　$W_置$——天津、唐山、秦皇岛三市可置换水量。

10.2.2.4　可置换水量

1）潘家口水库、大黑汀水库可置换水量

为方便统计，本节可置换水量只根据历年水库来水量和分水比例来计算天津、唐山两市的指标水量，没有考虑实际水利年度水库死库容以上剩余可分配水量。潘家口水库、大黑汀水库历年来水、供水、弃漏水统计如表 10-15 所示。

根据潘家口水库、大黑汀水库和天津、唐山两市历年用水情况及水库分水指标分析，潘家口水库、大黑汀水库可置换水量如表 10-16 所示。

2003 年唐山市有 0.49 亿 m^3 可置换水量供给天津市。

2）桃林口水库可置换水量

根据可置换水量计算思路，2000 ~ 2007 年桃林口水库可置换水量总量为 8.75 亿 m^3，具体如表 10-17 所示。

表 10-15　2000～2007 年潘家口水库、大黑汀水库来水、供水、弃水、漏水情况

(单位:万 m³)

年份	潘家口水库来水量	潘家口—大黑汀区间来水量	潘家口—大黑汀区间来水总量	弃水总量	入滦			入唐				入津			年供水总量
					供水量	弃漏水量	合计	工业水量	农业水量	弃漏水量	合计	供水量	弃漏水量	合计	
2000	33 904	11 607	45 511	795	37 297	602	37 899	8 512	12 829	56	21 397	48 776	137	48 913	108 209
2001	100 142	21 854	121 996	64	0	0	0	8 375	3 533	45	11 953	48 989	19	49 008	60 961
2002	40 416	8 265	48 681	0	33 315	0	33 315	8 821	15 468	0	24 289	45 013	0	45 013	102 617
2003	65 205	9 425	74 630	0	8 155	0	8 155	11 295	3 520	0	14 815	44 032	0	44 032	67 002
2004	68 955	12 090	81 045	0	16 346	0	16 346	8 879	3 490	0	12 369	38 927	0	38 927	67 642
2005	146 286	27 377	173 663	0	5 711	0	5 711	9 082	5 798	2 124	17 004	41 621	1 450	43 071	65 786
2006	66 636	6 926	73 562	0	18 862	0	18 862	8 215	7 454	0	15 669	69 372	0	69 372	103 903
2007	55 803	10 171	65 974	0	23 110	0	23 110	7 160	7 543	0	14 703	61 356	0	61 356	99 169

表 10-16　2000～2007 年潘家口水库、大黑汀水库可置换水量　（单位:万 m³）

| 年份 | 潘家口水库来水量 | 潘家口—大黑汀区间来水量 | 天津市 | | | | 唐山市 | | 天津市可置换水量 | 唐山市可置换水量 |
			引滦水量	引黄水量	总引水量	指标水量	引滦水量	指标水量		
2000	33 904	11 607	48 776	30 846	79 622	20 342	58 638	25 169		
2001	100 142	21 854	48 989	9 312	58 301	60 085	11 908	61 911		
2002	40 416	8 265	45 013	20 104	65 117	24 250	57 604	24 431		
2003	65 205	9 425	44 032	54 330	98 362	39 123	22 970	35 507		4 909
2004	68 955	12 090	38 927	25 643	64 570	41 373	28 715	39 672		
2005	146 286	27 377	41 621	5 812	47 433	87 772	20 591	85 891		
2006	66 636	6 926	69 372		69 372	39 982	34 531	33 580		
2007	55 803	10 171	61 356		61 356	33 482	37 813	32492		

注:历年可置换水量没有考虑水利年度水库剩余可分配水量。

表 10-17　2000～2007 年桃林口水库可置换水量　（单位:万 m³）

| 年份 | 供水情况 | | | | 来水情况 | 上年度水库余水量 | 秦皇岛供水指标 | 可分水量 | 可置换水量 |
| | 唐山农业 | 秦皇岛农业 | | | | | | | |
		秦皇岛市	卢龙灌区	合计					
2000	3 937	3 107	2 763	5 870	13 252	29 916	21 312	38 058	15 442
2001	4 573	4 144	4 493	8 637	20 998	4 196	11 247	20 084	2 610
2002	16 732	4 100	5 270	9 370	34 547	12 140	23 283	41 577	13 913
2003	9 367	3 773	4 387	8 160	13 901	24 374	18 572	33 165	10 412
2004	5 688	2 834	4 337	7 171	19 937	12 140	15 102	26 967	7 931
2005	10 749	1 716	4 646	6 362	25 895	24 374	25 289	45 159	18 927
2006	20 717	7 936	5 674	13 610	46 456	13 964	30 974	55 310	17 364
2007	9 090	12 279	5 994	27 363	15 810	39 723	28 237	50 423	874

注:逐年的可置换水量计算没有考虑上一年度的已置换水量问题。

3)引滦工程可置换水量

根据潘家口、大黑汀、桃林口三水库统计,引滦工程历年可置换水量统计如表 10-18 所示。

从表 10-18 中可以看出,引滦工程自 1983 年以来累计可置换水量为 9.24 亿 m³。

10.2.2.5　置换路径

1)天津、唐山两市指标水量置换

(1)利用天津市剩余指标水量实施置换路径是潘家口水库、大黑汀水库通过引滦入唐输水工程,经邱庄水库、陡河水库向唐山市供水。置换路径如图 10-3 所示。

表 10-18　2000～2007 年天津、唐山、秦皇岛三市可置换水量　　　（单位：万 m³）

年份	可置换水量	说明
2000	15 442	秦皇岛市可置换给天津、唐山两市
2001	2 610	秦皇岛市可置换给天津、唐山两市
2002	13 913	秦皇岛市可置换给天津、唐山两市
2003	15 321	唐山、秦皇岛两市可置换给天津市
2004	7 931	秦皇岛市可置换给天津、唐山两市
2005	18 927	秦皇岛市可置换给天津、唐山两市
2006	17 364	秦皇岛市可置换给天津、唐山两市
2007	874	秦皇岛市可置换给天津、唐山两市
总计	92 382	秦皇岛市可置换给天津、唐山两市

注：历年可置换水量没有考虑水利年度期初水库剩余可分配水量。

图 10-3　天津市向唐山市置换水量路径

（2）利用唐山市剩余指标水量实施置换路径是潘家口水库、大黑汀水库通过引滦入津输水工程经于桥水库向天津市供水。置换路径如图 10-4 所示。

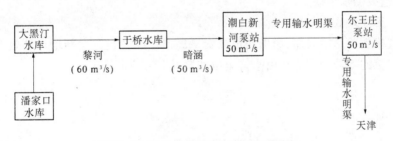

图 10-4　唐山市向天津市置换水量路径

2）天津、唐山、秦皇岛三市指标水量置换

利用秦皇岛市剩余指标水量实施置换路径是桃林口水库通过青龙河河道加大向滦河下游农业供水，减少的潘家口水库、大黑汀水库向滦下农业供水量经引滦入津工程或引滦入唐工程向天津市或唐山市供水。置换路径如图 10-5 所示。

利用天津市或唐山市剩余指标水量实施置换路径是加大潘家口水库、大黑汀水库向滦下农业供水量，减少的桃林口水库向滦下农业供水量经引青济秦输水工程向秦皇岛市供水。置换路径如图 10-6 所示。

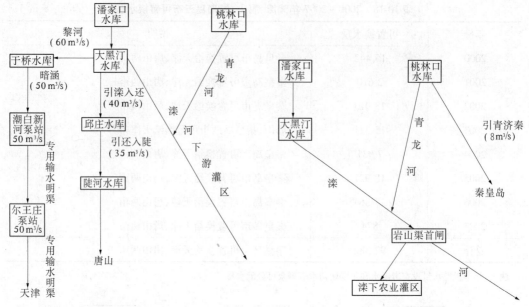

图 10-5　秦皇岛市向天津、唐山　　　　图 10-6　天津、唐山两市向秦皇岛
　　　　　两市置换水量路径　　　　　　　　　　　市置换水量路径

10.2.2.6　置换风险分析

（1）由于实施水量置换调度有可能造成潘家口、大黑汀、桃林口三水库弃水，从而减少潘家口、大黑汀、桃林口三水库管理单位供水收入。

（2）如果后期干旱，天津、唐山、秦皇岛三市有失去增加引水的可能，并影响来年分水指标水量，造成供水短缺。

10.2.2.7　置换效益及分配分析

水量置换效益是指天津、唐山两市或秦皇岛市按照置换方案新增加的效益。水管单位和用水单位的效益分配比例由水管单位和置换双方协商确定。

第 11 章　水库综合管理信息系统

　　本章论述了管理信息系统的概念及组成,管理信息系统的结构、任务和基本功能。水利信息化的要求使得现代信息技术与现代管理技术相结合已成为水资源管理发展的新趋势。水库综合管理信息系统是水利信息化中重要的一环,是建立人与自然和谐的水资源调配体系的一种技术保障,是完成水库群联合调度研究的工具。本书提出了完整的建立水库管理系统的整体的系统设计方案,建立符合国家标准的数据库平台,以数据库技术和地理信息系统(GIS)技术为支撑,结合利用组件化开发的水库优化调度模型,为水库联合调度运行提供适用的软件工具支持。面对决策人、专业管理人员等,提供不同层次的基础信息及决策信息服务。

11.1　管理信息系统概述

11.1.1　概念及组成

　　管理信息系统(Management Information System, MIS)是一个不断发展的概念,20 世纪 60 年代,美国经营管理协会及其事业部提出了建立管理信息系统的设想,即建立一个有效的 MIS,使各级管理部门都能了解本单位的一切有关的经营信息,但由于当时软件、硬件水平的限制及开发方法的落后,成效甚微。80 年代以来,随着各种技术的成熟,MIS 概念才得以充实和完善并作为一个科学领域进行研究。

　　管理信息系统是一个由人、计算机等组成的能进行管理信息收集、传递、储存、加工、维护和使用的系统。G. B. Davids 认为“一个比较普遍的数据处理系统加上一个数据库、数据检索功能以及一两个计划或决策模型,就可以看做是 MIS 了”。管理信息系统能实测企业的各种运行情况,利用过去的数据预测未来的形势,触发辅助进行决策,利用信息控制企业的行为,帮助其实现规划目标。MIS 是为决策科学化提供应用技术和基本工具,为管理决策服务的信息系统。就其功能来说,管理信息系统是组织理论、会计学、统计学、数学模型及经济学的混合物,这些方面都同时展示在先进的计算机硬件和软件系统中。

　　由上述管理信息系统的定义可看出管理信息系统具有下述特点。

11.1.1.1　面向管理决策

　　管理信息系统是继管理学的思想方法、管理与决策的行为理论之后的一个重要发展,它是一个为管理决策服务的信息系统,必须能够根据管理的需要及时提供所需要的信息,帮助决策者做出决策。

11.1.1.2　综合性

　　从广义上说,管理信息系统是一个进行全面管理的综合系统。一个企业或部门在建立管理信息系统时,可根据需要逐步应用个别的子系统,然后进行综合,最终达到综合管理的目的。

11.1.1.3 人机系统

管理信息系统的目的在于辅助决策,而决策只能由人来做,因而管理信息系统必然是一个人机结合的系统。在管理信息系统开发中要根据这一特点,界定人和计算机在系统中的地位和作用,充分发挥各自的长处,使系统整体性能达到最优。

11.1.1.4 现代管理方法和手段相结合

管理信息系统要发挥其在管理中的作用就必须要与先进的管理手段和方法结合起来,在开发管理信息系统时要融入现代化的管理思想和方法。

11.1.1.5 多学科交叉的边缘学科

管理信息系统作为一门新学科,产生较晚,其理论体系尚处于发展和完善过程中。早期研究者从计算机科学与技术、应用数学、管理理论、决策理论、运筹学等相关学科中抽取相应的理论构成管理信息系统的理论基础,从而形成一个有鲜明特色的边缘科学。

随着数据库技术、网络技术和科学管理方法的发展,信息系统也得到了长足的发展。以麻省理工学院的 S. Morton 为代表,在管理信息系统的基础上又提出了决策支持系统(Decision Supporting System,DSS)的概念,决策支持是 MIS 的一项重要内容,因此 DSS 是 MIS 的重要组成部分,它以管理信息系统为基础,是管理信息系统功能上的延伸,可以认为 DSS 是管理信息系统发展的新阶段。管理信息系统是一个不断发展的概念,20 世纪 90 年代以来,DSS 与人工智能、计算机网络技术等结合,形成了智能决策支持系统(Intelligent DSS,简称 IDSS)和群体决策支持系统(Group DSS,简称 GDSS)。相信随着数据库技术、网络技术和科学管理方法的进一步发展,管理信息系统也会得到进一步发展。

11.1.2 管理信息系统的结构

从概念上来看,管理信息系统由 4 个部件构成:信息源、信息处理器、信息用户和信息管理者。它们的联系如图 11-1 所示。信息源是信息的产生地;信息处理器负担信息的传输、加工、保存等任务;信息用户是信息的使用者,利用信息进行决策;信息管理者负责信息系统的设计、实现和维护。

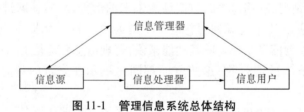

图 11-1　管理信息系统总体结构

一个完善的管理信息系统具有以下 4 个标准:确定的信息需求、信息的可采集与可加工、可以通过程序为管理人员提供信息、可以对信息进行管理。具有统一规划的数据库是 MIS 成熟的重要标志,它象征着 MIS 是软件工程的产物。

11.1.3 管理信息系统的主要任务和基本功能

管理信息系统辅助完成被管理体系的日常结构化的信息处理任务,一般认为管理信息系统的主要任务有下述几方面:

(1)对基础数据进行严格的管理,要求计量工具标准化、程序和方法的正确使用,使信息流通渠道顺畅。有一点要明确——进去的是垃圾,出来的也是垃圾,必须保证信息的准确性、一致性。

（2）确定信息处理过程的标准化，统一数据和报表的标准格式，以便建立一个集中、统一的数据库。

（3）高效低能地完成日常事务处理业务，优化分配各种资源，包括人力、物力、财力等。

（4）充分利用已有的资源，包括现在和历史的数据信息等，运用各种管理模型，对数据进行加工处理，支持管理和决策工作，以便实现组织目标。

根据上述主要任务，管理信息系统作为整个管理体系的子系统，它收集数据，并向管理人员提供信息，与管理人员一道在整个体系中起着反馈控制的作用。它应具有下面几个功能：

（1）数据的采集和输入。

（2）数据传输。数据传输包括计算机系统内和系统外的传输，实质是数据通信。

（3）信息存储。信息存储的概念比数据存储的概念广，主要问题是确定存储哪些信息、存多长时间、以什么方式存储、经济上是否合算等。这些问题需要根据系统的目标及要求来确定。

（4）信息加工。信息加工的范围很大，从简单查询、排序、归并到复杂的模型调试及预测。现代信息系统在这方面的能力越来越强，在加工中使用了许多数学及运筹学的工具，涉及许多专门领域的知识，如数学、运筹学、经济学、管理科学等。

（5）信息维护。保持信息处于合用状态叫信息维护，其狭义上包括经常更新存储器中的数据，使数据保持合用状态；广义上包括系统建成后的全部数据管理工作。其主要目的在于保证信息的正确、及时、安全和保密。

（6）信息的使用。信息的使用主要是高速度和高质量地为用户提供信息，进一步来讲是实现信息价值的转化，提高工作效率，利用信息进行管理控制、辅助管理决策等。

11.2　水利信息化

11.2.1　概述

水资源是影响国民经济发展的主要因素之一，是生命生存不可缺少的资源。近年来，由于水资源供需矛盾的加剧，水资源愈显重要。要解决水资源问题，一要靠技术的发展，二要靠科学的管理。因此，现代信息技术与现代管理技术相结合已成为水资源管理发展的新趋势。

大力推进国民经济和社会信息化是现代化建设的战略举措，是我国国民经济持续、快速、健康发展的必要条件和重要基础。新时期水利工作正面临从传统水利向现代水利、可持续发展水利的转变，在这个历史转变过程中，采用先进的技术手段，突破传统的治水思路，是实现水利发展战略目标的关键。信息技术作为一门新兴技术，发展迅速，在水利现代化建设中，水利信息化处于优先发展的位置，是水利现代化的基础和重要标志。2002年8月，中共中央办公厅中办发[2002]17号文件转发的《国家信息化领导小组关于我国电子政务建设指导意见》中，已经把"金水"工程列入国家要加快的12个重要业务系统之一并启动建设。水利信息化面临着难得的发展机遇和发展条件。

以水利信息化带动水利现代化，以水利现代化为全面建设小康社会提供支持和保障是新时期治水新思路的重要内容,利用现代信息技术实现数字化信息管理体现了社会发展的进步。

水利信息化是国家信息化建设的重要组成部分,是指充分利用现代信息技术,深入开发和广泛利用水利信息资源,实现水利信息采集、传输、存储处理和服务的网络化与智能化,全面提升水利事业各项活动的效率和效能的历史过程。总体上,水利信息化包括6个要点:①开发利用水利信息资源;②建设水利信息网;③推进信息技术在水利行业的应用;④培养水利信息化人才;⑤制定和完善水利信息化政策;⑥水利信息化是国家和社会信息化的一个有机组成部分。

在水资源日益短缺的今天,有效利用水资源已经势在必行,如何科学合理利用水资源是当前我国,特别是北方干旱地区社会发展的一个重要课题。

1980~2000年唐山地区平均入境水量为27.59亿 m^3,比1956~1979年减少了27.9%;出境水量为3.86亿 m^3,比1956~1979年减少了34.8%;唐山市出入境水量均呈下降趋势,其中入境水量减少了10.68亿 m^3,出境水量减少了2.06亿 m^3。全市1980~2000年平均入海水量为7.18亿 m^3,比1956~1979年减少了69%,人均占有水资源量仅为380 m^3,已经低于国际公认的水危机保障线——人均500 m^3,唐山市也被列入华北6个严重缺水城市之一。而素称"九河下梢"、"畿辅门户"的天津,其水资源总量多年平均值仅为18.16亿 m^3,人均水资源占有量160 m^3,只占全国人均水资源量的7%,加上入境和外调水量,人均占有量也不过370 m^3,是全国人均水资源占有量最少的省、市之一。近年来,海河流域连续干旱,一直没有充足的降水和外来水源补给,致使海河水质状况不断下降,河道水体直接影响着天津市的市内景观,许多耗水部门和厂矿企业也不得不缩减用水量,天津市是我国环渤海经济带的中心,也是华北、西北等广大地区重要的出海口,在全国经济发展格局中有着重要的战略地位,其中滨海新区已被国家列为"十一五"期间开发开放的重点区域。但另一方面,天津市水资源的短缺已经成为制约其社会经济可持续发展的瓶颈因子。

"滦河下游水库群联合调度研究"项目根据综合用水各部门对水库运用的要求和历年的径流资料,考虑水量的沿河分配及水库间的补偿调节,统筹防洪、供水和发电的用水要求,研究滦河下游水库群优化运行的模型和方法,以协调防洪、供水和发电之间的矛盾,找出综合效益最大的水资源调配和水库调度方案为目的,为决策部门进行决策提供科学依据,从而有效地缓解可供利用水资源量的减少和社会生产力日益提高之间的矛盾,尽量增加流域内可供利用水资源的量,提高流域水资源的利用效率,建立防汛、抗旱并举,综合开发利用滦河水资源、增利减害、更好地促进人与自然和谐的水资源调配体系。

当今社会正从工业社会迈向信息社会,信息资源已成为国民经济和社会发展的战略资源,而信息技术则是当代最具潜力的新的生产力。水利是国民经济的基础设施,为了解决新世纪水的问题,水利部明确提出了要实现从传统水利向现代化水利、可持续发展水利转变。水利信息化作为水利现代化的重要内容是实现水资源科学管理、高效利用和有效保护的基础和前提。

水库综合管理信息系统是水利信息化中重要的一环,是建立人与自然和谐的水资源调配体系的一种技术保障,是完成滦河下游水库群联合调度研究的工具。其中,数据库的建设是信息化的基础工作,水利专业数据库是国家重要的基础性的公共信息资源的一部分,是水库调度决策的支撑部分,不可或缺。水利信息化建设中所涉及的数据量是非常巨大的,既有实时数据,又有环境数据、历史数据,组织和存储这些不同性质的数据是一件非常复杂的事情,构建水库综合管理信息系统利用计算机软件技术综合管理水库信息势在必行。

11.2.2　水利信息的必要性

水利信息管理现代化是水利现代化的题中应有之意,实现水资源的优化配置是水利现代化的主要目标,应用当代先进的科学理论与高新技术对水资源进行实时监控、优化调度和统一管理,最终实现水资源的优化配置和可持续利用是我国水资源现代化管理的发展趋势。水库是重大的水利枢纽工程,它承担着所属流域的防洪、蓄水、灌溉、供工农业用水、调节生态平衡等多个目标的任务,在国家的江河综合治理和水资源合理开发利用以及可持续发展方面起着重大作用。因此,以水利信息化建设为背景,结合管理信息系统原理与概念,应用数据库技术与现代水库管理技术相结合,建立网络化、数字化、智能化的水库综合管理信息系统,走"数字水库"建设之路是必然的选择。

水库群调度决策是一项相当复杂、责任重大的决策行为,具有群体性、交互性和实效性很强等特点。科学调度是建立在及时、准确的水库综合信息管理基础之上的,没有及时、可靠的水库信息,就没有科学调度。使用先进的信息技术可为科学调度提供及时、全面、准确的水库信息,是科学调度的支撑体,也是水库管理的先进技术平台。这其中的关键是数据库技术和 GIS 技术的应用,水库群联合调度需要大量的基础资料和实时信息的支持,为优化调度模型提供支撑必须科学合理地存储、管理、分析这些信息,因此需要利用数据库技术合理组织、管理这些信息。同时,这些信息除包含大量与时间有关的资料外还涉及较多空间特性的信息,任一时间序列资料(诸如降雨量、水位、流量)和文档资料(如水库概况、调度资料)等都产生于一个特定的空间位置,这些丰富的空间信息可以利用 GIS 技术进行分析、研究,优化调度结果可以利用 GIS 技术进行直观形象的可视化表达。

水库群调度决策通过数据库技术和 GIS 技术在水库综合管理信息系统中的应用研究,建立实用、可行的可视化调度决策支持系统软件,为水库群的优化调度、水资源的优化配置提供先进的信息管理工具、模型支撑平台和调度方案表现形式。

11.2.3　我国管理信息系统的研究现状

就我国而言,早在 1984 年,邓小平同志就提出,开发信息资源,服务四化建设;江泽民同志也曾明确指出,四个现代化,哪一化也离不开信息化。自改革开放以来,随着信息技术在企业中的应用,我国企业管理在信息化方面取得了阶段性成果。企业管理信息化经历了从会计电算化(20 世纪 80 年代中期～1995 年)、财务业务一体化阶段(1995～1997年)到从财务管理软件或制造资源计划转向企业资源计划阶段(1997 年至今)。目前,在我国 300 家国家重点企业中,80% 以上已建立办公自动化系统和管理信息系统,70% 以上接入互联网,50% 以上建立了内部局域网。企业管理信息化正在全国全面展开,不仅使管理水平迈上了一个新台阶,而且大大地转变了企业的思想观念,转换了企业的运作机制,提高了企业综合竞争力。企业管理信息化是新时期加强和改善企业管理的重要基础,是推进企业管理创新、实现企业持续快速发展的重要途径。面对加入 WTO 后的挑战,企业管理信息化已成为提升市场竞争力必须率先抢占的制高点,是企业走向国际市场的通行证。

对于政府而言,在信息时代,政府政务工作的优劣已经在无形中置于社会的广泛监督之下。因此,利用信息技术极大地优化对社会管理工作中的决策行为、尽可能广泛地提升政府对社会的服务功能,为公民创造公平、公正的生存环境,并为最大多数人谋利益,树立政府的良好形象,也已经成为世界上许多具有人类理性思维国家的政府建设目标。中国中央政府早在 20 世纪 80 年代就开始制定一系列推动政府信息化和发展电子政务的方针政策,启动了以政务信息化为主要内容的海内工程,并实施了一系列国家级的以“金”字头为代表的信息化建设工程(金桥、金关、金卡、金税等),取得了不少成绩。2001 年以来,许多地方政府都将国民经济和社会信息化作为“十五”规划的重要内容,上海、深圳、广州、天津等沿海城市纷纷将政府管理信息系统及电子政务的建设作为信息化建设的核心内容,并采取相应的措施积极推动政府信息系统的建设。如北京市的具体目标是:力争用几年时间,初步实现政府面向企业和市民的审批、管理和服务业务在网上进行,政府内部初步实现电子化和网络化办公。

尽管管理信息系统在我国起步已有十多年历史,我国整体信息化的进程也正处于轰轰烈烈的推行发展之中,但其中还存在不少问题。目前,管理信息系统大部分的应用还处于起步和低水平阶段,使用极不平衡,这表现在单机使用占大部分,其使用仅限于打印文件、报表;企业管理决策和控制功能仍是决策人的个人行为,没有用计算机网络进行;企业管理人员对 MIS 认识不足,可有可无,流于形式;企业建立的所谓 MIS 没有发挥作用、没有效益,甚至得不偿失;管理人员计算机知识缺乏,不能正常使用等。

11.2.4　管理信息系统在水利中的应用

管理信息系统在国外很早就有了应用,特别是在 20 世纪 80、90 年代,由于计算机技术和数据库技术的飞速发展,管理信息系统的研制更为完善和成熟,功能也越来越强大,而其在水资源方面的应用也越来越多。

1988 年,H. U. Khan、S. M. khan 和 T. Husain 为沙特阿拉伯王国水利农业部水资源开发部开发研制了国家地下水微机数据库管理系统,该系统存储了井位、水文地质和气候三方面的数据,井位包括井的一般信息、结构、出水量资料;水文地质包括地质、含水层、水文、水位、水质资料;气候包括降雨和地面径流资料。

1989 年,美国密执安州大学水资源系 Bartholic. J 和 Vienx. B 研制了美国密执安州内陆水资源环境管理系统,结合空间信息系统技术和有限元法,建立了密执安州数据库。

1990 年,在美国社会经济发展部水资源部门的专门服务协议支持下,J. Karanjac 和 D. Braticeivic 研制出美国地下水软件(UNGWS),该软件建立了地下水数据库,包括地下水化学、抽水试验、水位、井结构等内容,并以图表形式输出这些资料。

如前所述,信息化是水资源管理现代化的前提,而正是水管理信息化要求的推动,使管理信息系统在我国的水资源管理方面的应用得到了飞速的发展。

康秀丽、胡丽华等在 1999 年建立了辽宁省水资源信息管理系统,该系统建立了辽宁省完整的取、供、用水档案,实现了省市之间水资源管理和信息保护的自动传输和数据共享,对地表水资源、地下水资源量和质的评价提供基础数据,统计计算分析,各类图表的自动生成。

2000 年,李新、程国栋设计建立黑河流域水资源信息系统,其目标是为黑河流域水资源合理利用与经济社会和生态环境协调发展的研究提供基础数据和技术支撑,并辅助建立流域决策支持系统和水资源模型。它包括 27 个图层的空间数据、40 年气候和水文序列,是我国西北内陆河流域最完整的水资源信息系统之一。

同年,陈建耀、梁季阳以地理信息系统为工具,集成了相关的图形、图像、报表、文档等数据和以往的研究成果,建立了柴达木盆地水资源信息系统,该系统具有良好的界面和便利的查询、检索功能。在此基础上,分析了雨量站的空间分布、降水量与高程的关系及通过数字高程模型(DEM)的降水量空间插值,提出了降水水资源沿河开发域。

以上这些开发和研究,都是管理信息系统在水资源管理方面应用的典型例子,无疑都大大地推动了水管理的信息化和管理信息系统在水资源管理方面应用。

11.2.5　存在的问题及发展趋势

11.2.5.1　存在的主要问题

虽然国内外有很多水管理信息系统表现出与各种新技术相结合的趋势,也取得了不少的成果,但还存在以下的问题:

(1)系统的建设往往只围绕一个或少数几个方面,综合性不够;

(2)系统信息数据来源不同,规范性差,缺乏总体规划,导致信息冗余和不一致,不利于信息交换和共享;

(3)系统与新技术的结合上,与某一种技术结合的较多,综合利用多种技术的少,缺乏整体思路和理论指导。

针对上述问题,系统结合水库管理的实际情况,着重探讨系统构架的关键技术,融合 GIS、数据库、组件化开发技术对系统进行设计和研究,旨在提高水库科学管理的水平。

11.2.5.2　发展趋势

综观近年来国内外水资源管理信息系统的研究成果,可以发现以下的发展趋势。

1)信息多元化

随着遥感、卫星及雷达等技术和地理信息系统(GIS)的应用,提供了多元化的更丰富和更准确的信息,如防汛抗旱信息等。卫星和雷达信息的引进,不仅弥补了地貌观测信息的不足,而且提高了信息的准确度和可靠性。地理信息系统(GIS)的应用推进了数字化流域,从而使流域的规划、开发和管理全面实现信息数字化。

2)信息的快速传递和资料共享

先进的通信技术和高速发展的计算机网络技术使信息传输数字化、网络化,大大提高了信息传输的时效性,提高了信息的利用率。互联互通的计算机网络大大提高了资料的共享程度,提高了资料的利用率。

3)信息处理快速化、可视化

计算机性能的不断提高和 GIS、多媒体技术的应用使信息处理速度快、可视化程度高、表现直观,增强了决策支持的能力。

4)信息安全保障

应用各种先进的网络安全技术、数据加密技术,确保了信息的保密和安全。

11.2.6　水库综合管理信息系统

水库信息化是水利信息化的一个重要的研究领域,而水库综合管理信息系统是一个复杂的大系统,需要利用先进的科学技术和手段实现水库综合管理信息系统的集成化、模块化管理。水库综合管理信息系统的研究是一个集合多个学科的研究课题,开展以数据库技术和组件化技术为支撑,融合历史的、实时的、预报的和相关的管理信息等多元信息,实现水库运行管理的信息化,使管理可视化、智能化与集成化是水库管理运行中值得探索的一条途径。

水库综合管理信息系统是为水库管理运行服务的。一方面它必须与水库管理决策流程、流域水库群管理的运行机制以及流域的特点相适应;另一方面,它是一个庞大的、复杂的人机交互系统,它必须利用各种现代理论和技术把各种信息相结合,从而更有效地解决水库管理中出现的各种管理问题和决策问题。

水库综合管理信息系统集成的管理实体有水库、河道、堤防、大坝、水闸、人力资源、经济实力等。由点到面、由小到大是复杂大系统研究的思想方法。在上述研究思路下本书研究了水库综合管理信息系统的体系结构和基础功能的开发方案。

水库综合管理信息系统的主要内容是提出完整的建立水库管理系统的整体设计方案,建立符合国家标准的数据库平台,以数据库技术和地理信息系统(GIS)技术为支撑,结合利用组件化开发的水库优化调度模型,为水库联合调度运行提供适用的软件工具支持。面对决策人、专业管理人员等,提供不同层次的基础信息及决策信息服务。

11.2.6.1　系统设计技术路线

建立水库综合管理信息系统主要是在系统分析水库管理运行体系、管理信息流程、管理体制等现有资料之后,其技术路线如图 11-2 所示,各阶段任务与研究方法如下所述。

1)资料收集与整理阶段

全面收集相关的已有的自然地理、社会经济、水文、需水、地下水、水库工程、天气等方面的资料,以及数据库、GIS 和决策支持系统在水资源管理领域的国内外应用资料,进行必要的补充调查,并对其进行整理和分类。

2)用户需求分析阶段

根据收集的用户资料,利用科学的调查方法,确定用户需求,结合课题研究的需要制订最终的需求报告。

3)系统设计阶段

根据用户需求调查,进行系统设计,确定系统所应实现的功能、系统的结构层次、数据的操作流程、信息的表达方式等,实现相关的需求,包括总体设计阶段和详细设计阶段。

4)系统开发阶段

以 Oracle 为平台完成基础资料信息数据录入、编辑、修改等数据准备工作,建立数据库;以 GIS 平台利用空间数据建立系统需要的空间数据库;运用 VB 高级开发语言,完成系统的接口组件、应用分析模型、人机交互界面及其他各应用功能模块的开发,并进行系统集成。

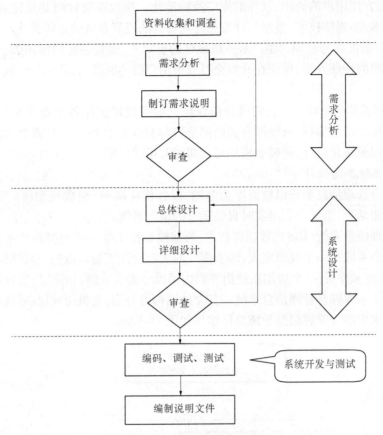

图 11-2　系统研建技术路线图

5）系统测试阶段

根据已有的资料和要求验证、测试系统，根据结果对系统进一步调整与完善，使系统达到设计技术要求的各项指标，增强系统运行的稳定性和准确性。

6）提交成果阶段

完成系统的说明文件，编写用户使用手册，做好相关应用人员的培训。

11.2.6.2　系统设计原则

系统设计应遵循以下 5 个原则：

（1）目标系统的适宜性、开放性与可扩展性原则。系统与具体的管理职能紧密结合，考虑各个部门的需求，软硬件环境、模块和数据库设计尽量考虑其通用性，同时考虑运用数据仓库、面向服务的结构和组件等技术手段，使系统的体系结构具有良好的可扩展性。

（2）采用模块化结构和面向对象技术相结合的设计方法是系统设计的第二个原则。利用模块化结构可以将系统分为若干个子块，易于实现功能的拓展；而面向对象技术则是软件开发和软件工程的发展趋势，可提高编程的效率和规范性。

（3）界面清晰、友好，有较好的可操作性是该系统设计的第三个原则。在 Windows 等以图形化为界面的操作系统下，一个优秀的软件不仅要有良好的功能，也需提供友好的用户界面,从而方便用户的使用、软件的推广及标准化。所以在设计时必须注意这一点,可采用 GIS 技术、多媒体技术、显示与计算相分离等方法提高系统的整体性能。

(4)用户适度参与原则。用户是系统最终的鉴定人,也是系统的使用人、管理人。系统首先从用户的特征入手,保证在开发全过程中用户的不断参与,从而使系统实用、高效、灵活。

(5)可移植性的原则。系统的设计应保证它的源代码能在各个硬件平台间移植,为此应尽量用标准语言编程,与硬件有关的部分应尽量少而且独立。对整个系统中关键的调度模型采用模块化设计,使模型模块可以实现复用或移植。

11.2.6.3　系统概念设计

水库综合管理信息系统以数据库为基础,以各优化模型(组成模型库)为支撑,与地理信息系统相结合,组成一套能实时自动运行的信息系统。

利用地理信息系统(GIS)、数据库技术、数据模型技术等一系列高新技术建立的水库综合管理信息系统是一个规模庞大、涉及面广的大型软件工程。依据三层结构的理论,从纯 IT 技术角度来分析,一个应用系统由外到内可以分成表示层、功能层、数据层。这一结构同样适用于水库综合管理信息系统。其总体结构可分为:人机交互层、系统应用层和系统支撑层。水库综合管理信息系统总体结构如图 11-3 所示。

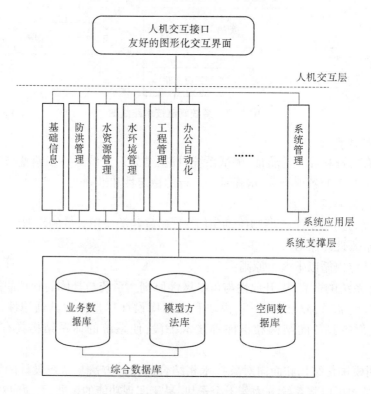

图 11-3　水库综合管理信息系统总体结构图

系统应用层通过人机交互接口与管理人员和决策人交互,在系统支撑层的信息和系统应用层的众多分析功能的支持下,完成管理过程中各个阶段、各个环节的多种信息需求和分析功能。

1) 系统支撑层

系统支撑层由 3 个部分组成:业务数据库、模型方法库、空间数据库。

系统管理所需的信息将通过综合数据库、模型库、空间数据库产生,并以动态的数据、图形、表格或文字方式输出,为使用者提供准确可靠的决策指挥依据。

2) 系统应用层

系统应用层是系统的核心,提供运行管理过程中所需的各种业务分析、数据管理等功能。针对水库管理运行属于多对多信息源的这一特点,按照管理的功能需求,系统应用层分为基础信息、防洪管理、水资源管理、水环境管理、工程管理、办公自动化等功能子系统。

系统应用层通过人机接口与运行管理人员交互,在系统支撑层数据、模型、预案、空间数据、图形图像等和系统应用层众多分析功能的支持下,完成管理过程中的各个阶段、各个环节的多种需求和分析功能。

3) 人机交互层

系统交互界面是系统使用者与应用软件之间的人机接口,总的作用是通过建立总控程序构建系统运行的软件环境。具体功能包括控制应用软件运行、运行控制参数的输入和运行结果的表达等。管理信息系统的开发除建立各种业务分析模型外,系统交互界面的设计和开发也是其主要内容。

界面设计总的原则是:

(1)尽量采用直观的图形用户界面技术(GUI),信息的表达要形象、直观、简洁明了。

(2)各种模型和系统界面控制程序之间的接口要平滑过渡。

(3)系统操作要以菜单、图形、图标等形象化的界面元素为基础,大多数操作可以通过鼠标点击完成,对话框层次不宜过多,使操作更为方便快捷。

(4)适宜用多媒体信息表达的,可灵活运用图形、图像、声音、音乐及视频等信息处理技术,起到图、声、像一体的综合表达效果。

11.2.6.4　系统实现的关键技术

1) 组件技术

基于组件技术的集成方法具有开放性、易维护等优点。它是以组合(原样复用现存组件)、继承(扩展地复用组件)、设计(制作特定专用组件)组件为基础,按照一定的集成规则,分期、递增式构造应用系统,缩短开发周期,使系统扩展性好、维护及升级费用低。

运用组件技术进行水库综合管理信息系统的开发,就可以说是由一系列集成开发的完成某一定功能的组件构建而成的。

例如每一个组件,它是封装了一组相关代码和属性、完成特定功能的对象,一般用于完成通用的功能,具有下述优势:

(1)组件具有像 C++ 类的特性(如继承等),避免了在应用程序的不同地方编写功能相同或相近代码的麻烦,提高了应用程序的可维护性。

(2)组件可以把一组总在一起使用的控件组合在一起,构成一个完成特定功能的控件,应用程序可以在需要的地方随时使用它。

在水库综合管理信息系统中大量采用组件,用它来封装系统中通用的功能,缩短了开发周期,增强了系统的可移植性和普遍适用性。如系统的洪水预报和防洪调度等功能的窗口中,都需要实现水库入库流量过程线、出库流量过程线、水位过程线、降雨过程线等的图形显示。其实,它们都是继承了一个集成开发的能实现各种特定水文过程线绘图的组件,该组件不仅封装了各种过程线的绘制,还考虑了人机交互的功能。

2)DLL 技术

DLL(Dynamic Link Library)技术即动态链接库技术。从技术上讲,动态链接库是一个可执行文件,但就其功能而言,它只能被应用程序调用,多个应用程序可以访问内存中同一个动态链接库拷贝中的内容。

使用动态链接库有很多好处:

(1)多个应用程序可以同时共用一份动态链接库在内存中的拷贝,这样可以减少系统对内存的消耗。如果使用共用动态链接库中的函数,应用程序的可执行文件将会很小。

(2)在不改变函数接口的情况下,可以改变动态链接库中的函数而不必对应用程序重新进行编译和连接。这样,可以很方便地对应用程序进行升级。

(3)使用动态链接库可以方便地进行混合语言编程,有利于系统功能的扩展。

(4)提高系统运行速度。

例如,在设计一些数学模型模块时,需要大量的计算,同时不同的功能子系统中都需要用到,所以在设计中,我们就可以采用将这部分程序编译成动态链接库,然后运用函数进行调用。这样做的结果就是既加快了系统的响应时间,又有利于程序的修改。只要统一程序接口,对于程序的修改只需更换相应的 DLL 文件,而不必修改系统中的代码和系统结构,不仅有利于系统的维护,而且有利于完善系统的模型库。

11.3　系统功能设计研究

11.3.1　系统设计目标

根据水库运行管理工作的需要,以系统工程、信息工程、决策支持系统、管理信息系统等开发技术为手段,建立一个为水库运行管理工作提供支持的系统,使水库管理部门的工作效率、质量、管理水平有明显提高,为防洪及水资源调度管理和决策实施提供现代化的管理手段,为水库的运行管理提供科学依据。具体目标如下:

(1)快速、灵活地以图、文、声、像等方式提供水、雨、工、气象、险情、历史资料等方面的信息服务;

(2)提高实施区内降雨预报、洪水预报的精度和预见期;

(3)迅速和较准确地预测和统计实际供水情况,为供水调度提供咨询依据;

(4)利用历时数据和实测数据,对水情进行预测和评估,对工程情况进行监测;

(5)借助地理信息系统技术、仿真技术和运筹学对各种防洪调度方案的减灾效果进行分析评估,对各种水资源调度方案的效果进行分析评估,对水利工程运行进行管理。

11.3.2　系统逻辑功能设计

水库综合管理信息系统从逻辑上可分为图 11-4 中所示的几个主要的功能子系统,这些功能将构建整个水库管理的信息化平台,这是水库综合管理信息系统的目标,也是其必须具有的基本子系统,只有建立起这个支撑平台,才能在信息上为水库管理提供服务,在决策上为水库管理提供支持,在此基础上针对不同水库管理的实际情况应用不同的表现形式实现产品化、标准化、模块化的水库综合管理信息系统。

系统的逻辑功能组成如图11-4所示。

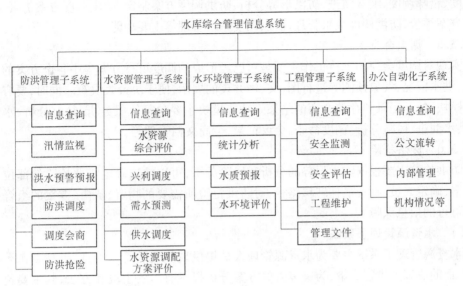

图11-4 水库综合管理信息系统的功能组成

11.3.3 防洪管理子系统

防洪管理子系统主要为防洪提供详尽的实时信息和历史信息,为防洪提供信息支持和决策支持,包括信息查询、汛情监视、洪水预警预报、防洪调度、调度会商、抢险救灾等功能模块。

11.3.3.1 信息查询

为防汛提供各种防汛信息,通过简单的交互让防洪工作者快速了解防汛概况、气象、水雨情、工情、灾情、水库防洪等各种基本信息,并灵活地以图、文、声、像等方式提供所查询的信息、提供防洪调度预案和防洪抢险预案、提供防洪基本形势分析等。

11.3.3.2 汛情监视

为防汛部门的值班人员提供实时汛情自动监视和汛情发展趋势预测服务的应用系统,完成以自动、直观、醒目的方式向值班人员提供单点和区域的实时汛情,并满足值班人员对汛情深层次的专题查询和分析比较等要求。系统应建立一个自动、及时、全面的实时数据和图像监视系统,并能对监视对象做更进一步的查询,系统提供矢量背景图显示、信息查询、实时监视、汛情预警等主要功能。

11.3.3.3 洪水预警预报

建立水库洪水预报体系,建立满足防洪调度需要的实时洪水预报作业系统。洪水预警预报主要包括气象产品应用、暴雨预报、洪水预报、河道水面线计算等。应用各类专业数学模型进行洪水预警预报,提高洪水预报的精度和预见性,为实时制定和选择防洪调度方案提供依据。

11.3.3.4　防洪调度

防洪调度的主要对象是所管理的水库和河道等,根据水库或河道的洪水,可以计算水库或河道的洪水调度结果,为防洪指挥决策提供最佳的洪水调度方案,使防洪调度实现联合调度、错峰调度、洪水演进、防洪形势分析、防洪调度方案制定、防洪调度方案仿真、防洪调度方案评价、防洪调度成果管理、防洪调度系统管理等主要功能。

11.3.3.5　调度会商

实现对调度会商的支持工作主要是对已经形成的调度可行方案集中各个方案的径流情况、洪水情况、气象预测等进行图、文、声并茂的展示,便于决策人决策。同时,要有会议记录模块,便于记录和存储会商的结果。功能模块主要包括气象分析、径流分析、水情预测、洪水演进、风险分析、调度命令、会议记录、会商文档管理等。

11.3.3.6　防洪抢险

防洪抢险主要根据防洪形势的分析和风险分析,可以快速确定需要抢险的部位和抢险方案,确定人员、物资最佳转移路径,对防洪抢险所需要的物资、队伍、方案的组合提供切实可行的信息保障。

11.3.4　水资源管理子系统

水资源管理子系统主要为水资源管理人员提供现代化的管理工具,提高工作人员的效率,辅助决策人进行决策,为决策人的方案分析提供有力的手段和方法,其主要包括信息查询、水资源综合评价、兴利调度、需水预测、供水调度、水资源调配方案评估等功能模块。在水文数据的基础上,以地理信息系统为平台,以电子地图、各类统计图、报表、电子表格等为表现形式,实现对水资源评价、互动分析和结果显示。

11.3.4.1　信息查询

查询社会经济、地形地貌、水资源分区情况、政策法规、气象、水文、水雨情、供水工程状况等信息,以地理信息系统为平台,以电子地图、各类统计图、报表、电子表格等为表现形式显示查询结果。

11.3.4.2　水资源综合评价

水资源综合评价包括水资源数量评价和水资源开发利用评价。对上一年度、上一时段(季度、月、旬等)的水资源数量、质量及其时空分布规律,以及水资源开发利用状况进行分析和评价,确定水资源及其开发利用形势和存在的问题,评价上一决策时段的方案实施效果。

11.3.4.3　兴利调度

实现对兴利调度工作的支持。功能模块主要包括气象分析、径流分析、需水分析、供水分析、供需平衡分析、损失分析、发电效益比较、调度命令等。

11.3.4.4　需水预测

需水预测分为工业、农业、生活和生态环境需水量预测以及不同供水区的需水量预测。

11.3.4.5　供水调度

制定水资源管理方案,确定水资源优化调度的规则和依据;根据各时段水资源的丰枯情况,建立水资源优化调度模型,确定水资源调度方案。调度内容包括单库优化调度、水库群优化调度、水库与区间来水的优化调度、防洪与兴利统一调度、多目标决策分析等。

11.3.4.6　水资源调配方案评价

评价各地区利益主体分水量的效率、合理性与公平性;评价分水结果对社会、经济、生态等方面的影响。

11.3.5　水环境管理子系统

水环境管理子系统主要包括信息查询、统计分析、水质预报和水环境评价等业务模块。在电子地图的基础上,实现水环境信息的查询和综合分析。在基础信息和实时信息的基础上,分析水环境发展趋势,为制定合理的水环境保护工作方案提供分析依据。

11.3.5.1　信息查询

对各个水质监测站点的实测信息的查询,包括实时和历时信息的查询分析,相关的水环境管理资料、政策法规、管理文件等相关资料结合图形、图像等,以电子地图、各类统计图、报表、电子表格等为表现形式显示查询结果。

11.3.5.2　统计分析

统计分析包括生成各种格式的水环境专题报表、通过各种统计分析预测未来水环境变化、提取水环境专题信息生成各种统计图表。

11.3.5.3　水质预测

在水质监测的基础上,分析和研究河道或水库的自净和降解、稀释能力,预测汛期河道、水库因洪水滞留或泛滥等所可能造成的污染。

11.3.5.4　水环境评价

根据实测的河流、水库、引水渠的泥沙、水质观测监测资料等,通过与历史同期的对比分析,确定河流输沙量和含沙量的时空分布,以及地表水的硬度、矿化度等。其主要评价内容包括:污染源评价、地表水资源质量评价、地表水污染负荷总量控制评价等。

11.3.6　工程管理子系统

水利工程管理子系统的目标主要是为水利工程管理人员提供现代化的管理工具,提高工作人员的效率,为水利工程的建设、管理和维护提供基础数据,其主要由工程信息查询、工程安全监测、工程安全评估、工程维护管理等业务模块组成。系统实现水利工程信息查询、统计分析、三维模拟、安全分析、险情预警预报、险情处理、决策会商、运行管理、运行调度等业务相关内容。在水利工程数据的基础上,以地理信息系统为平台,以电子地图、各类图纸、报表等为表现形式,实现对水库、大坝、堤防、桥梁、闸门、泵站、引水渠、电站等工程的管理、分析和结果显示。

11.3.7　办公自动化子系统

办公自动化子系统也是水库信息化建设的一个重要组成部分,在水库综合管理信息系统建成后,在系统计算机网络、水利综合数据库、地理信息系统的建设成果基础上,开发与原有办公自动化系统的信息与网络接口,开发新的办公自动化系统,集成原有电子政务与办公自动化系统、新的电子政务系统、管理信息系统的部分业务功能,形成功能完善的办公自动化系统,实现各种管理及相关业务信息的网上发布、管理及共享,规范管理流程,实现公文的电子流转等工作,实时跟踪文件流转过程;完善网上协同办公、电子邮件和异地办公等功能。本书将不做详细设计,仅实现水库综合管理系统与办公自动化子系统的信息与网络接口,为办公自动化系统提供信息服务。

11.4　GIS平台基本功能设计

11.4.1　基本功能

　　GIS通用功能模块是在水库综合管理信息系统共用模块的基础上,针对GIS应用的特色进行开发。它所提供的主要功能应包括以下几方面。

11.4.1.1　数据层与属性管理

　　用户可依据项目所需的信息内容,在文件管理模块定义特征数据层的数量,系统将为各层提供一组缺省配置。当用户需要对每个特征数据层进行标准化定义和描述图形位置、面积、线型、颜色等公共属性时,此功能模块将提供工作空间特征层配置修改的功能,可由用户自行修改,并可添加目标图形的专题属性。例如,在水系分布图中,每一特征地物的名称、长度、宽度和面积、水文特征等属性。功能模块还提供数据文件有条件的选择性组合,可即时将所需信息添加、合并入工作空间进行比较或空间分析的功能。

11.4.1.2　图形局部编辑和维护

　　为了满足动态信息更新入库的要求,系统必须具有即时局部图形添加、删改、移动、旋转、裁剪以及重建拓扑关系的功能。可简单、方便地进行图斑的分割、合并,并再建拓扑与新属性连接,以便维护数据库的完整性。

11.4.1.3　多媒体输出功能

　　在水库管理的各个环节,经常有大量多媒体信息输出的需求,如图件、视频、图像、报表和文档等信息的输出,故系统需具备直接进行文字输出、报表输出、矢量图输出、图形图像与文字叠合输出,以及USB接口和CDR-W备份输出等输出专题媒体的功能。

11.4.1.4　表与专题制图

　　主要用于汇总属性数据库中的数据按照水利信息化管理电子报表的标准生成各种类型的表格,并依用户的需求即时作出各种统计图示,如饼状图、柱状图、曲线图、散点图、圆环图、曲面图、圆柱图和面积图等,提供具有定量的、直观的可视化效果。通过此功能模块的运行,可对动态水、雨等数据进行快速的分析、判别,由其发展趋势、强度做出决策。

11.4.1.5　图幅整饰

　　在水库管理过程中,常常需要在抢险现场下载工程图、险情分布图像图形、历史险情状况等多种水情、雨情、工情等信息。为了增强输出图件的通俗性、可读性,特设计了输出图幅整饰功能模块,它包括图廓生成、加入专题信息、图例、指北针设置、比例尺设计、添加注记、编辑注记和注记自动生成等功能。此功能被组合在多媒体信息输出模块中。

11.4.2　编辑功能

　　编辑功能主要包括:

　　(1)创建或生成新的数据集,包括创建新的工作空间、图层数据集、空间数据库、数据库管理体系、图形要素的属性和尺寸等内容。此项功能在系统建设、系统信息补充中有重要的作用。

　　(2)编辑和建立图形数据的拓扑关系、图数之间的动态连接关系、表与表之间的关系类,以及图形各要素之间的关系类等,并且这是GIS系统数据库建设过程中的重要的、基本的环节之一。

（3）数据格式转换。由于以往 GIS 数据采集过程中未统一平台，现有的空间基础信息、资源环境信息以及某些专题信息的数据格式难免有异。为了使系统空间数据库少做重复建设、缩短实施工期，需充分利用现有的信息资源。由此，必然产生数据转换的需求，将各种平台提供的空间数据完整的转换成系统要求的统一数据格式。通常，需要转换的数据格式包括 CAD、DGN、COVERAGE、EOO、DWG、DXF、TIFF、IMG、SHAPE FILE 等数据的转换功能。

（4）创建和编辑与图形要素相关的标注信息，以及标注信息与数据库的关联，为信息查询提供便利的信息基础框架。

（5）数据库连接与管理。各个子系统与专题数据库，以及与系统综合数据库的动态连接和管理是实现系统数据共享的重要环节。数据库连接与管理功能包括选择数据库连接、新建数据库、数据库坐标管理、修改数据库连接、数据导入与导出、数据层特征定义、数据库刷新、数据字典更新等。

11.4.3　分析功能

分析功能包括了更高一级空间分析处理能力和数据转换能力，系统提供给用户直观的图形用户界面(GUI)，以方便进行设计、创建和编辑空间数据库。

11.4.3.1　坐标转换

统一的坐标体系和投影是保证系统数据共享、系统正常运行的基本保障。然而，水库综合管理信息系统数据采集的多源性使系统必须具有坐标、投影转换的基本功能提供给各子系统共享。它包括一些最基本的几何配准、坐标匹配、工作空间或文件坐标和投影定义等功能。

11.4.3.2　常用矢量空间分析

由于整个系统的开发是基于 GIS 功能开发的管理信息系统，充分利用通用空间分析模块成为应用系统中重要的内容之一。常用的空间分析功能包括缓冲分析、空间逻辑运算、空间数学运算、空间叠合运算、空间交叉分析、最近距离运算、几何分析和地址匹配等。

11.4.3.3　栅格空间分析

基于统一的基础底图将矢量图形的点、线、面数据生成栅格格式；将离散点生成连续表面；从点要素生成密度图；创建生成数字高程分布图、坡度图和坡向图；对多层栅格数据进行逻辑分析与代数运算；进行栅格图的分类和制图，以及基于像素的地图分析等。

11.4.3.4　矢量与栅格一体化分析

通过矢量和栅格数据的叠加进行某一地物对象的周边环境分析。

11.4.4　WebGIS 功能

通过 WebGIS 的应用，能够将空间信息、数据和空间信息应用成果通过局域网或互联网分布发给更广泛的用户。客户端的用户只需在自己的浏览器中嵌入免费的浏览工具，即可享受 WebGIS 的数据和服务。它除了能够提供 GIS 基本功能组件所具有的各种功能，还能实现：

（1）多数据源信息集成。用户可从多个 WebGIS 站点进行数据集成，也可将其与本地数据集成，以满足多专题信息集成的目的。

（2）能够调整用户访问的需求量，扩展多用户请求的数量，并能够控制信息发送方式和发送对象,既可通过互联网传送信息,又可在局域网内部互通信息。

(3)能够运行在分布式环境中,由客户端和服务器端的部件组成。客户端不仅能够浏览和集成信息,还可以改变空间信息的表达形式。

11.5　数据库系统设计

数据库设计是研制数据库及其应用系统的技术,是指在给定现有的数据库管理系统上建立数据库的过程。数据库设计的关键问题是如何建立一个数据模型,使其能够正确地反映用户的现实环境,包括向用户及时、准确、全面地提供所需要的信息和支持用户对所有需要处理的数据进行处理,并且还要使其具有易于维护、易于理解和较高的运行效率。由于数据库的设计是围绕着数据模型的建立而展开的,所以要求系统设计者必须详细了解整个系统的信息处理现状和各种信息流,并对其进行分析和概括,同时还要熟悉数据库管理系统的特点,以便利用各种工具进行数据库设计。数据库设计是系统设计工作中的一项十分重要而又复杂的工作,它的设计质量直接影响到系统的开发进度、应用效果及其生命力。因此,整个数据库的设计工作必须按照科学的方法和程序来进行。

对于水库综合管理信息系统,正如前所述,它可作为水库管理部门管理及决策的信息平台,该工作系统内信息涉及面广、信息量大、数据类型复杂,其中包括了水库基本情况、多年降雨资料、长期的气象统计以及多年供需水调度、管理信息等多类信息,信息之间联系紧密,相关性很强。如何将各类信息及其关系进行抽象建模是系统开发中所要解决的一个重要问题。

11.5.1　数据库设计目标和原则

11.5.1.1　数据库建设目标

综合数据库建设目标如下:

(1)解决以前存在的各种水库管理数据源的信息孤岛问题,实现所有相关信息源的中心平台整合,避免信息闭塞,提高信息使用率。

(2)方便信息发布与共享,为系统内的信息服务、业务人员的预警预报系统及公众信息发布系统提供各种实时、历史数据。

(3)便于信息的决策分析,为防洪决策、供水调度等工作提供完美的信息支持。

(4)为水库综合管理提供有效、丰富、实时、形象的信息支撑。

11.5.1.2　数据库设计原则

为保证综合数据库开发的质量和效率,数据库系统在设计中必须遵循以下原则。

1)规范化、标准化、统一化的原则

数据库是水库综合管理信息系统进行业务应用内、外信息交换的基础。数据库的设计要进行充分、详细的数据分析,要有统一的数据格式及较为统一的编码,并且要保证整个数据库设计的完整性。

标准的统一是关键,具体包括编码、数据类型、存储格式、输入输出接口等的统一,要遵循国家、行业部门的统一标准和规范。

2)层次分明、布局合理的原则

数据库系统必须层次分明、合理布局。数据信息应自下而上逐层浓缩、归纳、合并、减少冗余,提高数据共享程度。

3)数据的独立性和可扩展性的原则

应尽量做到数据库的数据具有独立性,独立于应用程序,使数据库的设计及其结构的变化不影响程序,反之亦然。应用系统在不断地变化,所以数据库设计要考虑其扩展接口,使得系统增加新的应用或新的需求时,不至于引起整个数据库系统的重新改写。

4)共享数据的正确性和一致性的原则

应考虑数据资源的共享,合理建立公共数据库。采用数据库分层管理,使不同层次的数据共享。另外,由于共享数据是面向多个程序或多个使用者的,多个用户存取共享数据时,必须保证数据的正确性和一致性。

5)减少不必要的冗余的原则

建立数据系统后,应避免不必要的数据重复和冗余,但为了提高系统的可靠性而进行的数据备份还是必要的。

6)保证数据安全可靠的原则

数据库是整个信息系统的核心,它的设计要保证可靠性和安全性,不能因某一数据库的临时故障而导致整个信息系统的瘫痪。

11.5.2　综合数据库设计

11.5.2.1　概念设计

综合数据库主要接收、存储、管理水库综合管理信息系统的数据信息,包括气象信息、工情信息、水文信息、调度数据、管理数据等 10 大类信息数据,为水库管理提供实时的和历史的各种数据信息及统计信息。根据数据性质进行划分,结合水库实际管理、防汛、水资源、供水进行整合,将综合数据库划分为 10 大类(见图 11-5),即水文数据库、工情数据库、气象数据库、调度数据库、水环境数据库、管理信息数据库、社会经济信息数据库、模型方法库、供水数据库、动态影像库。

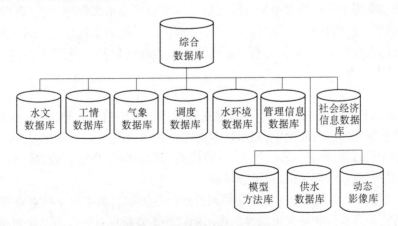

图 11-5　综合数据库概念设计

11.5.2.2　综合数据库数据字典设计

数据字典常用来描述属性数据库中字段名和标识符之间的对应关系以及字段的意义。同样,采用数据字典也可以描述空间数据库中电子地图的分层信息及建设内容。

建立数据字典,将会使综合数据库的管理更加规范和标准,便于以后的更新和扩充。

如在水文数据库中可以建立如表 11-1 所示类型的数据字典;在水库综合管理信息系统的数据字典,按照国家标准和行业标准的各种数据库的数据字典进行建设,根据水库的应用进行扩充。

表 11-1　数据字典示例

字段名	标识符	类型及长度	单位	字段描述
报汛站码	STCDT	C(5)		报汛站码是全国统一编制的唯一代表某一测站的在水情电报中使用的编码。报汛站码是一个五位十进制数,编码办法见《水文情报预报拍报办法》中的有关规定
设计洪水位	DSFLZ	N(7,3)	m	设计洪水位是指水库遇到大坝的设计标准洪水时,水库坝前达到的最高洪水位。设计洪水位采用最高洪水位的基面高程。设计洪水位的计量单位为 m,计至小数点后三位
校核洪水位	CHFLZ	N(7,3)	m	校核洪水位是指水库遇到大坝的校核标准洪水时,水库坝前达到的最高洪水位。校核洪水位采用最高洪水位的基面高程。校核洪水位的计量单位为 m,计至小数点后三位
坝顶高程	DTEL	N(7,3)	m	坝顶高程是指测站所代表水库(湖)的大坝顶端的基面高程。坝顶高程的计量单位为 m,计至小数点后三位

11.5.3　综合数据库逻辑设计

11.5.3.1　水文数据库

水文数据库用于储存地面水情与降雨信息。水雨情是水库管理、防汛调度的第一参考资料,是防汛调度的数据核心,是水库综合管理信息系统的基础信息,水雨情数据是构成汛情信息的直接参数,从数据类型上分可分为基本信息数据、实时信息数据、统计计算数据、预测数据四类。

1)基本信息数据

(1)测站数据。用来描述每个测站的基本信息。这些信息一般不随时间变化而变化。在整个数据库的生命周期中,测站基本情况表的内容基本保持不变。具体包括测站编码、报汛站码、站名、河名、经度、纬度、行政代码、基准高程、修正参数、站类、拍报项目、拍报段次、时间参数、管理单位、报汛等级等。

(2)河道数据。用来记录河道水文站测验断面在汛期防洪中的一些重要指标和防洪能力以及历史最高水位和最大流量等。在汛期这些重要指标对制订防洪计划和洪水调度决策起到至关重要的作用。表中的数据基本保持不变。具体包括测站编码、左堤高程、右堤高程、设防水位、警戒流量、保证水位、保证流量、历史最高水位、最高水位时间、历史最大流量、最大流量时间、集水面积等。

(3)库(湖)站数据。用来记录水库的设计洪水位、校核洪水位、坝顶高程、水库控制流域面积以及防御过的最大历史洪水的有关资料等重要指标。在实际防汛工作中,这些重要指标是水库安全运行,进行洪水调度的主要依据。具体包括测站编码、坝顶高程、校核洪水位、设计洪水位、汛限水位、死水位、历史最高水位、最高水位时间、历史最大入流、历史最大蓄量、最大蓄量时间、历史最大出流、最大出流时间、集水面积等。

(4)洪水传播时间数据。用来记录洪水在河道上不同测站之间的传播时间。根据这一参考资料,当上游发生洪水出现洪峰时,我们可以大概估计下游站出现洪峰的时间,具体包括上游测站编码、下游测站编码、河道长、最大通过流量、最小传播时间、最大传播时间等。

(5)水位流量关系数据。用来记录测站发生洪水时水位和流量的相关关系,具体包括测站编码、起始时间、序号、水位、流量等。

(6)库容曲线数据。用来记录水库的水位和蓄水量之间的相关关系。根据表中的数据,我们可以通过水库的水位推算水库的蓄水量,也可以通过水库的蓄量变化推算库水位的变化,这在实际工作中对水库的安全运行和洪水的调度具有重要的意义,具体包括测站编码、库内水位、蓄水量等。

(7)频率成果数据。用来记录测站洪水频率分析的成果,具体讲就是洪水重现期与相应水位或流量的对应关系,同时还保存了进行频率分析有关的统计信息。根据频率成果中的数据可以确定发生洪水的量级,具体包括测站编码、重现期、流量等。

(8)频率系数数据。用来保存频率分析成果中的平均流量、变差系数和偏态系数以及相关的样本统计信息。通过频率系数中记录的数据和实际发生洪水的洪峰流量,可以计算出该次洪水的量级,具体包括测站编码、平均流量、变差系数、偏态系数、开始年份、结束年份、样本数量等。

2)实时信息数据

(1)日蒸发数据。用来记录实时的测站日蒸发量资料,具体包括测站编码、时间参数、蒸发器类型、日蒸发量等。

(2)降水量数据。用来记录时段降水量和日降水量以及积雪深度和密度。具体包括测站编码、测时(年、月、日、时、分)、时段降水量、降水历时、日降水量、积雪密度、时段天气、日天气、降水量类型等。

(3)河道水情数据。用来记录河道水文(水位)站测报的河道水情信息,如水位和流量等,具体包括测站编码、时间参数、水位、流量、测流面积、河水特征、水势、测流方法、测积方法等。

(4)闸坝水情数据。用来记录河道上闸坝站测报的水情信息,具体包括测站编码、时间参数、闸上水位、闸下水位、闸水特征、闸上水势、闸下水势等。

(5)水库水情数据。用来记录水库站测报的水库水情信息,具体包括测站编码、时间参数、库内水位、入库流量、蓄水量、库水特征、库水水势、测流方法等。

(6)闸门启闭情况表。用来存储闸坝和水库报汛中列报的闸门启闭情况以及相应的过闸流量等,具体包括测站编码、时间参数、启闭情况、过闸流量、测流方法等。

(7)含沙量表。用来存储随河道水文(水位)站报汛列报的水中的含沙量,具体包括测站编码、含沙特征、含沙测法等。

（8）冰情数据。用来存储报汛站凌汛期列报的与凌汛有关的信息,具体包括测站编码、测时(年、月、日、时、分)、扩展关键字、日最高气温、日最低气温、均值天数、日平均气温、日平均水温、定性冰情号、冰情位置、冰情距离、定性冰厚、冰上雪深、冰下冰花厚、定厚冰情号、冰宽等。

（9）特殊水情数据。用来存储诸如决口、扒堤、堵口、合龙、筑坝、扒坝、漫滩、山洪和暴雨信息。具体包括测站编码、时间参数、种类标识、位置、距离、高度或深度、宽度、流量、山洪类别、山洪方位、暴雨小时数、暴雨量、天气情况、雹粒直径、降雹历时等。

3）统计计算数据

（1）河道多日平均值数据。用来存储河道水文(水位、闸坝)站 1 d、3 d、候、旬、月等水位和流量的平均值,具体包括测站编码、时间参数、均水位、平均流量等。

（2）水库多日平均值数据。用来存储水库有关水情的 1 d、3 d、候、旬和月的平均值。具体包括测站编码、参数时间、均值天数、平均水位、平均入流量、平均出流量、平均蓄水量等。

（3）库蓄水量多年同期均值数据。用来记录库多年来每月 1 日 8 时蓄水量的算术平均值。它主要用来进行全国大(中)型水库蓄水量的统计,根据该表所设计的内容可以实现多年同期均值的连续维护,具体包括测站编码信息、蓄水量等。

（4）旬、月输沙总量数据。用来存储河道水文站测报的每旬或每月通过测验断面的总水量和水中的总含沙量,具体包括测站编码、年月旬别、输水总量、输沙总量等。

（5）旬月降水量数据。用来存储雨量站(含测报雨量的其他站)测报的每旬或每月的累计降水量,具体包括测站编码、时间参数、旬月降水量。

（6）旬月特征数据。用来存储测站(水文、水位、闸坝和水库等)列报的 1 旬或 1 月内有关水文要素的最大值、最小值及其发生的时间,具体包括测站编码、时间参数、最高水位、最低水位、最大流量、最小流量、最大蓄水量、最小蓄水量、最高位时间、最低位时间、最大流量时刻、最小流量时刻、最大蓄水时刻、最小蓄水时刻等。

4）预报类数据

（1）降水量预报数据。用来存储某测站的预报降水量以及相关的其他信息,具体包括测站编码、预报降水量、预报降水历时、预报区域代码、预报降雨趋势、发生时间、发布时间、发布单位等。

（2）河道水情预报数据。用来存储河道上测站测验断面预报未来可能达到的水位和流量信息,具体包括测站编码、时间参数、水位、流量、河水特征、水势、发布时间、发布单位、根据站、根据时间、预报精度。

（3）水库水情预报数据。用来存储测站代表水库预报未来可能达到的水情,具体包括测站编码、时间参数、库内水位、入库流量、蓄水量、库水特征、库水水势、发布时间、发布单位、根据站、根据时间、预报精度等。

（4）闸门启闭情况预报数据。用来存储闸坝和水库闸门未来计划的开启情况信息,具体包括测站编码、时间参数、启闭情况、过闸流量。

（5）含沙量预报数据。用来存储河道水文站对测验断面未来含沙量的预报信息,具体包括测站编码、时间参数、含沙量、含沙特征、发布时间、发布单位等。

(6)冰情预报数据。用来存储测站对该测站测验范围内未来冰情的预报信息,具体包括测站编码、时间参数、最高水位、最大流量、冰情现象号、冰情位置、冰情距离、冰厚、流冰量、冰厚种类、流冰量种类、发布时间、发布单位等。

(7)水库多日平均值预数据。用来存储水库站随水库预报水情列报的水库有关水情信息的平均值,具体包括测站编码、均值天数、平均水位、平均入流量、平均出流量、平均蓄水量、发布时间、发布单位等。

(8)旬月输沙总量预报数据。用来存储测站预报的旬月通过测验断面的总水量和水中的总含沙量,具体包括测站编码、输水总量、输沙总量、发布时间、发布单位等。

11.5.3.2　工情数据库

工情数据库主要由静态信息和动态信息两部分组成,静态信息包括管理相关的水库、堤防、大型输水渠道、涵闸、电站等水利工程的有关情况,即设计参数、现状、周边环境、病险情况和维修规划等管理信息;动态信息包括大坝位移沉降、扬压力、渗流及建筑物的应力应变、河道堤坝的沉降、管涌等大坝安全信息以及河道闸站的闸门开度与流量、上下游水位等信息。

1)河流

(1)水系基本情况主要包括水系代码、河源位置、河流中游起点位置、河流下游起点位置、河流终点位置、干流长度、上游河长、中游河长、下游河长、流域面积、上游流域面积、流域湖泊面积、流域耕地面积、流域内人口等。

(2)河流(河段)河道基本情况主要包括河流代码、河段序号、河段名称、河段上界控制站码、河段下界地点、河段下界控制站码、河型、流域面积、河道长度、河槽平均宽度、滩地平均宽度、河槽面积、滩地面积、滩槽平均高差、河道平槽流量、河床平均比降、弯曲率、最大河宽、最小河宽等。

(3)河流(河段)行洪障碍主要包括河流代码、河段序号、障碍物编号、障碍物名称、左岸位置、右岸位置、障碍物面积、障碍物尺寸等。

(4)河道断面基本特征主要包括河道断面代码、测验时间、断面名称、控制站代码、左岸桩号、左岸位置、右岸桩号、右岸位置、至起始断面距离、断面宽度、河槽宽度、主河槽高程、河槽平均高程、河槽冲淤厚度、滩地宽度、滩地平均高程、滩地冲淤厚度、左岸临水面堤脚高程、右岸临水面堤脚高程、左岸堤顶高程、右岸堤顶高程、设防水位、警戒水位、保证水位、校核水位、历史最高水位等。

(5)河道断面参数主要包括河道断面代码、测验时间、起点距、测点高程等。

2)水库

(1)水库基本情况主要包括水库代码、坝轴线经度、坝轴线纬度、开工日期、竣工日期、管理单位、管理单位驻地、设计抗震烈度、高程基面、发电机组台数、发电装机容量、设计年发电量、实际年发电量、设计灌溉面积、实际灌溉面积、防洪保护耕地面积、保护城市数目、保护城市名称、保护铁路名称、保护公路名称、迁移人口数量、迁移村庄数量、淹没耕地、主体工程震损情况、地基及辅助工程建筑物震损情况等。

(2)水库常用指标主要包括水库代码、情况简介、河流名称、工程位置、集水面积、总库容、死库容、兴利库容、防洪库容、死水位、兴利水位、正常蓄水位、设计洪水位、校核洪水位、坝顶高程、保护人口、保护面积、存在主要问题等信息。

（3）水库水文特征主要包括水库代码、水库调节性能、多年平均降雨量、多年平均蒸发量、多年平均径流量、多年平均输沙量、设计频率、设计洪峰流量、校核频率、校核洪峰流量、历史最大入库流量、历史最大入库流量时间、历史最高洪水位、历史最高洪水位时间、现有防洪标准、已淤积库容、发电设计水位、发电尾水位、发电引用流量、下游河道安全泄量、最大下泄量、最小下泄量、移民水位、多年平均值起始时间、多年平均值终止时间等信息。

（4）水库设计、校核洪量主要包括水库代码、时段长、设计洪量、校核洪量等。

（5）水库汛限水位、库容主要包括水库代码、开始时间（月、日）、结束时间（月、日）、汛限水位、汛限库容等信息。

（6）水库大坝基本情况主要包括水库代码、坝编号、坝名称、坝型、最大坝高、坝顶宽度、坝顶长度、坝心墙顶高程、防浪墙顶高程、上游坝坡、下游坝坡、坝基地质、坝基防渗措施、排水形式、存在问题等信息。

（7）水库溢洪道情况主要包括水库代码、溢洪道编号、溢洪道名称、溢洪道类型、溢洪道孔数、溢洪道孔口总净宽、溢洪道进口底槛高程、溢洪道最大泄流能力、溢洪道闸门形式、溢洪道闸门启闭能力、溢洪道开启时间、溢洪道堰型、溢洪道堰顶高程、溢洪道消能形式等信息。

（8）水库出水洞（管）情况主要包括水库代码、洞（管）编号、洞（管）名称、洞（管）类型、进口底槛高程、出口底槛高程、断面尺寸、最大泄量、进口闸门形式、启闭能力、启闭时间等。

（9）水库、水闸关系主要包括水库代码、水闸代码等信息。

（10）水库的水位—面积—库容—泄量关系主要包括水库代码、资料获取时间、水位、面积、库容、正常溢洪道泄量、非正常溢洪道泄量、洞（管）泄量、总泄量等信息。

（11）水库、测站关系主要包括水库代码、测站代码、测站类型等信息。

3）水文控制站

水文控制站主要包括测站代码、测站名称、站址、行政区划码、经度、纬度、管理单位名称、设站时间、测流方式、测流能力、历史最高洪水位、历史最高洪水位时间、实测历史最大流量、实测历史最大流量发生时间、调查历史最大流量、调查历史最大流量发生时间、水准基面等信息。

4）堤防段

（1）堤防基本情况与保护效益主要包括堤防代码、资料截止日期、堤防起始地点、堤防终止地点、堤防管理单位名称、堤防管理单位地址、堤防长度、保护总面积、保护总人口、保护房屋、保护工业固定资产、保护耕地面积、保护城镇数、保护重点设施、保护其他设施等。

（2）堤防的历史决溢记录主要包括堤防代码、决溢编号、决溢情况等。

（3）堤防堤段关系主要包括堤防代码、堤段代码等。

（4）堤段基本情况主要包括堤段代码、资料截止日期、河流名称、控制站代码、岸别、起始桩号、终止桩号、堤段管理单位、堤段长度、最大堤身高度、最小堤身高度、设计最大堤顶高程、设计最小堤顶高程、实际最大堤顶高程、实际最小堤顶高程、临水面最大堤脚高程、临水面最小堤脚高程、背水面最大堤脚高程、背水面最小堤脚高程、最大堤顶宽、最小堤顶宽、最大临水坡比、最小临水坡比、最大背水坡比、最小背水坡比、护坡状况、有无前戗、有无后戗淤背、堤内地面高程、堤外地面高程、堤内平台高程、堤外平台高程、最大堤内平台宽度、最小堤内平台宽度、最大堤外平台宽度、最小堤外平台宽度、最大外滩宽度、最小外滩宽度、堤身土质、堤基土质、护岸情况等。

（5）堤段设防标准主要包括堤段代码、岸别、桩号、控制站代码、设计水位、设计流量、校核水位、校核流量、设计超高、设计堤顶高程、实际堤顶高程、设计堤顶宽、实际堤顶宽、实际临水坡、实际背水坡、历史最大水位、历史最大水位时间、历史最大流量、历史最大流量时间等。

5）水闸

（1）水闸基本情况主要包括水闸代码、行政区划码、工程管理单位名称、竣工日期、基本情况介绍、水准基面、设计闸上水位、设计闸下水位、设计引水流量、设计排水流量、校核闸上水位、校核闸下水位、校核引水流量、校核排水流量、实际引水流量、实际排水流量、允许最大水位差、建筑物结构形式、设计抗震烈度、堤顶高程、设计灌溉面积、实际灌溉面积、设计排涝面积、实际排涝面积、实际运用最大泄量等。

（2）水闸工程特征主要包括水闸代码、闸孔类型、闸孔数、闸孔尺寸、闸底板高程、闸门顶高程、闸门形式、启闭机形式、启闭机数量、启闭力、启闭电源、启闭速度、消能形式、地质情况等。

（3）水闸的泄流曲线主要包括水闸代码、闸上水位、水头差、泄量等。

（4）水闸与测站关系表主要包括水闸代码、闸上测站代码、闸下测站代码等。

（5）水闸历史运用情况记录主要包括水闸代码、运用开始时间、运用结束时间、运用情况等。

6）险工险段

（1）险工险段基本情况主要包括险工险段代码、险工险段类型、所在工程代码、行政区划码、工程位置、管理单位名称、起始桩号、终止桩号、情况介绍等。

（2）险工险段出险情况主要包括险工险段代码、出险时间、桩号、险情介绍、除险措施等。

11.5.3.3 气象数据库

气象数据库主要存储接收气象预报单位传输过来的气象资料和预报成果，主要包括卫星云图、雷达回波图、天气预报、降水数值预报。

（1）气象信息数据库包括测站编码、日期、日最高气温、日最低气温、日平均气温、空气湿度、实际水汽压、2 m 高处风速、风向、光照日射、太阳总辐射量、日蒸发量、蒸发器类型等信息。

（2）饱和水汽压与大气温度表包括饱和水汽压、大气温度等信息。

（3）卫星云图主要包括卫星云图类型、幅数、时间等。

（4）雷达回波图主要包括雷达测点编号、雷达回波图时间、雷达回波图。

11.5.3.4 调度数据库

调度数据库包括调度模型库、调度方法库和成果数据库三部分。其中，模型库和方法库作为系统支撑层中模型库的一部分，存储其中。

成果数据库包括：

（1）各站点预报成果及评价；

（2）水库实时调度成果及评价；

（3）水库运行管理经济分析成果及评价；

（4）防洪调度风险分析成果及评价结果。

11.5.3.5　社会经济信息数据库

社会经济信息库指的是为管理信息系统服务,提供管理查询参考信息,有可靠数据来源的社会经济数据的集合。主要涉及水库管理范围内的相关区域内的社会经济信息,包括人口、农村人口、耕地面积、旱地面积、秋粮播种面积、经济作物播种面积、冬小麦播种面积、冬小麦单产量、工矿企业固定资产、人均私有财产、公共设施固定资产、蓄滞(行)洪区名称、蓄滞(行)洪区代码、居民地面积、避水工程容纳人数、避险迁安人数、水利设施固定资产、供电设施固定资产、通信设施固定资产、交通设施固定资产、数据采集时间等。

11.5.3.6　水环境数据库

水环境数据库包括三类信息:水资源信息、水质信息、污染源数据。

1)水资源

（1）河流水资源数据库包括河流编码、日期、水位、流量、日径流量、基流量、地下潜水流量等信息。

（2）水库水资源数据库包括水库编码、日期、水位、蓄水量等信息。

（3）水库蓄水量多年同期均值表包括水库编码、1月蓄水量、2月蓄水量、3月蓄水量、4月蓄水量、5月蓄水量、6月蓄水量、7月蓄水量、8月蓄水量、9月蓄水量、10月蓄水量、11月蓄水量、12月蓄水量、开始年份、结束年份、统计年数等信息。

（4）降水数据库包括雨量站编码、日期、日降水量、日降雪量、降水历时、天气状况、降水量类型等信息。

（5）引排水量数据库包括地区编码、日期、引水量、排水量等信息。

（6）降水量预报数据库包括地区编码、日期、预见期、预报降水量、上下范围、天气状况、发布时间、发布单位等信息。

（7）农业需水量预测数据库包括年份、作物名称、行政区编码、种植面积、定额需水量、渠道损失量等信息。

（8）工业需水量预测数据库包括年份、行政区编码、定额需水量、渠道损失量等信息。

（9）生活需水量预测数据库包括年份、行政区编码、定额需水量、渠道损失量等信息。

2)水环境

水环境数据库主要包括物理、化学、生物及污染源等信息。

（1）排污口监测主要包括排污口位置、监测时间、排污量、排污指标等信息。

（2）水库水质监测主要包括监测位置、监测时间、水质指标等信息。

（3）水质评价结果主要包括评价位置、评价等级信息。

（4）水质预测结果主要包括预测时间、预测水质等信息。

11.5.3.7　供水数据库

（1）引水工程资料包括规模、数量、分布,引水地点,设计引水流量、实际引水流量、最大引水流量,设计灌溉面积、有效灌溉面积、实际灌溉面积,历年供水量等信息。

（2）地表供水源地主要包括实时水位、入库流量、下泄量、实时蓄水量等信息。

（3）抽水量主要包括站点名称、时间(年、月、日、时、分)、站上水位、站下水位、开机台数、抽水流量、流量性质、站上水势、站下水势、测流方法等信息。

（4）引排水量主要包括站点名称、时间（年、月、日、时、分）、引排水次数、引水量、排水量等信息。

（5）水资源量评价结果主要包括大气降雨量、地表水资源量、地下水资源量、重复计算量、总资源量等信息。

（6）河道来水预测表主要包括预测断面、预测时间、预测量等信息。

（7）用水信息主要包括用水类型、用水量、产值效益等信息。

（8）需水预测主要包括用户类型、预测时间、预测需水量等信息。

（9）水资源平衡分析结果主要包括分析年份、总需求量、可供水量等信息。

11.5.3.8 管理信息数据库

水库综合管理信息系统不但包括上述专业信息，而且还有大量的管理信息数据，如行政机构、水库要事、历史记录、各种规章制度以及各种报表数据，其数据结构比较繁杂，因此根据该系统处理的业务，将这些管理数据储存在管理信息数据库中进行集中管理。

管理信息数据库主要包括水库管理机构的基本情况、人事、财务、业务管理等多种管理信息，根据办公自动化系统的要求结合实际的管理需求建立，可直接与现有办公自动化系统集成，采用现有的数据库避免重复开发，更好地整合历史管理数据；同时，严格按照数据库集成方法，减少数据冗余，提高系统效率。由于不同水库的管理机构不同、组织方法不同、人员配置不同、规模差异等，该数据库差异较大，应根据实际管理需要进行适当修改。

11.5.3.9 动态影像库

不同种类的静态影像、数字视频、数字音频数据按一定的数据模型组成一个有机整体，称为动态影像库。

从应用逻辑上来分可将动态影像库划分为视频信息、音频信息、MPEG Video CD 数据、静态影像。

从数据物理属性上又可将动态影像库分为视频数据、音频数据。

物理上数据是以单元为单位进行存储的，视频、音频的单元对应一个操作系统文件，VCD 单元对应一个操作系统子目录。

一段时间的数字视频数据文件为视频单元；一段时间的数字音频数据文件为音频单元；一段时间的 MPEG Video CD 数据文件为 VCD 单元。因此，影像数据的存储组织也采用文件目录的结构方式，分别对各大类影像图建立子文件目录。如各大类影像图中又分为小类，同样建立再下一层的子文件目录，依次类推。

对于影像文件的管理是通过关系数据表示来实现的。分别对视频、音频、静态图像和 Video CD 类型的影像数据的属性建立关系表，以单元编码为关键字，描述单元的属性，即数据表中每个记录对应一个影像图文件的属性进行描述，因此分为四类数据表。

视频信息管理表主要包括单元编码、视频存储类型、存储路径、采集时间、采集地点、采集仪器、采集单位、时间长度、内容描述等信息。

音频信息管理表主要包括单元编码、音频存储类型、存储路径、采集时间、采集地点、采集仪器、采集单位、时间长度、内容描述等信息。

静态影像管理表主要包括单元编码、静态影像存储类型、存储路径、采集时间、采集地点、采集单位、内容描述等信息。

Video CD 数据管理表主要包括单元编码、VCD 数据存储类型、存储路径、采集时间、采集地点、采集仪器、采集单位、时间长度、内容描述等信息。

11.5.3.10　模型方法库

模型方法库中包括系统支撑模型和系统支撑分析方法两部分。

模型主要可分为两类,分别是水库防洪调度模型和水库兴利调度模型。

管理支撑方法是根据基础数据和计算成果,结合知识工程、决策支持系统、人工智能等技术同水利专家知识结合起来,把专家们多年来积累的经验、启发式知识同他们的非形式化推理风格结合起来,模仿人类专家的思维方式、技术特长和直观感觉,重现他们的决策过程,并在此基础上综合、融合、提炼多位专家的经验和知识,以得到最佳的决策方案。

模型方法库(其下模型和方法统称为模型)主要包括水资源量分析模型、径流量预测模型、区域需水预测模型、水量分配调度预案生成模型、防洪调度决策风险分析模型、兴利调度效益分析模型等信息。

在模型方法库中主要结合组件化软件开发技术实现开放式模型卸载、添加等,方便水库管理应用中的模型管理,在数据库中建立模型属性关系表,主要包括模型编号、功能介绍、应用方向、修改时间、主要技术参数等信息。

11.5.4　空间数据库设计

11.5.4.1　空间数据预处理与入库

空间数据的来源包括一些已有的水库 GIS 或者信息服务系统提供的基础地理数据、水利专题电子地图,这些数据可以由水库管理单位各应用部门提供。同时,还有一部分数据如行政区划图、交通图层和重要的建筑物图层等,可由测绘部门取得。已有的数字化空间数据可以通过格式转换,将它们转换成能直接进入现有标准空间数据库的格式,而部分没有数字化的空间数据可进行数字化工作,图 11-6 所示为空间数据库预处理与入库的步骤。

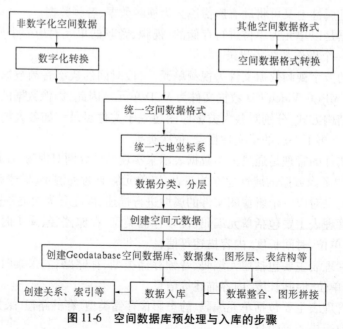

图 11-6　空间数据库预处理与入库的步骤

获得的 GIS 图形数据可以首先统一为 shape file 格式,然后统一这些数据的大地参照系,包括统一地图投影、统一大地坐标系、统一地图比例尺等,进而根据地理数据的专题的不同进行分类,分类不同的地理数据采用不同的地图要素来表达,如点、线、面、注记等图层来进行表达,然后开始创建这些数据,包括创建数据的空间元数据,元数据为用来描述这些空间数据的基本信息的数据,再开始根据地图专题的不同创建不同的数据层、设计它们的表结构、关联它们的属性数据、创建数据集、创建空间数据库,将创建好的图层或者进行拼接的图层进行入库操作,这样空间数据库就创建起来了。创建好的数据库为能更好地管理、检索和约束空间数据库,还必须创建空间数据库的索引、关系或者约束机制等,这样空间数据库才能算是创建完整了。

将这些不同格式的水利空间数据转换成空间数据库的格式,这样的转换可以为用户的应用带来以下好处:

(1)空间数据库是完全用全关系型存储的数据,这就意味着数据以相同的格式存放。数据管理将更加容易和有效,对数据库的查询将使用扩展的 SQL。

(2)在空间数据库中对象和特征要素可以定制自己的行为和方法,当编辑软件对这些数据进行编辑时,可以方便地使用这些方法。

(3)在空间数据库中特征要素类之间能确认规则、连接规则,且空间关系能够被定制,可以使要素类足够的"聪明",例如当删除一级河流时,相关的被连接规则约束的二级河流、三级河流也同时将被删除。

(4)可以生成几何网络和平面拓扑的空间拓扑关系,当一个空间要素改变时可以依据要素将拓扑不变的规则修改其他要素的空间位置。

11.5.4.2　空间数据库设计

空间数据库用于存储水库综合管理信息系统中与空间位置关系密切的综合地理信息库,包含基础地理数据库、影像库和水利专题图库。

1)基础地理数据库概念设计

基础地理数据库作为水利应用的背景图件,其数据源及其更新主要来自测绘和规划部门,部分属性数据(人口、产值等)的更新来自统计部门,其精度要求能满足各种业务需求,比例尺可根据业务的需求选用 1:25 万、1:5 万、1:1 万不等。

基础地理数据库的内容包括水库周边行政区划图、重点建筑物分布图、居民区分布图、道路交通图、人口分布或者点密度图、工农业产值图、行业分布图、常规组织机构分布图、地名图等矢量图层。

基础地理数据库的概念设计如图 11-7 所示。

2)水利专题图库概念设计

水利专题图库将水库管理决策分析拓展到了二维平面空间上,使得水库管理调度分析和 GIS 的空间分析相结合,而且图形化水利专题图增强了决策分析的表现(见图 11-8)。

水利专题图分布于不同业务部门,由不同的业务部门掌管和更新,而且有些专题图件是管理中决策分析的结果数据,所以根据水库管理运行不同的业务类型,把水利专题图库分为水利基础图库和工程专题图库。水利基础图库存储基础的水利专题图件,其广泛地应用于各个业务部门;而工程专题图库根据防洪、工程管理、水资源和水环境等不同的

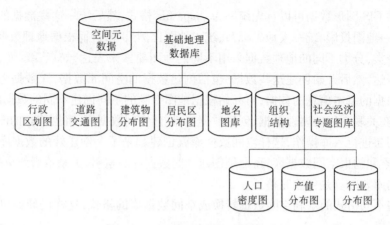

图 11-7　基础地理数据库的概念设计

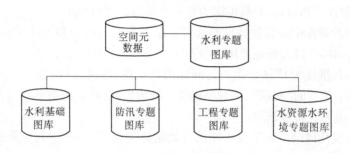

图 11-8　水利专题图库概念设计

业务范围,又分为防洪专题图库、工程专题图库、水资源专题图库、水环境专题图库。

水利基础图库的数据源及其更新主要来自水利测绘和规划设计部门,其精度要求根据具体业务不同,可选用 1:10 万、1:5 万、1:1 万、1:1 000,甚至于 1:500 不同大小比例尺的地图。

水利专题图库的数据源与更新主要来自水利监测和水利业务部门的上报,决策分析结果、前端计算或者分析的数据,其数据精度与数据源的精度有密切关系,比例尺基本保证 1:1 万,局部重点区域的水利专题图可采用 1:5 000 或者更高比例尺的图件。

11.5.4.3　数据库代码设计

1)代码标准使用与制定原则

为了保证信息共享和信息交换得以实现,每个数据的属性定义必须一致,属性值所使用的代码表示的含义必须一致,不得有冲突,因此对基本的数据结构、数据表和所有信息的代码应符合国家和行业的统一标准。

(1)凡是已有国家标准、行业标准的,一律使用国家标准、行业标准。如中国河流名称代码、行政区划代码等。

(2)没有国家标准,也没有行业标准的,制定本系统内使用的标准,在制定过程中,尽可能使用已有编码或在已有编码的基础上改造。前期应注意调查用户已有数据库的情况。

(3)需要自行编制的代码标准,则尽可能缩小编制范围并在数据结构上考虑将其独立出来,以方便修改和完善。

2)信息的标识原则

数据库中需要用到两种标识符,分为表标识符和字段标识符两类,标识符由英文字母、数字和下划线("_")组成,首字符应为英文字母,英文字母应采用大写表示。

标识符应按组成表名或字段名的中文词组对应的术语符号或惯常使用符号命名,也可按表名或字段名的英文译名缩写命名;若采用汉语拼音缩写命名更加容易理解,也可按汉语拼音缩写命名。

标识符与其名称的对应关系应简单明了,应体现其标识内容的含义,且具有唯一性。

(1)当标识符采用英文译名缩写命名时应符合下列规定:①应按组成表名或字段名的汉语词组英文词缩写及在名称中的位置顺序排列。②英文单词或词组有标准缩写的应直接采用;没有标准缩写的,取对应英文单词缩写的前1~3个字母,缩写规则为仅顺序保留英文单词中的辅音字母,首字母为元音字母时,应保留首字母。③当英文单词长度不超过4个字母时,可直接取其全拼。

(2)当标识符采用中文词的汉语拼音缩写命名时应符合下列规定:①应按表名或字段名的汉语拼音缩写顺序排列。②汉语拼音缩写取每个汉字首辅音顺序排列,当遇汉语拼音以元音开始时,应保留该元音;当形成的标识符重复或易引起异义时,可取某些字的全拼作为标识符的组成成分。

11.5.4.4　表标识符命名

为了提高标识符的规范化水平,应做到同一汉语单词具有相同的缩写符。

表标识符应具有唯一性,表标识符与中文表名应具有一一对应关系。

表标识符应按相应表名的中文词序组合。表标识符由前缀、主体标识及分类后缀三部分用下划线("_")连接组成。其编写格式为:X_x_a。

(1)X为数据库字库分类前缀,如水文数据库前缀为HY;

(2)x为表标识符的主体标识,按前述有关方法命名,其长度不宜超过8个字符;

(3)a为表标识符的分类后缀,用来标识表的分类,根据各字库分类来确定,如水文数据库中基本信息类表使用"B",实时信息类表用"R"等。

(4)表标识符的长度不宜超过13个字符。

11.5.4.5　字段标识符的命名

(1)字段标识符应具有唯一性。

(2)字段标识符应按相应字段名的中文词序组成。名称相同,在表中含义、作用也相同的字段,其标识符在整个数据库表结构中应当相同。

(3)字段标识符的长度不宜超过10个字符。

11.5.5　数据库性能要求及系统选型

11.5.5.1　性能要求

水库综合管理信息系统的数据库是各业务子系统的信息中心,数据库的功能、性能、可靠性及安全的保障对整个系统成败十分重要。指挥中心对数据库管理系统软件的性能要求如下:

（1）良好的 Internet/Intranet 应用功能，Web 性能较好；

（2）严格的安全性能要求，可进行用户安全认证；

（3）良好的多用户访问支持；

（4）对空间数据库的无缝支持；

（5）表格、图形、图像、文本和视频等多种数据格式的存储支持。

11.5.5.2　数据库平台选型

目前较为流行的几种大型关系型数据库管理系统软件有 Oracle、Sysbase、Informix、Ms SQLServer 等，其中美国甲骨文公司的 Oracle 软件功能较为优越，其性能简介如下：

（1）为工作组/部门级和 Internet/Intranet 应用提供了空前的易用性和强大功能。

（2）Oracle 高级安全功能通过执行企业标准的加密码和集成算法提供了强大的认证功能和加密功能，同时它还支持多种外部的认证服务。这个产品提供了充足的企业用户安全性，组织可以选择实施通过使用数字证书或密码方式的端到端的用户安全认证，从而降低为配置安全性的总体成本。Oracle 标签安全功能提供了基于行级标签的成熟灵活的安全技术，以做到更加细密的访问控制。Oracle 标签安全使用了被政府、国防部和商贸组织所广泛使用的标签概念来保护敏感信息、分离数据，并提供用于管理策略、标签和用户标签认证的有力工具。

Oracle 通过日志文件可以对数据库进行备份和恢复，Oracle 还增加了恢复管理器，从而使可管理性得到大幅度的提高。

（3）Oracle RAC 为使用集群硬件配置的打包或定制的应用程序，提供了无限的可扩充性和高可用性，以及简单易用的单系统镜像。Oracle RAC 允许从集群系统的多个接点来访问同一个数据库，在提供与硬件环境相匹配的性能的同时，做到应用软件和数据库用户与软硬件故障的相隔绝。

（4）Oracle Spatial 允许用户和应用软件开发者无缝整合他们的空间数据到企业级应用中去。

（5）支持多种数据类型。InterMedia 将多媒体支持增加到了 Oracle9i 之中，使其能够管理 Internet 应用和传统应用中的多媒体内容，方便地访问图像、音频、视频、文本和位置信息。InterMedia 文本服务器提供了文本检索功能，用户利用这一功能可以查询和分析以通用格式（如 HTML、Word、Excel、PowerPoint、Wordperfect 和 Acrobat PDF）存储的文件文档、联机新闻报导、客户请求报告和其他联机文本信息。

（6）高端数据仓库技术与 OLTP。Oracle 具有多用户数据仓库管理能力，更多的分区方式，更强地与 OLAP 工具的交互能力，以及在 Oracle 数据库间快速和便捷的数据移动机制等。考虑到 Oracle 数据库可以较好满足以上性能要求，选择 Oracle 作为水库综合管理信息系统的数据库管理系统平台。

第 12 章　引滦枢纽工程综合管理信息系统开发

本章详细地介绍了引滦枢纽工程综合管理信息系统,系统采用 Visual Basic6.0 开发,利用最先进的面向对象编程及 COM 组件技术,实现友好的人机交互界面和各种操作功能:第一部分是对系统实现功能的介绍;第二部分是防洪调度部分的功能,如联合调度、错峰调度、洪水演进、库容水位计算、泄流能力分析、洪水组合等情况下管理系统的应用结果;第三部分是供水调度部分的功能,如年度供水计划计算、逐日供水计划计算、月度供水调度、实时调度预案生成、月度供水调度等功能介绍;第四部分是数据库管理及界面设置的操作、帮助系统的操作、关闭系统的操作等功能的介绍与实现。

12.1　系统实现功能介绍

根据滦河枢纽工程的实际需要,结合工程实现的步骤,首先实现了防洪子系统中的防洪调度和水资源子系统中的供水调度部分;并开发了相应的数据管理模块,就防洪调度和供水调度功能开发中涉及到的其他子系统共用的功能组件均依据组件化原则,开发为控件式组件,便于进一步的复用,减少了今后的开发量;遵循组件开发原则,构架系统结构,方便进一步的开发和升级。下面是对系统功能的简单介绍。

本系统采用 Visual Basic6.0 开发,利用最先进的面向对象编程及 COM 组件技术,实现友好的人机交互界面和各种操作功能。系统的主界面如图 12-1 所示。

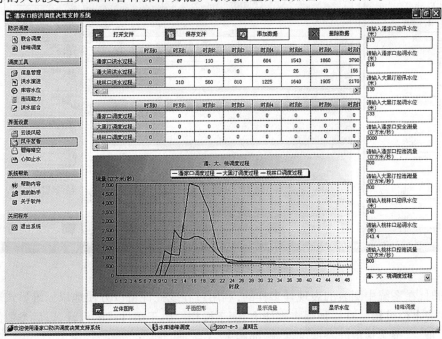

图 12-1　系统界面

系统界面由菜单区、工作区和状态栏三部分组成。菜单区位于界面左端,可以选择相应的操作功能,菜单可以折叠和展开;工作区是进行程序计算的区域,包括数据输入和结果展示;状态栏显示当前用户的操作和系统时间等信息。

系统的功能分为五大部分:

(1)防洪调度。包括潘家口水库、大黑汀水库、于桥水库、邱庄水库、陡河水库洪水资源利用,即联合防洪部分,以及潘家口、大黑汀和桃林口三水库错峰调度部分。

(2)调度工具。包括信息管理、洪水演进、库容水位、泄流能力和洪水组合五部分。

(3)界面设置。用户可根据自己的爱好,选择合适的操作界面。

(4)系统帮助。提供用户联机帮助。

(5)关闭程序。退出系统。

12.2　防洪调度

12.2.1　联合调度

根据各水库来水、调度过程的输入,各水库初始水位的输入,对引滦调水水库群进行联合调度,并将调度结果以数据和图像的方式显示出来。多库联合调度界面如图 12-2 所示。

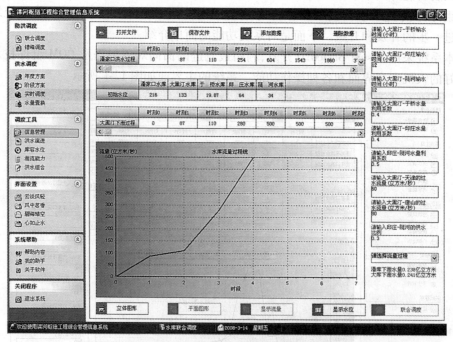

图 12-2　多库联合调度界面

同时,在系统中图表的表现是多样的,利用过程线控件可以方便地以三维形式表现流量过程或水位过程。这样加强表现能力,便于操作。由于组件式的设计,以后类似的应用均可实现,三维表现以联合调度举例,如图 12-3 所示。

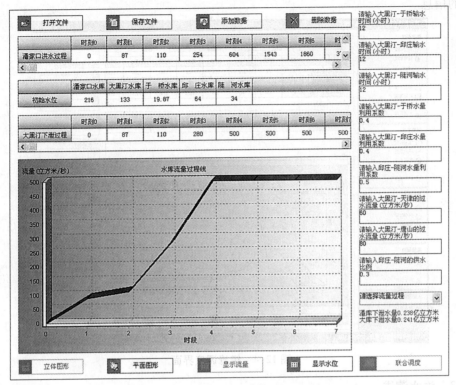

图 12-3　三维流量过程线

界面的顶端是进行数据操作的,可以打开已有的数据文件,保存数据文件,以及增加或删除输入的洪水过程。

中间的表格和图分别为各水库来水、调度过程的输入,各水库初始水位的输入以及结果的数据输出和图形显示。

界面的下方是显示效果的选择,可以选择立体图和平面图,以及显示流量或水位信息。

界面的右端是相应的信息输入,包括大黑汀—天津、大黑汀—唐山的输水时间、水量损失等必要信息。点击"联合调度"进行洪水资源利用计算。

12.2.2　错峰调度

根据各水库来水数据和调度原则的输入,包括各水库迎汛水位、起调水位及控泄流量等信息,对潘家口、大黑汀、桃林口三水库进行错峰调度,结果以数据输出和图形显示两种形式给出。界面如图 12-4 所示。

图 12-4 所示界面的顶端和下方与"联合调度"相同,是进行数据操作和显示信息的选择。

图 12-4 所示表格和图分别为各水库来水输入,以及结果的数据输出和图形显示。特别是当 [潘、大、桃调度过程] 选择为"潘家口、大黑汀、桃林口水库调度过程时",第二个表格可以进行人工手动修正下泄过程。

图 12-4 所示界面的右端是调度原则的输入,包括各水库迎汛水位、起调水位及控泄流量等信息。点击"错峰调度"进行三水库错峰调度,完毕后可以显示各水库水位、流量

变化的信息。

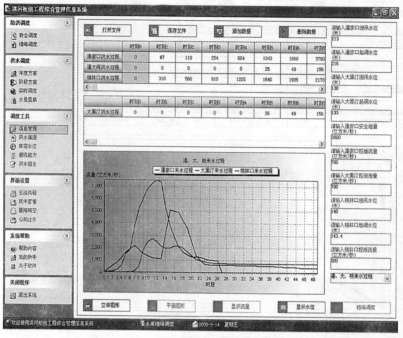

图 12-4　错峰调度界面

12.2.3　洪水演进

　　"洪水演进"模块实现洪水演进的功能,在输入原始洪水样本后,选择演进区间,点击"洪水演进"按钮,计算出演进后洪水的过程,以数据和过程线两种表现形式输出,界面如图 12-5 所示。

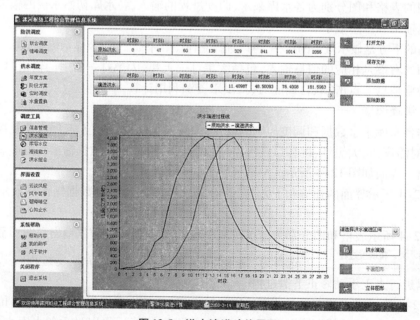

图 12-5　洪水演进功能界面

图 12-5 所示界面右上方为数据文件操作,可以完成数据的保存、数据文件的导入,以及根据用户需要添加和删除洪水过程线的数据。

图 12-5 所示表格分别为原始洪水过程线的输入以及演进后洪水过程线的输出。

图 12-5 中下方图形显示洪水过程线的形状,根据用户的偏好,可以选择立体图形或者平面图形,如图 12-6 所示。

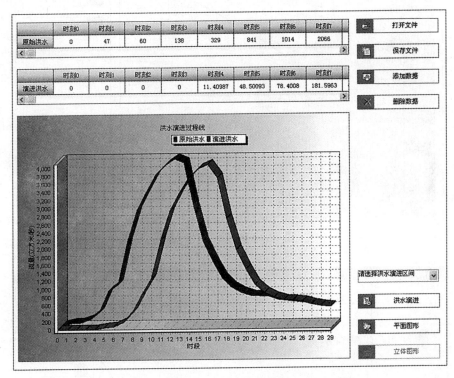

图 12-6　洪水演进界面

12.2.4　库容—水位计算模块

库容水位计算模块实现由库容计算水位或由水位计算库容的功能。选择相应的水库后,输入水位(库容)值,点击"计算"按钮,可计算出相应的库容(水位),界面如图 12-7 所示。

12.2.5　泄流能力分析

泄流能力分析模块的实现由水库泄流能力计算功能。选择相应的水库后,输入水位值,点击"计算"按钮,可计算出相应的泄流能力。其中,当选择"包含发电"时,则泄流能力中包含了电站的下泄流量,当选择"发电排出"时,则不包括电站流量,功能界面如图 12-8所示。

12.2.6　洪水组合的操作

图 12-9 所示界面上方的表格为洪水过程的输入表格,用户可以输入两场洪水过程。右端的按钮可以进行数据操作,包括数据文件的导入以及数据的添加和删除等功能。

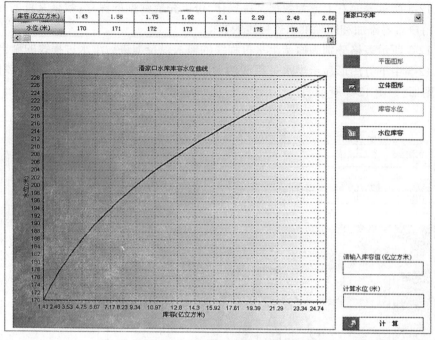

图 12-7　库容—水位界面

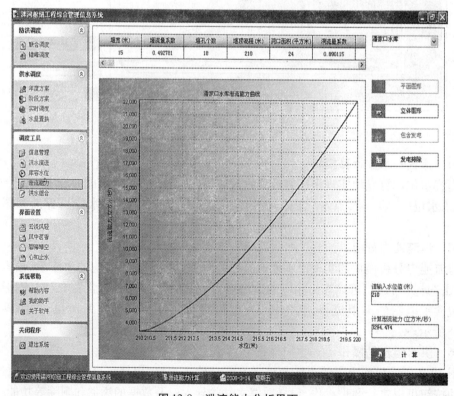

图 12-8　泄流能力分析界面

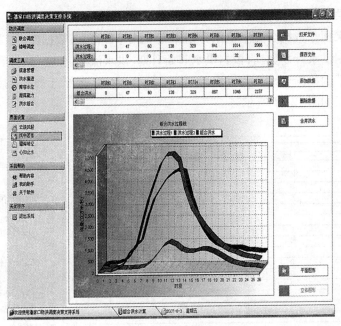

图 12-9　洪水组合界面

　　中间的表格和图形显示组合洪水后的结果。图形的显示可以根据用户的偏好选择平面或立体图形。

12.3　供水调度

12.3.1　年度供水计划计算

　　根据潘家口水库当年来水预测数据,结合需水分析和国家的分水文件要求,计算年度供水指标和计划,并将结果存入数据库,功能界面如图 12-10 所示。

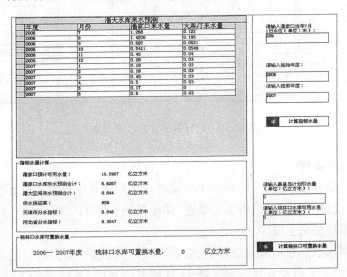

图 12-10　年度供水计划计算界面

12.3.2　逐日供水计划计算

根据月来水预测数据分配至供水计划年度中的每日,写入数据库中,为实时调度提供基础数据。利用供水计划数据,根据供水起始日期、供水流量、供水量,计算日供水计划为实时调度提供基础数据。计算月供水计划,为潘家口水库、大黑汀水库月度调度提供基础数据。功能界面如图 12-11 所示。

图 12-11　逐日供水计划计算界面

12.3.3　月度供水调度

根据供水计划和来水预测,结合相应的调度规则生成月度供水调度预案,并将结果存入数据库,同时允许人机交互进行实时修正,功能界面如图 12-12 所示。

12.3.4　实时调度预案生成

根据逐日用水计划数据和来水数据,结合相关调度规则,提供逐日的实时调度预案,并可根据实际情况,人机交互进行实时修正,功能界面如图 12-13 所示。

月份	潘家口月末水位	潘家口月末库容	潘库预报来水	潘家口供水	大黑汀月末水位	大黑汀月末库容	潘大区间来水	潘库补水	入唐供水	入谁
7	211.55	14.5893	1.268	0.28	129.07	2.2509	0.122	0.28	0.1107	
8	213.4	15.5899	1.4206	0.42	129.08	2.2519	0.195	0.42	0	
9	213.16	15.4569	0.587	0.72	131.54	2.7648	0.0521	0.72	0	0.
10	211.11	14.358	0.5411	1.64	131.55	2.7674	0.0549	1.64	0.0853	1.
11	209.02	13.288	0.45	1.52	131.57	2.7722	0.04	1.52	0	1.
12	209.56	13.568	0.28	0	129.83	2.4036	0.03	0	0.22	0.
1	209.92	13.748	0.18	0	129.98	2.4336	0.03	0	0	
2	210.27	13.928	0.18	0	130.13	2.4636	0.03	0	0	
3	208.45	13.018	0.45	1.36	131.57	2.7723	0.03	1.36	0.2	0.
4	205.86	11.798	0.5	1.72	131.58	2.7701	0.03	1.72	0.1106	1.
5	195.94	7.848	0.17	4.12	131.57	2.7713	0	4.12	0.8571	0.
6	195.44	7.668	0.6	0.78	127.02	1.8696	0.03	0.78	0.5323	

请输入起调年度：

2006

请输入潘家口起调水位：

请输入大黑汀起调水位：

计 算　　　　　　写入数据库

图 12-12　月度供水调度界面

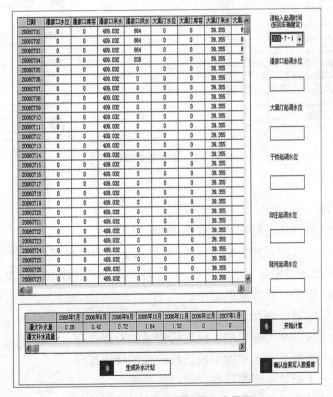

图 12-13　实时调度预案生成界面

12.4　数据库管理及其他

12.4.1　数据库管理

数据库管理主要完成数据库的添加、删除、修改、查找等多种功能,在该系统中对数据库基本要求的操作功能进行了组件化的设计,便于应用于不同的子系统,其基本操作界面如图 12-14 所示。

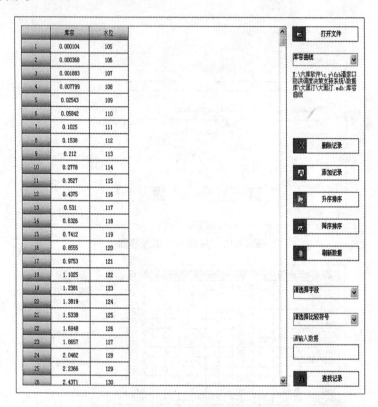

图 12-14　数据库管理界面

12.4.2　信息管理

信息管理即对数据库进行统一的管理,如图 12-15 所示。

打开文件——打开指定的数据库文件,然后从下面的组合框中选择文件中所包含的数据表,则在左边的表格中显示表的内容,并且可以直接进行数据的修改。

删除记录——删除任意选定的记录。

添加记录——添加一条新记录。

升序排序——按照某一选定的字段进行记录的升序排序。

降序排序——按照某一选定的字段进行记录的降序排序。

刷新数据——重新显示刚连接数据库时的视图。

查找记录——按照选择的条件,对数据库进行查询。

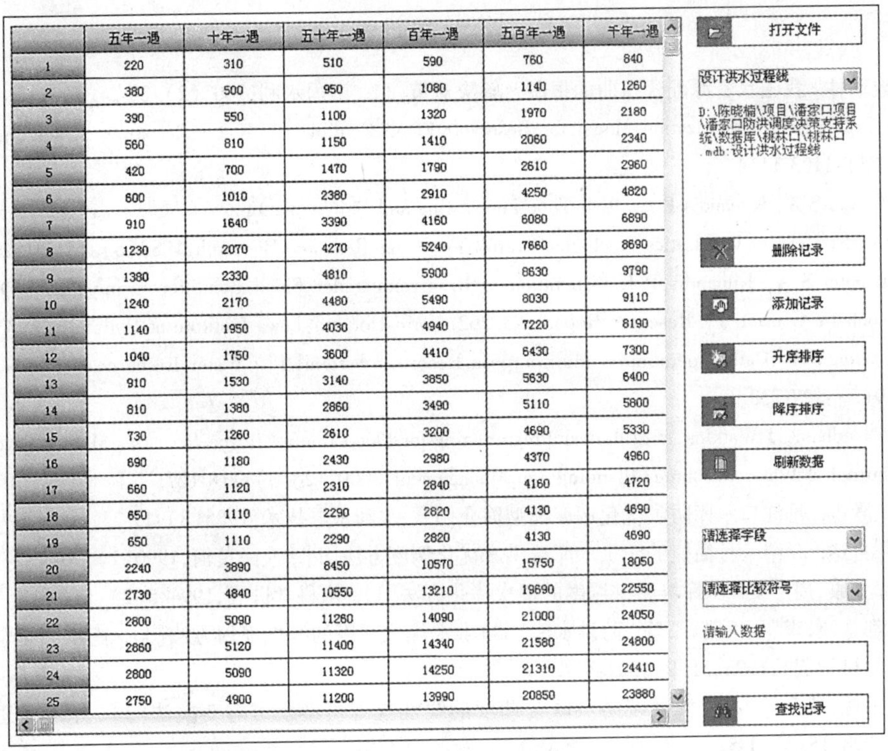

	五年一遇	十年一遇	五十年一遇	百年一遇	五百年一遇	千年一遇
1	220	310	510	590	760	840
2	380	500	950	1080	1140	1260
3	390	550	1100	1320	1970	2180
4	560	810	1150	1410	2060	2340
5	420	700	1470	1790	2610	2960
6	600	1010	2380	2910	4250	4820
7	910	1640	3390	4160	6080	6890
8	1230	2070	4270	5240	7660	8690
9	1380	2330	4810	5900	8630	9790
10	1240	2170	4480	5490	8030	9110
11	1140	1950	4030	4940	7220	8190
12	1040	1750	3600	4410	6430	7300
13	910	1530	3140	3850	5630	6400
14	810	1380	2860	3490	5110	5800
15	730	1260	2610	3200	4690	5330
16	890	1180	2430	2980	4370	4960
17	660	1120	2310	2840	4160	4720
18	650	1110	2290	2820	4130	4690
19	650	1110	2290	2820	4130	4690
20	2240	3890	8450	10570	15750	18050
21	2730	4840	10550	13210	19690	22550
22	2800	5090	11280	14090	21000	24050
23	2860	5120	11400	14340	21580	24800
24	2800	5090	11320	14250	21310	24410
25	2750	4900	11200	13990	20850	23880

图 12-15　信息管理界面图

12.4.3　界面设置的操作

根据用户的喜好,设定不同的操作界面,设定好后自动保存设置效果,下次启动程序时,自动展示设定的效果。

12.4.4　帮助系统的操作

提供系统的联机帮助,除传统的帮助还有助手。

12.4.5　关闭系统的操作

退出程序。关闭前有提示,以防用户误操作。

参考文献

[1] 戴瑞林. 我国水资源配置扭曲的根源及解决对策[J]. 中国水利,2001(2):22-24.

[2] J S Windsor. Optimization Model for Reservoir Flood Control[J]. Water Resources Research, 1973, 9(5):1103-1114.

[3] Wasimi S A, Kimandis P K. Real-Time Forecasting and Daily Operation of a Multireservoir System Duing Flood by Linear Quadratics Stochatic Control[J]. Water Resource Research,1983(6):1511-1522.

[4] Wasimi S A, Kimandis P K. Operation of Reservoirs under Flood Condition Using Linear Quadratic Stochatic Control[J]. Research Report. No. 262. North-Holland:Lowa Institute of Hydraulic,1983(10).

[5] Yazicigil H. Daily Operation of Multipurpose Reservoir System[J]. Water Resource Research, 1983, 19(3):727-738.

[6] J Needham, J Watkins,et al. Linear Programming for Flood Control in the Iowa Des Moines Rivers[J]. Journal of Water Resources Planning and Management,2000,126(3):118-127.

[7] 王厥谋. 丹江口水库防洪优化调度模型简介[J]. 水利水电技术,1985(8):17-23.

[8] 许自达. 介绍一种简捷的防洪水库群洪水优化调度方法[J]. 人民黄河,1990(1):26-30.

[9] 都金康,周广安. 水库群防洪调度的逐次优化方法[J]. 水科学进展,1994,5(2):134-141.

[10] 都金康,李罕,王腊春,等. 防洪水库(群)洪水优化调度的线性规划方法[J]. 南京大学学报(自然科学版),1995,31(2):301-309.

[11] 王栋,曹升乐. 水库群系统防洪联合调度的线性规划模型及仿射变换法[J]. 水利管理技术, 1998,18(3):1-5.

[12] 马勇,高似春,陈惠源. 一种基于扒口分洪运用方式的防洪系统联合运行的大规模 LP 广义化模型及其应用[J]. 水利学报,1998(12):34-37.

[13] Unver O I, L W Mays. Model For Real-Time Optimal Flood Control Operation of a Reservoir System [J]. Water Resources Management,1990 (4):24-45.

[14] S P simonovic, D A Savic. Intelligent Decision Support and Reservoir Management and Operations [J]. J Comput Civ Enn,1989,3(4):367-385.

[15] Litle J D C. The Use of Storage Water in a Hydroelectric System [J]. Operations Research, 1955(3): 187-197.

[16] R A Howard. 动态规划与马尔科夫过程[M].上海:上海出版社,1960.

[17] Rossman L. Reliability Constrained Dynamic Programming and Randomized Release Rules in Reservoir Management[J]. Water Resources Research,1997,13(2):247-255.

[18] Turgeon A. Optimal Short-term Hydro-scheduling from the Principle of Progressive Optimality [J]. Water Resources Research,1981,17(3):484-486.

[19] Bellman R. Dynamic Programming[M]. Priceton: Princeton University Press,1957.

[20] Bellman R, Drefus S. Applied Dynamic Programming[M]. Priceton: Pricetion University Press,1962.

[21] Larson R. State Increment Dynamic Programming[M]. New York:Elsevier,1968.

[22] Jacbson H, Mayne Q. Didderential Dynamic Programming[M]. New York:Elesevier, 1970.

[23] Karamouz M, Houck M, Delleur J. Optimization and Simulation od Multiple Rexervoir Systems[J]. Journal of Water Resources Planning and Management, 1992, 118(1):71-81.

[24] Howson H R, N G F Sancho. A New Slgorithn for the Solution of Multistate Dynamic Programming Problems[J]. Math. Programm, 1975,8(1):104-116.

[25]　A Turgeon. Optimal Short-term Hydro Scheduling from the Principle of Progressive Optimality[J]. Water Resources Research, 1985(17):481-486.

[26]　虞锦江,等.水电站水库防洪优化控制[J].水电能源科学,1983,1(1):65-69.

[27]　胡振鹏,冯尚友.防洪系统联合运行的动态规划模型及其应用[J].武汉水利电力学院学报,1987(4):55-56.

[28]　胡振鹏,冯尚友.汉江中下游防洪系统实时调度的动态规划模型及前向卷动决策法[J].水利水电技术,1988(1):2-10.

[29]　许自达.动态规划在整体防洪优化调度中的应用[J].水力发电学报,1988(1):12-25.

[30]　李文家,许自达.三门峡、陆浑、故县三水库联合防御黄河下游洪水最优调度模型探讨[J].人民黄河,1990(4):21-25.

[31]　吴保生,陈惠源.多库防洪系统优化调度的一种解算方法[J].水利学报,1991(11):35-46.

[32]　付湘,纪昌明.多维动态规划模型及其应用[J].水电能源科学,1997,15(4):1-6.

[33]　付湘,纪昌明.防洪系统最优调度模型及应用[J].水利学报,1998(5):49-53.

[34]　G L Beckor. Multi-objective Analysis of Multi-reservoir Operations[J]. Water Resources Research, 1982,18(5):1326-1336.

[35]　S Mohan, D M Raipure. Multi-objective Analysis of Multi-reservoir System[J]. Water Resources Planning and Management,1992,118(4):356-370.

[36]　林翔岳,许丹萍,潘敏贞.综合利用水库群多目标优化调度[J].水科学进展,1992,3(2):112-119.

[37]　贺北方,丁大发,马细霞.多库多目标最优控制运用的模型与方法[J].水利学报,1995(3):84-88.

[38]　王本德,周惠成,蒋云钟.淮河流域水库群防洪调度模型与应用[J].水利管理技术,1995(4):22-25.

[39]　Jamshidi. Large Scale System:Modeling and Control, Horh-Holland[M]. New York:Elsevier Seience Ltd.,1984:30-36.

[40]　封玉恒.库群防洪优化调度模型解法及应用[J].山东水利专科学校学报,1991,3(3):26-36.

[41]　黄志中,周之豪.水库群防洪调度的大系统多目标决策模型研究[J].水电能源科学,1994,12(4):237-246.

[42]　杨侃,张静怡,董增川.长江防洪系统网络分析分解协调优化调度研究[J].河海大学学报,2000,28(3):77-81.

[43]　杨侃,刘云波.基于多目标分析的库群系统分解协调宏观决策方法研究[J].水科学进展,2001,12(2):232-236.

[44]　谢柳青,易淑珍.水库群防洪系统优化调度模型及应用[J].水利学报,2002(6):38-42.

[45]　雷声隆,覃强荣,郭元裕,等.自优化模拟及其在南水北调东线工程中的应用[J].水利学报,1989(5):1-13.

[46]　崔远来,雷声隆,白宪台,等.自优化模拟技术在多目标水库优化调度中的应用[J].水电能源科学,1996,14(4):245-251.

[47]　李会安,黄强,沈晋.黄河上游水库群防凌优化调度研究[J].水利学报,2001(7):51-56.

[48]　吴信益.模糊数学在水库调度中的应用[J].水力发电,1983(5):64-66.

[49]　王本德,张力.大伙房水库洪水模糊优化调度模型[J].水利工程管理技术,1991(2):45-50.

[50]　王本德,张力.综合利用水库洪水模糊优化调度[J].水利学报,1993(1):35-40.

[51]　陈守煜,周惠成.多阶段多目标系统的模糊优化决策理论与模型[J].水电能源科学,1991,9(1):9-17.

[52]　陈守煜,邱林.黄河防洪决策支持系统多目标多层次对策方案的模糊优选[J].水电能源科学,

1992,10(2):94-104.

[53]　王本德,周惠成,程春田.梯级水库群防洪系统多目标洪水调度模糊优选[J].水利学报,
　　　　1994(2):31-39,45.

[54]　邹进,张勇传.一种多目标决策问题的模糊解法及在洪水调度中的应用[J].水利学报,2003(1):
　　　　119-122.

[55]　杨侃,谭培伦.以三峡为中心的长江防洪系统优化调度网络分析法[J].水利学报,1997(7):78-
　　　　83.

[56]　Rodrigo Oliveira. Operation Rules for Multireservoir Systems[J]. Water Resources Research,1997,
　　　　33(4):839-852.

[57]　Samuel O Russell, Paul F Cambell. Reservoir Operation Rules With Fuzzy Programming [J]. Journal of
　　　　Water Resources Planning and Management,1996,122(3):165-170.

[58]　王黎,马光文.基于遗传算法的水电站优化调度新方法[J].系统工程理论与实践,1997,17(7):
　　　　65-69.

[59]　畅建霞,黄强,王义民.基于改进遗传算法的水电站水库优化调度[J].水力发电学报,2001,
　　　　20(3):85-90.

[60]　钟登华,熊开智,成立芹.遗传算法的改进及其在水库优化调度中的应用研究[J].中国工程科
　　　　学,2003,5(9):22-26.

[61]　游进军,纪昌明,付湘.基于遗传算法的多目标问题求解方法[J].水利学报,2003,34(7):64-69.

[62]　胡铁松,万永华.水库群优化调度函数的人工神经网络方法研究[J].水科学进展,1995,6(1):
　　　　53-60.

[63]　高宏,王浣尘,谈为雄,等.基于人工神经网络的水电补偿调节方法[J].水电能源科学,1998(1):
　　　　22-28.

[64]　王本德,许海军.水库防洪实时调度决策模糊推理神经网络模型及其应用[J].水文,2003,
　　　　23(6):8-11.

[65]　黄金池,何晓燕.浅析水库设计洪水与风险管理[J].中国水利,2005(15):61-63.

[66]　郭生练.设计洪水研究进展与评价[M].北京:中国水利水电出版社,2005:7-11.

[67]　肖义,郭生练,方彬,等.设计洪水过程线方法研究进展与评价[J].水力发电,2006,32(7):61-63.

[68]　席秋义,谢小平,黄强,等.基于遗传算法和并行组合模拟退火算法的洪水过程缩放模型研
　　　　究[J].水力发电学报,2006,25(1):108-112.

[69]　侯召成.水库防洪预报调度模糊集与风险分析理论研究与应用[D].辽宁:大连理工大学,2004:
　　　　2-4.

[70]　陈守煜.水库调洪计算的数值解法及其程序[J].水利学报,1980(2):44-49.

[71]　王喜喜,翁文斌,李巧霞.应用牛顿迭代法进行水库调洪计算[J].水利水电技术,1997(7):1-4.

[72]　金菊良,魏一鸣,杨晓华,等.神经网络及其在水库调洪演算中的应用[J].灾害学,1997,12(4):
　　　　1-5.

[73]　刘韩生,尹进步.新的调洪计算方法[J].水利水电技术,1995(10):53-57.

[74]　郭生练.水库调度综合自动化系统[M].武汉:武汉水利电力大学出版社,2000.

[75]　高仕春.水库群防洪调度理论及应用研究[D].湖北:武汉大学,2002:1-44.

[76]　苏江,仲梁,刘伟明.对入库洪水判别方法的探讨[J].水利天地,2002(5):42-43.

[77]　黄彩玲.粒子群优化算法的基础理论与应用研究[D].深圳:深圳大学,2006.

[78]　李崇浩,纪昌明,缪益平.基于微粒群算法的梯级水电厂短期优化调度研究[J].水力发电学报,
　　　　2006,25(2):94-98.

[79] 王俊伟. 粒子群优化算法的改进及应用[D]. 辽宁:东北大学,2006.

[80] 何庆元,韩传久. 带有扰动项的改进粒子群算法[J]. 计算机工程与应用,2007,43(7):84-86.

[81] Suganthan P N. Particle Swarm Optimiser with Neighbourhood Operator[C]. Washington DC:Proc of the Congress on Evolutionary Computation,1999:1958-1962.

[82] Clerc M. The Swarm and the Queen:Towards a Deterministic and Adaptive Particle Swarm Optimization[C]. Washington DC:Proc of the Congress on Evolutionary Computation,1999:1951-1957.

[83] 蒙文川,邱家驹. 电力系统经济负荷分配的混沌粒子群优化算法[J]. 电力系统及其自动化学报, 2007,19(2):114-117.

[84] 李辉. 改进微粒群算法在水电站优化调度中的应用[D]. 天津:天津大学,2005.

[85] 于义彬. 水资源系统风险管理与优化决策理论及应用研究[D]. 辽宁:大连理工大学,2004.

[86] 陈守煜. 防洪调度多目标决策理论与模型[J]. 中国工程科学,2000,2(3):47-52.

[87] 王本德,于义彬,刘金禄,等. 水库洪水调度系统的模糊循环迭代模型及应用[J]. 水科学进展, 2004,15(2):233-237.

[88] 周惠成,张改红,王国利. 基于熵权的水库防洪调度多目标决策方法及应用[J]. 水利学报,2007, 38(1):100-106.

[89] 徐绪松. 管理信息系统[M]. 武汉:武汉大学出版社,1998.

[90] 黄梯云,李一军. 管理信息系统[M]. 北京:高等教育出版社,1999.

[91] 张靖. 管理信息系统[M]. 北京:高等教育出版社,2001.

[92] G B Davis, M H Olson. Management Information System: Conceptual Foundations, Structure, and Development(Second Edition) [M]. Singapore:McGraw-Hill BookCompany, 1985.

[93] S Morton, A Michael. Management Decision System[M]. Boston:Harvard University Press,1971.

[94] 章祥荪,赵庆祯,刘方爱. 管理信息系统的系统理论与规划方法[M]. 北京:科学出版社,2001.

[95] 谢新民,蒋云钟,闫继军,等. 水资源实时监控管理系统理论与实践[M]. 北京:中国水利水电出版 社,2005.

[96] [沙特阿拉伯]H U Khan. 应用微机的地下水资源数据库管理系统[J]. 河海大学科技情报, 1992,20(3):125-129.

[97] 伍永刚,王定一. 二倍体遗传算法求解梯级水电站日优化调度问题[J]. 水电能源科学,1999, 17(3): 31-34.

[98] 王大刚,程春田,李敏. 基于遗传算法的水电站优化调度研究[J]. 华北水利水电学院学报, 2001, 22(1): 5-10.

[99] Wu Y G, Ho C Y, Wang D. A Diploid Genetic Approach to Short-term Scheduling of Hydro-thermal System[J]. IEEE Trans. on Power Systems, 2000, 15(4): 1268-1274.

[100] Oliveira R, Haunert D. Operating Rules for Multireservoir Systems[J]. Water Resources Research, 1997, 33(4): 839-852.

[101] Chang F, Chen L, Chang L C. Optimizing the Reservoir Operating Rule Curves by Genetic Algorithms[J]. Hydrological Processes, 2005, 19(11): 2277-2289.

[102] Ahmed J A, Sarma A K. Genetic Algorithm for Optimal Operating Policy of a Multipurpose Reservoir[J]. Water Resources Management,2005, 19(2): 145-161.

[103] 王万良,周慕逊,管秋,等. 基于遗传算法的小水电站优化调度方法的研究与实践[J]. 水力发 电学报,2005, 24(3): 6-11.

[104] Jothiprakash V, Shanthi G. Single Reservoir Operating Policies Using Genetic Algorithm[J]. Water Resources Management, 2006, 20(6): 917-929.

[105]　胡铁松. 水库调度智能决策支持系统理论与应用研究[D]. 武汉:武汉水利电力大学, 1993.

[106]　Park J H, Kim Y S, Lee K Y. Economic Load Dispatch for Piecewise Quadratic Cost Function Using Hopfield Neural Network[J]. IEEE Transactions on Power Systems, 1993, 8(3): 1030-1038.

[107]　Naresh R, Sharma J. Short term Hydro Scheduling Using Two-phase Neural Network[J]. Electrical Power & Energy Systems, 2002, 24 (6): 583-590.

[108]　Wong K P, Wong Y W. Short-term Hydrothermal Scheduling Part 1: Simulated Annealing Approach[J]. IEE Proceedings-Generation, Transmission and Distribution,1994, 141(5): 497-501.

[109]　Wong K P, Wong Y W. Short-term Hydrothermal Scheduling Part 2: Parallel Simulated Annealing Approach[J]. IEE Proceedings-Generation, Transmission and Distribution, 1994, 141(5): 502-506.

[110]　张双虎, 黄强, 孙廷容. 基于并行组合模拟退火算法的水电站优化调度研究[J]. 水力发电学报,2004, 23(4): 16-19.

[111]　袁晓辉, 袁艳斌, 权先璋,等. 基于混沌进化算法的梯级水电系统短期发电计划[J]. 电力系统自动化,2001, 16:34-38.

[112]　邱林, 田景环, 段春青,等. 混沌优化算法在水库优化调度中的应用[J]. 中国农村水利水电, 2005, 7:17-20.

[113]　Dorigo M, Maniezzo V, Colorni A. The Ant System: Optimization by a Colony of Cooperating Agents[J]. IEEE Transactions on Systems, Man, and Cybernetics, 1996, 1(26): 29-41.

[114]　Huang S J. Enhancement of Hydroelectric Generation Scheduling Using Ant Colony System Based Optimization Approaches[J]. IEEE Trans. on Power Systems, 2001, 16(3): 296-301.

[115]　徐刚, 马光文, 涂扬举. 蚁群算法求解梯级水电厂日竞价优化调度问题[J]. 水利学报,2005, 36(8): 978-987.

[116]　徐刚, 马光文, 梁武湖,等. 蚁群算法在水库优化调度中的应用[J]. 水科学进展,2005, 16(3): 397-400.

[117]　王德智, 董增川, 丁胜祥. 基于连续蚁群算法的供水水库优化调度[J]. 水电能源科学,2006, 24(2): 77-79.

[118]　胡国强, 贺仁睦. 基于自适应蚁群算法的水电站水库优化调度[J]. 中国电力,2007, 40(7): 48-50.

[119]　Kenndey J, Eberhart R. Particle Swarm Optimization[C]. Australia: Perth IEEE Int'1 conf on Neural Networks, 1995.

[120]　武新宇, 程春田, 廖胜利. 两阶段粒子群算法在水电站群优化调度中的应用[J]. 电网技术, 2006, 30(20): 25-28.

[121]　杨道辉, 马光文, 过夏明,等. 粒子群算法在水电站优化调度中的应用[J]. 水力发电学报, 2006, 25(5): 5-7.

[122]　张双虎, 黄强, 吴洪寿,等. 水电站水库优化调度的改进粒子群算法[J]. 水力发电学报,2007, 26(1): 1-5.

[123]　陈功贵, 杨俊杰, 高仕红. 基于混合 PSO 算法的梯级水库优化调度研究[J]. 水力发电,2007, 33(10): 86-88.

[124]　方晓东. 二元动态规划法在水电站库群优化调度中的应用[J]. 小水电,1995(2):29-33.

[125]　陈宁珍. 水库运行调度[M]. 北京:水利电力出版社, 1990.

[126]　Brook D Kendrick, A Meeraus. GAMS User's Guide[M]. USA: The Science Press,1988.

[127]　康秀丽. 浅谈辽宁省水资源信息管理系统的建设[J]. 东北水利水电,2001,19(6):33-34.

[128] 李新，程国栋. 黑河流域水资源信息系统设计[J]. 中国沙漠,2000,20(4):378-382.

[129] 陈建耀，梁季阳. 柴达木盆地水资源信息系统研究[J]. 水科学进展,2000,11(1):54-58.

[130] 孙占山,方美琪,陈禹. 决策支持系统及其应用[M]. 南京:南京大学出版社,1997.

[131] Karl E Wiegers. 软件需求[M]. 陆丽娜,王忠民,王志敏等译. 北京:机械工业出版社,2000.

[132] 陈志恺.21世纪中国水资源持续开发利用问题[J]. 中国工程科学,2000,2(3):7-11.

[133] 丁杰. 数字化水库调度体系的研究与建设[J]. 水电自动化与大坝监测,2004,28(2):6-9.

[134] 陈述彭,鲁学军,周成虎. 地理信息系统导论[M]. 北京:科学出版社,1999.

[135] 李纪人,黄诗峰,等."3S"技术在水利行业中的应用指南[M]. 北京:中国水利水电出版社,2003.

[136] 蔡希尧,刘西洋,边定平. 分布系统与分布对象计算[J]. 计算机科学,1995,22(3):9-12.

[137] 曹晓阳,刘锦德. COM及其应用——面向对象的组件集成技术[J]. 计算机应用,1999,19(1):19-22.

[138] 陈俊,宫鹏. 实用地理信息系统——成功地理信息系统的建设与管理[M]. 北京:科学出版社,1998.

[139] 彭定志,郭生练,张洪刚,等. 水库洪水调度综合自动化系统软件集成[J]. 中国农村水利水电,2001,225(7):21-23.

[140] 萨师煊. 数据库系统概论[M].2版. 北京:高等教育出版社,1990.

[141] 安忠,吴洪波. 管理信息系统[M]. 北京:中国铁道出版社,1997.

[142] 王能斌. 数据库系统原理[M]. 北京:电子工业出版社,2000.

[143] Jeffrey D Ullman,Jennifer Widom. A First Course in Database Systems[M]. London:Prentice Hall, Inc.,1997.

[144] 石树刚,郑振循. 关系型数据库[M].北京:清华大学出版社,1993.

[145] 蔡越江,李永洪. 数据库复杂查询的实现[J]. 物探化探计算技术,1999,21(3):81-84.

[146] W S Freeze. The SQL Programmer's Reference[M]. USA:The Coriolis Group, Inc.,1998.

[147] 刘洪星,杨清.C/S数据库设计特点与实例分析[J].交通与计算机,1998,16(2):47-49.

[148] 何守才. 数据库综合大辞典[M].上海:上海科学技术文献出版社,1995.

[149] 肖卫国,陈伟豪,吕能辉,等.地理信息系统在珠江防汛会商系统中的应用[J].人民珠江,1999(3):36-39.

[150] 俞瑞钊,陈奇. 智能决策支持系统实现技术[M].杭州:浙江大学出版社,2000.

[151] 严寒冰,刘迎春. MIS与GIS一体化系统开发技术[J].浙江工程学院学报,2000,17(2):103-106.

[152] 刘翔,李明星. 决策支持系统多库协同式软件集成化技术探讨[J].电脑开发与应用,1997(10):32-35.

[153] 陈英,李丰,乌延风. 软件复用技术研究[J].北京理工大学学报,1998,18(6):712-717.

[154] 顿海强,庄雷. 面向对象与软件复用技术研究[J].计算机应用研究,2002,19(3):42-44.

[155] 梅宏. 软件复用技术研究与应用[J].科技与经济,2002,15(B06):39-42,49.

[156] 刘新仁. 数字水文系统建设:信息时代的水文技术变革[J].水文,2000,20(4):5-8,20.

[157] 李纪人. 数字地球与数字水利[J].水利水电科技进展,2000,20(1):14-16.

[158] 陈松. 构件化程序开发模式[J].计算机工程与应用,1999,35(9):33-35.

[159] 魏一鸣,金菊良,杨存建. 洪水灾害风险管理理论[M].北京:科学出版社,2002.

[160] 李丽琴. 熵与模糊集理论在洪水预报及水库调度中的应用研究[D].大连:大连理工大学,2006.

[161]　国家防汛抗旱总指挥部办公室,河海大学. SL 213—98 水利工程基础信息代码编制规定[S]. 北京:中国水利水电出版社,1998.

[162]　中华人民共和国国家质量监督检验检疫总局. GB/T 2260—2002 中华人民共和国行政区划代码[S]. 北京:中国标准出版社,2002.

[163]　国家防汛抗旱总指挥部办公室. SL 262—2000 中国水闸名称代码[S]. 北京:中国水利水电出版社,2001.

[164]　国家防汛抗旱总指挥部办公室. SL 249—1999 中国河流名称代码[S]. 北京:中国水利水电出版社,2000.

[165]　中华人民共和国水利部. SL 330—2005 水情信息编码标准[S]. 北京:中国水利水电出版社,2005.

[166]　中华人民共和国水利部. SL 323—2005 实时雨水情数据库表结构与标识符标准[S]. 北京:中国水利水电出版社,2005.

[167]　中华人民共和国水利部. SL 324—2005 基础水文数据库表结构及标识符标准[S]. 北京:中国水利水电出版社,2005.

[168]　Chandra, P Merlin. Optimal implementation of conjunctive queries in relation databases[C]. US:Proc. ACM SIGACT Symp. On the theory of Computing,1977.

[169]　V Lum, P Dadam, et al. Designing DBMS Support for the Temporal Dimension[C] // Proceedings SIGMOD'84 Conference, Boston: USA SIGMOD Record,1984,14(2):115-130.

[170]　Raghu Ramakrishnam, Johannes Gehrke. Database Management Systems[M]. 3rd. 北京:清华大学出版社,2004.

[171]　Simonvic A P. Modeling and Management of Sustainable Base-scale Water Resource System[C] // Proceeding of IAHS Symposium IAAS Publication,1995(231):434.

[172]　Martz W, Garbrecht J. Numerical definition of drainage network and subcatchment areas from digital elevation model[J]. Computers & Geosciences, 1992,18(6):19-21.

[173]　林凯荣,郭生练,陈华,等. 基于 Web 的实时水库洪水调度自动化系统[J]. 水电自动化与大坝监测,2005,29(2):70-73,76.

[174]　Haritsa J, Carey M, Livny M. Scheduling in Firm Real-Time Database System[J]. Journal of Real-Time System,1992(9):23-25.

[175]　Philip J Pratt, Joseph J Adamsk. The Concepts of Database Management[M]. Florence: 2nd Edition Course Technology,1997.

[176]　S M Deen. An Introduction to Database System[M]. New Jersey: Addison-Wesley Publishing Company,1982.

[177]　Heikki Mannila. The Design of Relational Database[M]. New Jersey: Addison-Wesley,1992.

[178]　Hector Garcia-Molina. Database System Implementation[M]. London: Prentice-Hall,2000.

[179]　C J Date. An Introduction to Database Systems[M]. New Jersey: Addison-Wesley,2000.